일기예보의 불확실성에 관심이 있는 사람이라면 복합적이면서 중요한 이 책에 흥미를 느낄 것이다. 팀 파머는 단일모형이 아닌 다양한 초기 조건의 여러 가지 모형을 사용하여 앙상블 예측을 연구하는 데 헌신한 물리학자다.

_《네이처》

팀 파머는 불확실성을 수용하면 절망적으로 복잡하다고 여겨지는 현상들을 설명할 수 있다고 믿는다. 그는 기후변화, 금융위기, 전쟁, 팬데믹, 두뇌에 대한 밀도 높은 설명을 제시하며 자신의 주장을 펼쳐나간다.

_《커커스 리뷰》

물리학자인 팀 파머는 과학자들이 세계를 이해하는 데에 불확실성이 어떻게 도움이 되는지에 관한 도전적인 시각을 제공한다.

_《퍼블리셔스 위클리》

팀 파머는 불확실성의 과학이 거의 모든 연구 분야의 핵심임에도 불구하고 대중의 관심에서 멀어지고 있다고 주장한다. 그는 불확실성을 수용하고 '혼돈의 과학'을 활용하면 기후변화부터 금융붕괴, 신종 질병에 이르기까지 세계에 대한 새로운 이해의 문을 여는 데 도움이 될 수 있다고 말한다.

_《사이언티픽 아메리칸》

카오스, 카오스 에브리웨어

THE PRIMACY OF DOUBT

This Korean edition was published by ACANET in 2024
by arrangement with Tim Palmer c/o Brockman, Inc.

카오스, 카오스 에브리웨어

기후변화, 금융위기, 인간을 이해하는 불확실성의 과학

팀 파머 | 박병철 옮김

THE PRIMACY OF DOUBT

디플롯

옮긴이의 글

물리학은 수학을 언어로 삼아 자연을 서술하는 과학이다. 정말 폼 나는 말이다. 자연철학이 난해한 전문 용어를 구사하면서 자연의 섭리를 아무리 그럴듯하게 설명한다 해도, 날아가는 포사체의 궤적을 물리학만큼 정확하고 깔끔하게 표현할 수는 없다. 물론 이 모든 것은 아이작 뉴턴Issac Newton이라는 걸출한 천재가 있었기에 가능한 일이었다. 그는 철저한 인과율causality에 입각하여 물체의 운동을 발생시키는 힘과 그 결과로 나타나는 운동 궤적을 하나의 방정식으로 엮는 데 성공했고, 이 운동방정식으로부터 소위 말하는 고전역학이 탄생했다. 원인이 있으면 결과가 있고, 원인을 확실하게 알면 결과는 방정식을 통해 단 하나로 깔끔하게 결정된다. 말로만 폼 나는 게 아니라, 풀이 과정에서 최종 결과까지 무엇 하나 흠잡을 곳이 없다.

뉴턴역학을 배우는 젊은 학생들은 간단한 자연현상을 뉴턴의 운동방정식으로 풀어내면서 '모든 것은 이미 결정되어 있다'는 결정론적 세계관에 서서히 물들어간다. 그러나 여기에는 거대한 음모가 숨어 있다. 힘을 주고받는 물체가 달랑 두 개밖에 없을 때는 운동방정식이 단순해서 쉽게 풀리지만, 세 개 이상으로 많아지면 귀여운 몰티즈 같았던 선형방정식이 도사견을 닮은 비선형nonlinear으로 둔갑하면서 더는 손댈 수 없는 지경에 이른다. 그러면 그렇지, 세상만사가 그렇게 간단하게 풀릴 리가 있나. 결국 우리가 배운 뉴턴의 운동방정식은 장애물도, 차선도, 속도 제한도 없이 사방이 탁 트인 드넓은 평원에서 절대로 고장 나지 않는 자동차로 시험주행을 하고 획득한 '장롱면허'에 불과했다.

물체의 운동에서 일기예보로 넘어가면 상황은 더욱 절망적이다. 날씨가 매일 달라지는 이유는 대기의 상태가 수시로 변하기 때문이다. 대기의 상태를 결정하는 것은 수조에 수조를 곱한 개수에 달하는 아주 작은 입자들이다. 이렇게 많은 입자의 운동을 방정식으로 일일이 각개격파해서 전체적인 날씨를 예측한다는 것은 어림 반 푼어치도 없는 일이다. 그런데도 스마트폰에서 날씨 정보를 제공하는 애플리케이션을 실행하면 오늘부터 보름 동안의 날씨가 일목요연하게 나와 있고, 심지어 특정한 날에 비가 올 확률까지 친절하게 알려준다. 미래를 안다는 것은 예측 가능하다는 뜻이니 그 많은 대기 입자의 복잡다단한 움직임 속에서도 무언가 규칙이 존재하는 것 같다. 과학자들은 이것을 어떻게 알아냈을까?

예측할 수 없는 복잡한 물리계, 즉 혼돈계chaotic system를 현대물리학의 관점에서 재조명한 사람은 나비효과butterfly effect로 유명한 에드워드 로렌즈Edward Lorenz였다. 그는 하버드대학교에서 수학을 공부하다가 제2차 세계대전이 발발하자 작전기상통보관으로 자진 입대하여 태평양전쟁에서 맹활약을 펼쳤고, 종전 후에는 매사추세츠공과대학교(MIT) 기상학 연구팀의 수장이 되어 연구를 계속했다. 그리고 이 시기에 유체fluid의 운동을 서술하는 로렌즈방정식과 혼돈 이론chaos theory의 상징인 로렌즈 끌개Lorenz attractor, 혼돈계의 기하학적 특성이 담긴 프랙털fractal을 발견하여 혼돈 이론의 선구자로 떠오르게 된다. 이 책의 저자인 팀 파머는 여기에 자신의 이론을 추가하여 기후변화와 양자역학quantum mechanics, 경제, 코로나 팬데믹, 인간의 자유의지와 의식에 이르는 광범위한 분야를 새로운 관점에서 조명했다.

파머는 일반 상대성 이론을 연구하여 박사학위를 받은 이론물리학자다. 그러나 졸업과 동시에 돌연 전공을 기상학으로 바꿔서 현대 일기예보 시스템에 지대한 공헌을 했다. 특히 그는 이 책의 핵심 주제인 앙상블 예측 시스템ensemble prediction system을 개발하여 일기예보의 정확도를 크게 높였으며, 이 공로를 인정받아 영국 왕립학회의 회원으로 추대되었다. 요즘 일기예보에서 말하는 '강우 확률'이 바로 파머의 앙상블 예측 시스템을 기반으로 계산된 것이다. 간단히 말하자면, 계의 초기 조건을 조금씩 바꿔가며 시뮬레이션을 여러 번 실행하여 얻은 결과를 통계적으로 분석하는 방법이다. 예를 들어 각기 다른 초기 조건으로 내일의 대기 상태를 50번 시뮬레이션했는데 그중 20번 비가 내렸다면, 내일 비가 올 확률은 40퍼센트(20/50)가 되는 식이다.(기상방정식에 약간의 무작위성과 잡음을 의도적으로 집어넣기도 한다.) 확률예보는 1960년대부터 시작되었지만, 컴퓨터 혁명기를 거치면서 정확도가 훨씬 향상되었고 파머의 예측 시스템 덕분에 예측 가능한 기간도 2~3일 후에서 거의 보름 후까지 길어졌다.

파머가 원래부터 기상학자였다면 여기서 멈췄을지도 모른다. 그러나 그는 이론물리학으로 학위를 받은 물리학자였기에 자신이 개발한 예측 기법을 경제, 의학(전염병), 국가 간 충돌, 환경문제, 재해 방지 등 세상만사에 두루 적용해나갔고 한 분야에 적용할 때마다 새로운 결과를 얻을 수 있었다. 그리고 역시 짐작했던 대로 그는 물리학의 세계로 돌아와서 지난 100년 동안 숱한 논쟁을 촉발했던 양자역학의 관측 문제에 자신이 제안한 가설(우주적 불변 집합 가설)을 적용하기에 이른다. 그는 결정론을 끝장낸 주범으로 지목을 받아온 양자역학을 다시 결정론의 범주 안으로 끌어들였다. 현역 물리학자라면 꽤 주저했을 법한 문제를 철저하게 파헤쳐서 기존의 양자역학이 내놓았던 것보다 더욱 놀랍고, 황당하고, 참신한 결과에 도달하다니…. 역시 평생을 파격으로 살아온 로저 펜로즈Roger Penrose의 제자답다. 게다가 파머의 논리는 여기서 한 걸음… 아니, 몇 걸음 더 나아가 인간의 자유의지와 의식, 신의 개념에 혼돈기하학geometry of chaos을 적용하여 재조명하다가 결국은 사후세계까지 도달한다. 이쯤 되면 과학책이 아니라 철학을 담은 SF소설이라 할 만하다.(저자 자신도 이 책이 어느 분야에 속하는지 헷갈린다고 고백했다.) 하긴 그가 제안한 우주적 불변 집합 가설에 의하면 우주는 빅뱅Big Bang과 빅크런치Big Crunch를 주기적으로 반복하면서 여러 번의 생을 산다고 했으니, 이 부분은 영락없이 불교의 '윤회설'을 닮았다. 로렌즈 끌개가 나비를 닮은 것이 우연이라면, 파머의 우주론이 윤회를 연상시키는 것도 우연일까?

대부분의 교양과학서는 일반 독자들이 부담 없이 읽을 수 있어야 하므로, 이미 검증된 이론이나 새로운 실험(관측) 결과를 소개하는 데 초점이 맞춰져 있다. 독자들이 최신 이론을 접하려면 학술지를 읽어야 한다. 그러나 학술지에 실린 논문은 내용이 전혀 친절하지 않기 때문에 전문 학자가 아니면 이해하기 어렵다. 더군다나 값도 턱없이 비싸다.

그런데 나는 파머의 책 내용이 무척 파격적이고 참신하여 갓 출간된 따끈따끈한 학술지를 읽는 듯한 느낌이 들었다. 익숙한 메뉴 대신에 듣도 보도 못한 낯선 요리를 맛보는 느낌이랄까. 그중에서도 가장 마음 깊이 와닿은 메시지는 '잡음noise(곁다리 정보)의 역할'이었다. 우리의 뇌는 에너지가 집중된 상태에서 결정론에 따라 작동할 때도 있지만, 가끔은 에너지가 분산된 상태에서 잡음을 효율적으로 활용하여 예상하지 못한 의외의 깨달음을 얻기도 한다. 산만하고 느슨한 정신 상태가 오히려 도움이 될 수도 있다는 이야기다. 그래서 저자는 독자들이 이 책을 읽고 다음 한 가지만은 꼭 기억해주기를 당부했다.

> 인간이 태생적으로 가지고 있는 결점은 비합리성이나 실패의 징후가 아니라, 불확실한 삶에 대처하는 우리의 고유한 능력이다.

다만 그것이 긍정적인 결과와 논리적으로 연결되지 않기 때문에 "결점처럼 드러나 보이는 것일 뿐"이다.

2024년 가을

박병철

나를 항상 사랑으로 품어주고 인내해준
길Gill, 샘Sam, 그레그Greg, 브렌던Brendan에게 이 책을 바친다.

자신만의 길로 나를 가르치고 영감을 불어넣어준
데니스 시아마Dennis Sciama와 레이먼드 하이드Raymond Hide,
에드워드 로렌즈와 로버트 메이Robert May를 추모하며.

모든 것을 의심하는 자유는 과학과 함께 탄생한 이래
과학의 권위에 맞서 강력한 투쟁을 이어왔다.
무엇이든 의심하고 질문하라. 그것이 과학의 전부다.

— 리처드 파인먼Richard Feynman

무언가를 의심하는 마음은 우리의 아는 능력을 훼손하지 않는다.
오히려 모든 지식은 의심에서 탄생한다.

— 제임스 글릭James Gleick

차례

일러두기

- 단행본·잡지 등은《 》로, 영화·음악·편명 등은〈 〉로 표기했다.
- 원문에서 이탤릭으로 강조한 것은 굵은 글씨로 처리했다.
- 본문의 각주는 모두 옮긴이의 것이다.

서문

과거에 나는 다른 사람이 쓴 책을 읽을 때 저자 서문 같은 것은 가뿐하게 건너뛰고 곧바로 결론으로 직행했다. 다른 사람은 어땠는지 몰라도 나의 독서 습관은 그랬다.

독자들도 서문을 읽기 귀찮다면 건너뛰어도 된다. 그래도 이 책의 핵심(불확실성uncertainty으로 점철된 과학이 불확실하고 예측하기 어려운 세상을 설명하는 방법)을 이해하는 데에는 별 지장 없다. 그러나 서문을 읽지 않은 채 책의 끝부분에 도달하면 다음과 같은 의문이 떠오를 것이다. "인생의 대부분이 불확실한 것들로 가득 차 있는데, 저자는 왜 별로 와닿지 않는 주제(기후변화, 경제, 양자물리학, 우주론, 인간의 창의력과 의식 등)에만 초점을 맞췄을까? 지진과 약물藥物 설계, 사이버 공격처럼 당장 피부에 와닿는 문제는 왜 다루지 않았을까?" 이 질문에 제대로 답하려면 나의 과학적 배경부터 구구절절 늘어놓아야 한다.

나는 박사과정 학생이었던 1970년대에 알베르트 아인슈타인Albert Einstein의 일반 상대성 이론을 집중적으로 연구했다. 사실 청소년 시절부터 아인슈타인은 나의 최고 영웅이었다. 게다가 1970년대는 일반 상대성 이론의 황금기였으니, 운도 어느 정도 따라준 셈이다. 나는 스물두 살이었던 1974년에 생전 처음으로 국제 학술 회의에 참석했는데, 그 자리에서 스티븐 호킹Stephen Hawking이 그 유명한 '블랙홀 복사 이론'을 발표하는 장면을 생생한 라이브로 관람했다.(당시만 해도 호킹은 말을 할 수 있었다.) 그의 이론에 의하면 블랙홀은 양자적 입자를 방출하기 때문에 완벽하게 검지 않다.

그 자리에 있었던 나의 지도교수 데니스 시아마Dennis Sciama(그는 몇 년 전에 호킹의 지도교수였다)는[1] 호킹의 발표를 듣고 거시적 현상을 서술하는 일반 상대성 이론과 원자와 소립자elementary particles의 거동을 서술하는 양자역학이 곧 통일될 것이라며 흥분을 감추지 못했다. 일반 상대성 이론의 산물인 블랙홀에서 양자역학적 현상이 예견되었기 때문이다. 그러나 얼마 가지 않아 호킹의 계산이 불확실하다는 사실을 깨닫고 크게 실망한 시아마는 물리적으로 좀 더 투명한 방법을 찾아야 한다면서 비평형열역학non-equilibrium thermodynamics이라는 생소한 분야를 파고들기 시작했다. 그리고 나에게는 생전 들어본 적 없는 '최대 엔트로피 생성 원리'를 연구하라는 지령이 떨어졌다.

그 후 박사과정이 끝나가던 무렵에 나는 블랙홀 전문가가 되었고,[2] 케임브리지대학교에서 호킹 연구팀의 박사후연구원으로 일하는 기회가 주어졌다. 중력을 연구하는 이론물리학자로서 첫 발을 내딛게 된 것이다.

그러나 졸업이 다가오자 그것이 정말로 내가 하고 싶은 일인지 의구심이 들기 시작했다. 무엇보다도 앞으로 내가 하게 될 일이 사람들의 안녕이나 행복과 아무런 관계가 없다는 것이 문제였다. 게다가 내 연구의 세부 사항에 정말로 관심이 있는 물리학자는 전 세계에 손가락으로 꼽을 정도로 드물다는 사실도 알게 되었다.

내가 스스로를 양자역학과 일반 상대성 이론을 통일할 사람이라고 생각했다면, 이런 것 때문에 고민하지 않았을 것이다. 두 이론을 통일하는 것은 1970년대 이론물리학의 원대한 꿈이어서 젊은 물리학자들이 이 분야에 대거 투신했지만(이 문제는 21세기로 넘어온 지금도 해결되지 않은 채 남아 있다), 아무리 생각해도 내 손을 거쳐 통일될 것 같지는 않았다.

당시에는 개념적인 문제를 무시한 채 그저 기적이 일어나기를 기대하면서 수학 계산에 집중하는 것이 물리학자들 사이에 불문율처럼 여겨졌다. 미국의 물리학자 데이비드 머민David Mermin이 남긴 한마디가 당시의 분위기를 대변해준다. "닥치고 계산이나 해!" 그러나 모든 사람이 여기에 동조한 것은 아니었다. 혼란스러워진 나는 1974년의 학술 회의를 떠올려보았다. 그 회의를 주관했던 영국의 저명한 이론물리학자 크리스토퍼 아이셤Christopher Isham은 강연의 모두에서 다음과 같이 말했다.[3]

> 요즘은 어떤 물리학자가 개념적 문제 때문에 고민하면 유행에 뒤처진 늙은이 취급을 받기에 십상이다. 대부분의 물리학자들

은 좀 더 관심을 끌 수 있는 기술적 문제에 집중하는 경향이 있다. 그러나 양자 중력 이론에서는 개념적 문제와 기술적 문제가 긴밀하게 엮여 있기 때문에 전자를 소홀히 하면 후자도 의미를 상실하게 된다.

아이셤의 연설은 물리학계에 큰 반향을 불러일으켰고, 당시 물리학자로 갓 데뷔했던 나는 무의미한 일로 첫 연구를 시작한다는 사실에 적지 않은 부담을 느꼈다.

그 무렵 나는 우연한 기회에 영국의 저명한 기상학자인 레이먼드 하이드Raymond Hide를 알게 되었다. 그는 천문학과 기상학에 정통한 학자로서, 유일하게 왕립천문학회 회장과 왕립기상학회 회장을 모두 역임한 사람이다. 그에게 기후물리학의 새로운 이슈가 무엇이냐고 물었더니, 호주에 있는 동료의 논문을 언급하면서[4] 엔트로피의 생성 원리로부터 지구의 기후변화를 예측하는 이론을 소개했다. 그 순간, 머릿속에 전구가 번쩍 켜지면서 내가 할 일을 드디어 찾았다는 느낌이 들었다. 아직 체계가 잡히진 않았지만, 블랙홀의 증발에서 지구의 기후체계에 이르기까지 거의 모든 것을 하나로 통합할 수 있는 강력한 이론이 이미 존재했던 것이다!

당시 나는 영국 기상청에서 관련 분야의 과학자를 모집 중이라는 소식을 전해 듣고 뚜렷한 확신도 없이 이력서를 제출했다. 면접을 보던 날, 나는 '기후변화를 정확하게 예측하려면 최대 엔트로피 생성 원리를 알아야 한다'는 주제로 두서없이 장광설을 늘어놓았는데, 놀랍게도 얼마 후 합격통지서가 날아왔다.

세계 최고의 이론물리학자와 함께 연구할 수 있는 기회를 포기하고 평범한 과학 공무원이 되어 생소한 분야에서 일하는 게 과연 잘하는 짓일까? 호킹의 제안을 거절했다고 하면 부모님이 크게 실망하시겠지? 나는 며칠 동안 갈팡질팡하다가 최종 결정을 잠시 뒤로 미루고 졸업논문을 마무리하는 데 집중했다. 그런데 일주일쯤 지난 어느 날, 박사과정 내내 내 집처럼 드나들던 연구실로 들어서는 순간에 갑자기 모든 것이 분명해졌다. 나는 마음이 바뀌기 전에 일을 저질러야겠다는 생각으로 케임브리지대학교의 응용수학 및 이론물리학과에 편지를 보냈다. "저에게 기회를 주셔서 감사합니다만, 다른 분야를 연구하기로 마음먹었습니다. 죄송합니다."

건초 더미와 물통 사이에서 갈팡질팡하다가 결국 굶어 죽었다는 장 뷔리당Jean Buridian의 당나귀*처럼 두 갈래 길 사이에서 조바심치던 나에게 대체 무슨 일이 일어난 걸까? 무언가를 결정할 때 두뇌에서 어떤 과정을 거치는지 관심을 가지게 된 것은 아마 그때부터였던 것 같다.

그 후로 10년 동안 나는 물리학과 담을 쌓은 채 동료들과 날씨-기후과학을 파고들면서 몇 가지 흥미로운 연구 결과를 내놓았다. 그중 하나가 마이클 매킨타이어Michael McIntyre와 함께 발표한 지구 성층권에서 발생하는 세계 최대의 쇄파breaking waves**에 관한 논

* 14세기 프랑스의 철학자 뷔리당의 자유의지론에서 유래된 설화다.
** 파도에 축적된 에너지가 급격하게 발산되는 현상이다.

문으로, 남극 하늘의 오존층에 구멍이 생긴 이유를 설명하는 데 중요한 단서를 제공했다. 그리고 크리스 폴란드Chris Polland, 데이비드 파커David Parker와 함께 사하라사막 남쪽의 사헬 지대에 10년 동안 계속된 가뭄이 열대 대서양의 온도 변화 때문에 발생했음을 입증했다.(이 가뭄으로 발생한 난민을 돕기 위해 라이브 에이드 콘서트가 개최되었고, 이 공연에서 그룹 퀸의 보컬 프레디 머큐리Freddie Mercury는 20분도 안 되는 짧은 시간 동안 전 세계의 청중을 사로잡았다.) 글렌 셔츠Glenn Shutts와 함께했던 연구에서는 대기 중에서 일어나는 작은 중력파(일반 상대성 이론에서 말하는 중력파가 아니다)를 수학적으로 표현하는 방법을 개발하여 전 세계 항공사의 연료 효율을 높이는 데 기여했다. 또한 제임스 머피James Murphy와 진행했던 연구에서는 앙상블 예보 시스템ensemble forecast system을 최초로 개발했는데, 자세한 내용은 나중에 다룰 예정이다. 이 책의 핵심 주인공인 로렌즈를 만나 혼돈 이론에 관심을 가지게 된 것도 이 무렵의 일이었다.

미국의 저널리스트 글릭이 쓴 《카오스》가 초유의 베스트셀러로 등극하면서 '혼돈Chaos'은 1980년대에 가장 유명한 과학 용어가 되었다.[5] 나는 혼돈 이론의 선구자인 로버트 메이Robert May와 함께 일하면서 이와 관련된 분야의 과학자들을 자주 만나게 되었고, 나의 앙상블 예측법을 경제학 같은 동떨어진 분야에도 적용할 수 있는지 깊이 생각하기 시작했다.

나는 비교적 순탄하게 경력을 쌓아가면서 내가 하는 일에 나름대로 만족감을 느꼈고, 그 와중에 물리학을 전공했던 젊은 시절의 기억은 뇌리에서 거의 사라졌다.

1980년대 말의 어느 날, 나는 옥스퍼드의 한 서점을 둘러보고 있었다. 그해는 뉴턴의《프린키피아》가 출간된 지 정확하게 300년이 되는 해였기에 호킹이 편집한 기념 도서가 신간 코너에 진열되어 사람들의 시선을 끌고 있었다. 나는 무심결에 그 책을 집어 들고 내용을 들추다가 갑자기 타임머신을 탄 것처럼 옛날로 되돌아갔다. 거기 수록된 글 중에는 영국의 저명한 물리학자인 펜로즈의 글도 있었는데, 여기서 그는 전 세계 물리학자들이 양자적 실체에 대한 아인슈타인의 견해를 외면하게 만들었던 '결정적 실험(벨의 실험Bell's experiment)'*을 비중 있게 다루었다.

그로부터 몇 주 후, 혼돈 이론에 기초한 아이디어 하나가 내 머릿속에 섬광처럼 떠올랐다. 벨의 실험에서 얻은 결과가 아인슈타인의 견해와 상충하지 않고, 오히려 조화롭게 일치할 수도 있다는 엉뚱한 생각이 떠오른 것이다. 나는 이 내용을 주제로 급히 논문 한 편을 작성한 후[6] 모든 것을 잊고 박사후 연구 과정으로 되돌아가려 했으나, 반대쪽으로 기울어진 마음을 되돌리기에는 이미 때가 늦었다. 그 후로 나는 양자물리학의 기초와 관련된 논문을 닥치는 대로 읽어나가면서 새로운 아이디어를 구상하느라 여념이 없었다. 낮에는 날씨와 기상 현상을 연구하는 공무원이었다가 퇴근 후에는 물리학자로 돌변하는 이중생활이 시작된 것이다.

* 이 실험을 최초로 고안한 사람이 존 스튜어트 벨John Stewart Bell이어서 붙은 이름이다.

이론물리학자는 연필과 종이만 있으면 된다. 그러나 날씨 및 기후 물리학에 등장하는 방정식을 풀려면 초대형 슈퍼컴퓨터가 필요하다. 겪어본 사람은 알겠지만 대부분의 계산을 컴퓨터에 맡긴 채 하릴없이 결과를 기다리다 보면, 대체 내가 하는 일이 무엇인지 의구심이 들 때가 종종 있다. 전체 연구 과정 중 내 손으로 진행되는 부분이 극히 제한적이기 때문이다. 요즘 컴퓨터는 1초당 연산 속도가 억(10의 9제곱)과 조(10의 12제곱)를 넘어 수십 경(10의 15~17제곱) 단위까지 도달했지만, 날씨 및 기후 예측모형에 코딩 가능한 상세 정보나 임의의 순간에 실행할 수 있는 앙상블 멤버(앙상블 집합의 각 원소들)의 수에는 뚜렷한 제한이 있다.

슈퍼컴퓨터의 연산 처리 능력은 공급 전력에 의해 좌우된다. 최신형 슈퍼컴퓨터를 가동하려면 수십 메가와트의 전력이 필요하다. 그리하여 나는 '트랜지스터의 사용 전압을 낮추면 컴퓨터가 소모하는 에너지를 줄일 수 있다'는 가능성에 관심을 가지기 시작했다.[7] 이 아이디어가 실현되면 컴퓨터의 에너지 소모량을 그대로 유지한 채 트랜지스터를 더 많이 설치할 수 있고, 날씨모형의 세부 사항과 앙상블 멤버의 수를 크게 늘릴 수 있다. 그런데 문제는 전압이 낮아지면 칩의 신뢰도가 떨어진다는 것이다. 칩 내부의 원자들이 심하게 흔들리면서 발생한 열잡음thermal noise에 의해 계산상의 오류가 발생할 수도 있기 때문이다. 이런 잡음이 발생하면 컴퓨터는 사람 못지않게 실수를 남발하는 부정확한 기계로 전락한다. 그러나 앞으로 논의하겠지만 혼돈계에서 발생한 잡음은 신호를 훼손하지 않고 오히려 증폭하는 긍정적인 요인으로 작용할 수도 있다. 그래서 나는 다량의 잡음이 발생하는 저에너지 슈퍼컴퓨터의 필요성을 강조하는 논문을 발표했고,[8] 최근 들어 그 효과가 나타나기 시작했다.

나는 동료들에게 이 아이디어를 설명하기 위해 자연에서 저에너지 잡음을 활용하는 사례를 찾다가, 달랑 20와트의 전력으로 800억 개의 뉴런neuron(신경계의 단위)을 활성화하는 사람의 뇌가 최적의 사례임을 알게 되었다. 인간이 만물의 영장으로 등극한 것도 바로 이 고효율 시스템 덕분이 아닐까?

나는 이 문제에 완전히 매료되었고, 그 후로 몇 년 동안 연구 시간의 대부분을 여기에 할애했다. 이 책의 전반적인 내용이 인간의 두뇌와 자유의지, 그리고 의식으로 수렴하는 것은 바로 이런 이유 때문이다.

들어가며

불확실성은 인생의 본질이다. 단어 자체의 어감은 그리 달갑지 않지만 우리의 삶은 불확실한 것들로 가득 차 있다. 다음 주에 자동차 사고를 당할지, 복권 1등에 당첨되어 팔자를 고치게 될지 아무도 알 수 없다. 멀리 내다볼수록 불확실성은 더욱 커진다. 몇 년 후에 글로벌 금융위기가 또 찾아와서 내 투자금이 몽땅 날아가는 건 아닐까? 아니면 전 세계에 팬데믹이 닥치거나, 제3차 세계대전이 발발하거나, 기후가 급격하게 변하진 않을까? 일일이 따져보면 확실한 게 하나도 없다. 개중에는 미래에 대한 불안감을 해소하기 위해 초자연적 힘(심령술사, 예언가, 무당 등)에 의지하는 사람도 있다. 그런데 우리에게 미래를 정확하게 예측하는 능력이 있다면 과연 우리는 어떤 삶을 살아가게 될까? 미래에 닥칠 일을 훤히 내다보는 존재가 되어도 우리는 여전히 창조적이고 활기 넘치는 종種으로 남아 있을까?

불확실한 것은 **우리**의 삶만이 아니다. 과학 역사상 가장 성공적인 이론으로 꼽히는 양자역학에 의하면, 불확실성은 자연의 기본 단위인 입자의 기본 속성이기도 하다. 만일 무소불위의 힘을 보유한 존재가 어느 날 갑자기 나타나 입자의 불확실성을 말끔하게 걷어낸다면 입자는 어떤 방식으로 움직일까? 모든 미래가 확실하게 결정된 입자는 나태하고 무익한 존재로 전락할 것인가? 물리 법칙에서 불확실성을 제거하면 우주는 완전히 다른 세상으로 돌변할 것인가?

나는 이 책에서 '불확실성'과 '의심'을 좀 더 품위 있는 개념으로 격상시킨 후, 방금 열거한 질문의 답을 제시하고자 한다. 미래에 다가올 위험 요소를 분석하려는 게 아니라 불확실함의 필연성과 중요성을 강조하겠다는 뜻이다. 내가 이런 결심을 한 데에는 두 가지 이유가 있다. 첫째, 불확실한 추정에 근거하여 미래를 예측했다가는 낭패를 보기 쉽다는 점을 강조하기 위해서다. 물론 대부분의 사람들에게 이것은 너무도 당연한 사실이어서 별로 새로울 것이 없다. 그러나 (두 번째 이유로) 과학자가 눈앞에 주어진 물리계를 정확하게 이해하려면 계가 불확실해진 (또는 앞으로 불확실해지는) 과정에 초점을 맞춰야 한다. 이 두 가지 사항, 즉 불확실한 세계를 '예측'하고 '이해'하는 불확실성의 과학을 심도 있게 다루는 것이 이 책의 목적이다.

덴마크의 양자물리학자 닐스 보어Niels Bohr와 미국 프로야구계의 철학자 요기 베라Yogi Berra는 전혀 다른 분야에서 평생을 보냈음에도 마치 약속이나 한 듯 똑같은 명언을 남겼다. "예측은 원래 어렵다. 특히 예측 대상이 미래라면 난도가 급격하게 상승한다."
그러나 예측보다 어려운 것은 예측의 불확실성을 정확하게 가늠하는 것이다. 점쟁이가 당신에게 키가 크고 피부가 검은 사람을 곧 만나게 될 것이라고 예언하면서 오차의 범위까지 제시하던가? 이런 식으로 점을 쳤다가는 곧바로 파산한다. 불확실성을 예측하기가 어려운 이유는 불확실성 자체가 아주 사소한 원인에서 비롯될 수도 있기 때문이다. 15세기에 영국에서 유행했던 민요가 대표적 사례다.

못 하나가 없어서 편자를 만들지 못했고
편자 하나가 없어서 말이 발을 다쳤다네.
다친 말 때문에 전령이 말에서 떨어졌고,
전령이 떨어져서 메시지를 전하지 못했다네.
메시지를 전하지 못하여 전쟁에서 졌고
전쟁에서 지는 바람에 왕국을 잃었지.
이 모든 것이 못 하나 때문이었다네.

그러나 이것은 진실의 일부일 뿐이다. 대부분의 왕국들은 못 하나 때문에 망하지 않는다. 하지만 그런 말도 안 되는 재앙이 아주 가끔은 일어날 수도 있다. 자고로 왕국이란 지극히 합리적이고 예

* 1950년대에 메이저리그의 뉴욕 양키스 포수로 전성기를 누린 후 지도자로 변신한 전설적 인물이다.

측 가능한 방식으로 운영되기 때문에, 못을 분실하는 사건이 수천 혹은 수백만 번 발생해도 굳건하게 유지되어왔다. 그러므로 우리에게 중요한 것은 못 하나를 잃어버렸을 때 왕국이 망하는 경우와 그렇지 않은 경우를 판별하는 능력이다.

독자들은 나비효과라는 말을 한 번쯤 들어봤을 것이다. 정글에서 나비가 날갯짓을 하느냐, 안 하느냐에 따라 지구 반대편에 폭풍이 불 수도, 불지 않을 수도 있다는 뜻이다. 이것이 사실이든 아니든 간에, 현재 사용되는 일기예보 시스템으로는 지구 전역에서 발생하는 미세한 바람을 일일이 추적할 수 없다. 못 하나 때문에 망한 왕국처럼 작은 바람 하나를 놓쳐서 거대한 태풍이 오는 것을 예측하지 못할 수도 있지만, 대부분의 경우 이런 심각한 오류는 발생하지 않는다. 소규모 바람을 깡그리 무시해도 내일이나 모레의 날씨를 예측하는 데에는 별문제가 없다.

그러나 아주 가끔은 작은 요소가 중대한 결과를 낳기도 한다.

BBC TV의 기상통보관 마이클 피시Michael Fish가 바로 그 예외적인 경우의 희생양이었다. 그의 일기예보는 정확도가 꽤 높았기 때문에 대부분의 영국인들은 그의 말을 믿고 다음 날을 준비했다. 그러나 1987년 10월 16일, 그의 예보가 빗나가면서 오랜 세월 동안 쌓아온 명성이 단 하룻밤 사이에 바닥으로 곤두박질쳤다.

바로 전날인 10월 15일에 피시는 일기예보를 방송하던 중 다음과 같이 전했다. "오늘 아침 일찍 한 여성이 BBC에 전화를 걸어서 허리케인이 다가온다는 이야기를 들었다고 말했다는군요.[1] 지금 이 방송을 듣고 계신 청취자 여러분, 걱정할 것 없습니다. 허리케인은 오지 않습니다!" 그러나 다음 날 오전, 거의 300년 만에 발생한 초대형 허리케인이 잉글랜드 남부를 강타하여 스물두 명이 사망하고 1500만 그루의 나무가 쓰러지는 등 총 30억 달러(한화 약 4조 1300억 원)에 달하는 피해가 발생했다. 이 사실을 미리 알았더라면 사람들은 나무 아래 주차해둔 자동차를 다른 곳으로 옮기고, 보트나 크레인, 비행기에 안전조치를 취했을 것이며, 불필요한 여행을 취소하거나 뒤로 미뤘을 것이다. 그러나 피시의 예보를 믿은 대부분의 영국인들은 혹독한 대가를 치러야 했다.

10월 16일 아침 뉴스는 온통 허리케인 소식뿐이었고, 뉴스 앵커는 기상예보팀을 향해 신랄한 비판을 쏟아냈다. "당신들, 어젯밤에 대체 얼마나 대단한 일을 했기에 수백 년 만에 발생한 최악의 폭풍이 세 시간 앞으로 다가왔는데도 그것을 예상하지 못했단 말입니까?"

분노에 찬 영국인들은 기상청장 존 호턴John Houghton의 사임을 요구했다. 사실 이것은 피시의 잘못이 아니라 슈퍼컴퓨터와 인공위성으로 수집한 기상 데이터를 그에게 제공한 정부기관의 잘못이었다. 이런 일이 왜 발생했을까? 앞으로 살펴보겠지만 1987년도 허리케인은 극히 드물게 일어나는 나비효과의 전형적인 사례였다.

2008년에 세계 금융시장이 아무런 예고도 없이 붕괴되었을 때, 경제학자들은 피시와 비슷한 처지에 놓였다. 영국의 중앙은행인 영란은행Bank of England의 수석 경제학자 앤디 홀데인Andy Haldane은 2017년에 영국 정부가 주최한 회의 석상에서 다음과 같이 주장했다. "경제모형에 내재한 문제는 날씨모형보다 훨씬 심각하여, 세상이 뒤집어지면 곧바로 기능을 상실한다."[2] 왜 그런가? 일부 경제학자들의 주장대로 경제가 날씨보다 예측하기 어려워서 그런 것일까?[3] 아니면 1987년에 불어닥친 폭풍처럼, 미세한 불확실성이 특별한 조건과 우연히 맞아떨어지면서 거시경제에 파국을 몰고 온 것일까? 아주 드물게 일어나는 나비효과가 날씨뿐 아니라 경제에도 적용된다는 말인가?

이 책의 1부에서는 나비효과가 드물게 일어나는 이유를 알아볼 것이다. 이 부분을 숙지하고 나면 우리가 날씨나 경제처럼 예측 가능한 계를 지나치게 신뢰한 나머지 잘못된 안도감에 빠져 있다는 사실을 알게 된다. 여기서 한 걸음 더 나아가 예측 가능성의 최상급인 행성의 운동조차도 피시가 겪었던 의외의 상황에 처할 수 있음을 보일 것이다. 물론 이 모든 논리의 배경에는 이론적 근거가 있다. 흔히 혼돈기하학이라 불리는 이 이론은 기상학자 로렌즈가 발견한 프랙털기하학fractal geometry의 일종으로, 아인슈타인의 상대성 이론이나 에르빈 슈뢰딩거Erwin Schrödinger와 베르너 하이젠베르크Werner Heisenberg의 양자역학 못지않게 중요한 분야다. 이 책이 미국에서 처음 출간될 때 편집자들은 책의 제목으로 '혼돈기하학'과 '의심의 중요성The Primacy of Doubt'을 놓고 고민하던 끝에 후자를 택했는데, 전자를 택했어도 나는 흔쾌히 승낙했을 것이다.

1987년 10월에 영국 남부를 강타한 폭풍은 기상학자들에게 확실한 교훈을 남겼다. 나비효과가 우리에게 치명적인 경우와 그렇지 않은 경우를 미리 판별하는 방법이 반드시 있어야 한다는 것이다. 2부에서는 인류의 안녕과 직결된 몇 가지 영역에서 높은 신뢰도로 불확실성을 다루는 방법을 논할 예정이다. 예를 들어 전 세계에 제공되는 기상 서비스 시스템은 날씨를 예측할 때 '앙상블 예측'이라는 방법을 적용하여 기상 시뮬레이션을 50회 이상 실행한다. 모든 시뮬레이션의 초기 조건은 거의 동일하지만 '나비의 작은 날갯짓(분석 가능한 최소 규모의 교란)'만큼씩 차이가 있으며, 바로 이 차이 때문에 완전히 다른 결과가 나올 수도 있다. 이뿐 아니라 컴퓨터모형의 불확실성을 고려하기 위해 기상방정식weather equation에 약간의 무작위성과 잡음을 의도적으로 집어넣기도 한다. 대기의 상태가 1987년 10월처럼 불안정하면 앙상블 멤버들 사이의 차이가 빠르게 벌어지지만 그 외의 경우에는 아주 느리게 분화하는 경향이 있다. 1987년 10월과 같은 재앙을 피하려면 예측 전문가들이 앙상블 멤버들 사이의 미세한 차이가 얼마나 빠르게 벌어지는지 판단할 수 있어야 한다.

요즘은 앙상블 예보 시스템이 많이 개선되어 스마트폰에 깔린 애플리케이션으로 보름 후의 날씨까지 미리 알 수 있고, 모든 예보에는 특정한 확률까지 할당되어 있다. 예를 들어 내일 비가 올 확률을 퍼센트 단위로 공지하는 식이다. 이 확률은 50개의 앙상블 멤버에 대하여 각기 시뮬레이션을 실행한 후, 결과를 통계적으로 분석하여 얻은 값이다. 물론 확률예보를 싫어하는 사람도 있다. "비가 오면 오고, 안 오면 안 오는 거지. 거기에 무슨 확률 타령인가?" 하긴 그렇다. 사람들은 비가 올지 안 올지 알고 싶을 뿐, 확률을 동원해가면서 장황하게 늘어놓은 일기예보를 별로 좋아하지 않는다. 그러나 확률예보를 하면 과거처럼 재난이 일어날 때까지 무력하게 기다리지 않고 합리적인 비용으로 대비책을 강구할 수 있다.* 이런 것을 선제대응활동anticipatory action이라 한다. 그리고 확률에 기초한 앙상블 기법probabilistic ensemble techniques은 10년 이상의 장기간에 걸친 기후변화를 예측할 때 반드시 필요한 도구로 자리 잡았다.

또한 2부에서는 우리의 실생활에 커다란 영향을 미치는 전염병의 확산 패턴과 경제 상황, 그리고 각종 갈등을 예측하는 앙상블 기술도 다룰 예정이다. 실제로 코로나바이러스감염증-19COVID-19(이하 코로나-19)가 전 세계를 덮쳤을 때 입원한 환자 수와 사망자 수를 예측하는 방법이 급하게 필요해졌고, 그 덕분에 다중모형 앙상블 기법multi-model ensemble method이 빠르게 발전할 수 있었다. 기후변화에 관한 정부 간 협의체intergovernmental panel on climate change, IPCC에서도 이와 비슷한 다중모형 기술을 사용하여 미래의 기후변화를 예측하고 있다. 앙상블을 이용한 일기예보 기술은 전염병 확산 패턴에 대한 예측의 장단점을 파악하는 데에도 큰 도움이 된다.

그렇다면 소립자에 내재한 불확실성은 자연에 어떤 결과를 초래할 것인가? 아인슈타인은 물리 법칙이 불확실하다는 주장을 몹

* 예를 들어 내일 비가 올 확률이 40퍼센트인데 5만 원인 방수포를 덮지 않으면 10만 원의 손실이 발생한다고 하자. 이런 경우 비가 왔는데 방수포를 덮지 않아서 생긴 기대손실은 10만 원×0.4=4만 원이고, 방수포를 사서 덮었는데 비가 오지 않아서 입는 손실은 5만 원×0.6=3만 원이므로 방수포를 덮는 쪽이 유리하다.

시 싫어했다. 그는 양자역학의 불확실성이 일기예보의 불확실성과 근본적으로 같다고 생각했다. 즉, 소립자 자체가 불확실한 것이 아니라 소립자에 대한 우리의 지식이 불완전하기 때문에 서술이 불확실할 수밖에 없다는 것이다. 1부에서 언급되겠지만, 대부분의 물리학자들은 아인슈타인의 주장을 수용하지 않는다. 지금까지 실행된 모든 실험이 물리 법칙 자체가 불확실하다는 것을 입증하고 있기 때문이다.

3부에서는 혼돈기하학을 이용하여 양자적 불확실성에 대해 누구나 수긍할 수 있는 결론을 도출해볼 것이다. 우주의 본질을 이해하지 못하고 아인슈타인의 중력 이론(일반 상대성 이론)과 양자역학을 통일하지 못한 지금, 물리학의 기본 개념은 중대한 기로에 놓여 있다.

1부의 중요한 결론 중 하나는 복잡한 계를 서술할 때 '잡음'이 귀찮은 곁다리 정보가 아니라 생산적인 정보가 될 수도 있다는 것이다. 예를 들어 유체에서 일어나는 난기류turbulance를 모형화할 때 표현하기 어려울 정도로 미세한 난기류는 잡음으로 처리하는 것이 바람직하다. 3부에서 알게 되겠지만, 우리의 뇌는 주변 세계를 모형화할 때 잡음을 효율적으로 사용하고 있다. 이런 기능이 없었다면 인간은 창조적인 종으로 진화하지 못했을 것이다.

물론 창의성이 인간의 전부는 아니다. 우리는 인간이 자유의지와 의식을 가진 존재라고 하늘같이 믿고 있지만, 누군가가 "자유의지와 의식의 본질은 무엇인가?"와 같은 질문을 던지면 갑자기 꿀 먹은 벙어리가 된다. 3부에서는 혼돈기하학을 이용하여 이 오래된 수수께끼에 나름의 해답을 찾아보기로 한다.

이 책을 집어 든 독자들에게 약간의 팁을 주자면 2부와 3부는 독립적인 내용이어서 따로 읽어도 상관없고, 1부의 일부 장을 골라서 읽어도 뒷부분을 이해하는 데에는 별문제가 없다. 그리고 조금은 복잡한 수학 논리가 수시로 등장하는데, 본문에서는 가능한 한 수식을 쓰지 않으려고 최대한 노력했으니 자세한 내용이 궁금한 독자들은 주석을 참고하기 바란다. 읽다가 보면 알겠지만 로렌즈방정식과 나비에-스토크스방정식, 슈뢰딩거방정식은 수식이 아닌 그림으로 표현되어 있다. 이 세 개의 방정식은 유명한 예술 작품과 함께 인류가 남긴 위대한 유산이다.

"의심의 중요성"은 20세기 최고의 물리학자 중 한 사람인 파인먼의 어록에 따온 말이다.(정확한 출처는 글릭이 집필한 파인먼의 전기다.)

그런데 의심이란 과연 무엇일까? 누군가가 어떤 주장을 펼쳤을 때 당신이 "그거 좀 의심스러운데?"라고 말한다면 이는 곧 당신이 그의 주장에 불확실성을 감지했다는 뜻이다. 실제로 옥스퍼드 영어 사전에서 이 단어를 찾아보면 제일 첫 줄에 "무언가에 대해 불확실함을 느끼는 것"이라고 나와 있다.[4] 그러나 대화 중에 "그거 좀 의심스러운데?"라는 말이 튀어나왔을 때는 불확실한 정도가 아니라 아예 상대방의 말을 믿지 않는다는 뜻이다. 이 책에서 의심이라는 단어가 등장하면 후자가 아닌 전자의 의미로 이해해주기를 바란다. 누군가가 사실이라고 굳게 믿는 것을 애써 틀렸다고 주장할 생각은 없지만, 불확실성을 과대평가하거나 과소평가하면 잘못된 결론에 도달하기 쉽다. 이것은 과거에 과학자들이 종종 겪었던 일이다.

도서관 사서가 이 책의 범주를 분류할 때 꽤 고민할 것 같다. 철학에서 제기된 고상한 질문에 답하려고 애쓰다가 세상이 진화하는 방식을 예측하는 실용적인 기술을 언급하고 있으니, 철학서인지 과학서인지 또는 기술서인지 판단하기 어려울 것이다. 독자 중에서 인간의 자유의지와 양자역학의 수수께끼 같은 유서 깊은 개념적 문제에 흥미를 느끼는 사람도 있을 것이고, 혼돈의 과학이 사회에 유익한 쪽(특히 사회의 가장 취약한 부분을 보완하는 쪽)으로 적용되는 것을 보고 기뻐하는 사람도 있을 것이다. 또는 이 책이 인간의 내면세계를 이해하는 데에 약간의 도움이 될 수도 있다. 이 책을 읽는 독자들에게 바라는 것은 단 한 가지다. 인간이 태생적으로 가지고 있는 결점은 비합리성이나 실패의 징후가 아니라, 불확실한 삶에 대처하는 우리의 고유한 능력이 결점처럼 드러나 보이는 것일 뿐이라는 점. 이 점을 꼭 기억해주기 바란다.

1부

불확실성의 과학

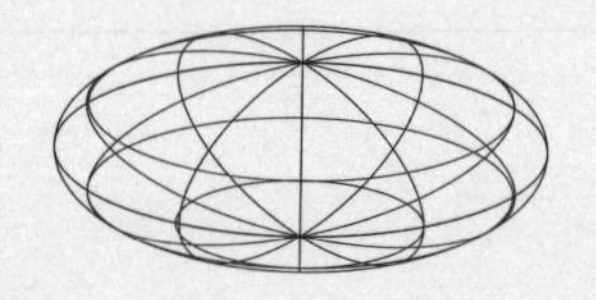

1부에서는 세 가지 중요한 아이디어에 대해 논할 예정이다. 첫 번째는 '대체로 안정적이고 예측 가능한 계가 가끔 불확실해지는 이유'를 기하학(내가 혼돈기하학이라고 부르는 것)으로 설명 가능하다는 것이다. 두 번째는 '지나치게 복잡해서 모형화할 수 없는 계'에 적용되는 아이디어로서, 모형에 잡음을 추가하면 누락된 복잡성 중 일부를 복원할 수 있다는 것이다. 앞서 말한 대로 잡음은 대부분의 경우 성가신 훼방꾼일 뿐이지만 가끔은 긍정적인 요소로 작용할 때도 있는데, 자세한 내용을 관련 사례와 함께 알아보려고 한다. 마지막으로 양자역학의 불확실성(불확정성 원리)에 대해 논한 후, 대부분의 물리학자들이 양자적 불확실성과 혼돈계의 불확실성을 다르게 취급하는 이유를 알아볼 것이다. 1부에서 얻은 결론은 2부와 3부에 그대로 적용된다.

의심이 클수록 깨달음도 크다.

—아인슈타인

그의 글을 읽을 때마다 등골이 오싹해지고 머리카락이 곤두선다. 그는 알고 있었다! 34년 전에 이미 알고 있었다!

—이언 스튜어트Ian Stewart가 기록한, 1963년 로렌즈가 혼돈 이론에서 프랙털기하학을 발견했던 순간[1]

1장

모든 곳에 존재하는 혼돈

우리네 인생은 꽤 무질서하고 혼란스럽다. 여기에 이의를 달 사람은 거의 없을 것이다. 그러나 무질서하다고 해서 대책이 없는 것은 아니다. 질서가 없고 혼란스러워서 예측하기 어려울 것 같은 물리계를 서술하는 것이 바로 '혼돈의 과학'이다. 놀라운 것은 혼돈계를 서술하는 과학이 '질서'와 '예측 가능성'의 대표적 사례인 행성의 운동 이론에서 파생되었다는 점이다. 우리는 내일 아침에 태양이 동쪽에서 뜬다는 것을 철석같이 믿고 있다. 내일뿐 아니라 여생 동안 매일 아침 서쪽 하늘을 뚫어지게 바라봐도 그곳에서 해가 뜨는 날은 없을 것이다. 또한 우리는 태양 주변을 도는 지구와 지구 주변을 도는 달의 운동을 정확하게 예측할 수 있다. 덕분에 우리는 향후 수백 년 동안 바닷물이 들어오고 나가는 시간과 일식이 일어나는 날짜를 알 수 있다고 자신한다.

사실 행성의 움직임은 상당히 불확실하고 예측하기도 어렵다.

왜 그럴까? 태양계에 속한 행성의 운동을 서술하는 이론은 일련의 위대한 발견을 거쳐 완성되었다. 현대과학을 낳은 '과학 르네상스'는 1543년에 출간된 니콜라우스 코페르니쿠스Nicolaus Copernicus의 《천구의 회전에 관하여De Revolutionibus Orbium Coelestium》에서 시작되어 1687년에 출간된 뉴턴의 《프린키피아》로 마침표를 찍었다.

이 책에서 뉴턴은 그 유명한 세 가지 운동 법칙과 중력 법칙을 이용하여 독일의 천문학자 요하네스 케플러Johannes Kepler가 오로지 튀코 브라헤Tycho Brahe의 관측 데이터만을 통해 알아낸 사실(행성의 공전궤도는 타원이며, 타원의 두 초점 중 하나에 태양이 위치한다는 사실)을 수학적으로 증명했다.[1] 지상에서 사과를 바닥으로 떨어뜨리고 날아가는 돌멩이가 포물선을 그리도록 만드는 중력이 하늘의 운동까지 관장하고 있었던 것이다. 그러나 뉴턴은 행성의 궤적을 계산할 때 태양계를 '태양과 행성 한 개만 존재하는 초간단 태양계'로 단순화시켰다. 이렇게 하지 않으면 계산이 너무 복잡해서 현실적인 시간 안에 답을 구할 수 없기 때문이다.

뉴턴의 법칙에는 불확실하거나 무작위적인 요소가 눈곱만큼도 없다. 지금의 순간에 행성의 위치와 속도를 알고 있고(초기 조건) 행성에 작용하는 힘을 알고 있다면(법칙), 임의의 순간에 행성의 위치와 속도를 완벽하게 알아낼 수 있다. 고등학교에서 과학 공부를 해본 사람은 포사체의 초기 속도와 발사각이 주어진 상태에서 수평 도달거리를 계산하느라 비지땀을 흘린 적이 있을 것이다. 이 문제는 주어진 초기 조건에 뉴턴의 법칙을 적용하여 움직이는 물체의 미래를 예측하는 전형적 사례다. 즉, 물체의 처음 위치와 속도(빠르기와 방향)를 알면 향후 물체의 운동을 정확하게 알 수 있다. 뉴턴의 물리학을 결정론적deterministic이라고 부르는 것은 바로 이런 이유 때문이다. 프랑스의 철학자이자 수학자인 피에르시몽 라플라스Pierre-Simon Laplace는 1814년에 뉴턴의 운동 법칙을 이용하여 미래를 완벽하게 결정하는 가상의 유령에 대해 언급하면서 다음과 같이 주장했다.

> 특정 순간에 '자연을 움직이게 하는 모든 힘'과 '자연을 구성하는 모든 요소의 위치와 속도'를 알고 있는 지성체가 존재한다면, 그는 가장 작은 원자에서 거대한 천체에 이르는 우주 만물의 움직임을 하나의 공식으로 표현할 수 있다. 그에게 불확실함이란 존재하지 않으며 모든 과거와 미래가 그의 눈앞에 선명하게 드러날 것이다.[2]

여기서 우리는 '하나의 공식'이라는 표현에 주목할 필요가 있다. 왜냐하면 라플라스는 뉴턴 이후로 세 개 이상의 천체로 이루어진 태양계(태양-지구-달, 또는 태양-지구-달-목성)의 궤도를 계산하기 위해 사투를 벌였던 과학자 중 한 명이기 때문이다.[3] 그 하나의 공식에 특정한 시간을 대입하면 행성(세 개 이상)의 위치가 단 하나의 답으로 얻어진다. 이 얼마나 환상적인 공식인가!

이 문제가 바로 그 악명 높은 n체 중력 문제n-body gravitational problem인데, 뉴턴은 n이 2인 경우만 고려했다. 즉, 태양 외의 행성이라곤 지구밖에 없는 초간단 태양계만 다룬 것이다. 그 후로 과학자들은 n이 3 이상인 경우를 풀기 위해 무진 애썼으나 라플라스를 포함한 그 누구도 원하는 공식을 찾지 못했다. 스웨덴의 국왕 오스카 2세Oscar II는 자신의 예순 번째 생일을 축하하는 자리에서 n체 중력 문제를 푸는 사람에게 하사하겠다며 거액의 상금을 내걸기도 했다.

이 문제를 해결한 사람은 19세기 후반 프랑스의 수학자이자 물리학자인 앙리 푸앵카레Henri Poincaré였다.(그는 당시 대통령인 레몽 푸앵카레Raymond Poincaré의 사촌 형제였다.) 사실은 해결했다기보다 '찬물을 끼얹었다'는 표현이 더 어울린다. n체 문제의 정답이 존재한다고 굳게 믿었던 수학자들 앞에서 'n이 3보다 큰 경우에는 물체의 궤적을 서술하는 공식이 존재하지 않는다'고 선언했기 때문이다.

공식이 존재하지 않는다는 건 무슨 뜻일까? 현대식 컴퓨터를 이용하면 세 개의 천체가 서로 중력을 행사하는 계의 운동방정식을 풀어서 각 천체의 궤적을 화면에 그릴 수 있다. 예를 들어 100만 년에 걸친 천체의 운동을 컴퓨터로 시뮬레이션한다고 가정해보자. 이런 경우에는 천체의 궤도를 나타내는 '하나의' 수학 공식을(타원방정식보다 복잡하긴 하지만) 꽤 정확하게 구할 수 있다.

그러나 시뮬레이션 기간을 200만 년으로 확장하면 궤도를 하나의 공식으로 표현하기가 매우 어려워진다. 이럴 때 최신 인공지능artificial intelligence, AI을 사용하면 엄청나게 복잡하긴 하겠지만 어떻게든 궤도방정식을 구할 수 있을 것이다. 그러나 시뮬레이션 기간을 300만 년으로 확장하면 AI로도 공식을 구할 수 없게 된다.

이럴 때 누군가가 획기적인 방법을 고안하여 엄청나게 복잡한 공식을 구했다고 해도, 기간을 400만 년으로 늘리면 또다시 무용지물이 된다. 주어진 유한한 시간 동안 세 천체의 궤도를 아무리 복잡한 공식으로 구했다고 해도 기간을 늘리면 공식이 더는 적용되지 않는 순간이 반드시 찾아온다. 간단히 말해서 임의의 긴 시간 동안 천체의 궤도를 일괄적으로 서술하는 공식 같은 것은 존재하지 않는다. 바로 이것이 푸앵카레가 얻은 결론이다.

중력으로 묶여 있는 세 개의 천체는 똑같은 궤도운동을 반복하지 않는다. 만일 이들이 안정적으로 동일한 궤도를 그린다면 무한히 긴 시간 동안 궤도를 서술하는 '하나의' 공식을 찾을 수 있어야 하는데, 푸앵카레가 증명한 바와 같이 그런 공식은 존재하지 않는다. 그러므로 세 천체의 궤도는 비주기적이며, 이는 곧 태양계 행성의 운동이 궁극적으로 예측 불가능하다는 뜻이다. 그렇다. 예측할 수 없는 것은 날씨만이 아니었다. 푸앵카레는 인류가 안정적이라고 하늘같이 믿어왔던 행성의 운동을 분석하다가 혼돈이라는 현상을 발견했다. 바로 이 혼돈적 특성 때문에, 머나먼 미래를 예측하는 라플라스의 유령은 존재하지 않는다. 그림 1은 중력을 교환하는 네 개의 천체가 그리는 궤도(n이 4인 경우)를 컴퓨터 시뮬레이션으로 재현한 것인데, 안정적으로 유지되던 계가 먼 미래에 혼돈계로 변하는 과정을 잘 보여주고 있다.[4] 푸앵카레가 걱정했던 것을 적나라하게 보여주는 그림이다. 보다시피 네 개의 천체는 한동안 거의 타원에 가까운 궤적을 그리기 때문에, 이 기간 동안 천체의 궤적을 AI로 분석해도 '영원히 타원에 가까운 궤적을 그린

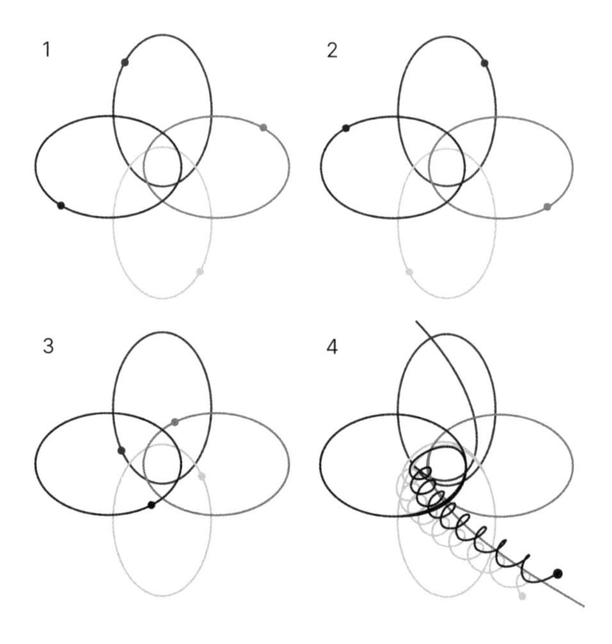

그림 1 중력으로 묶여 있는 네 천체의 궤적을 촬영한 네 장의 스냅숏. 꽤 긴 시간 동안 이들은 타원에 가까운 궤적을 그리면서 상호공전 상태를 유지한다(1~3번). 그러나 어느 순간에 도달하면 아무런 사전경고도 없이 기존의 타원궤도를 벗어나 나선 궤적을 그리면서 머나먼 우주로 날아간다.(이 동영상은 1장의 4번 주석에 수록된 웹사이트에서 조회할 수 있다.)

다'는 결론에 도달할 가능성이 매우 크다. 그런데 어느 시점에 도달하면 천체들이 아무런 사전경고도 없이 갑자기 타원궤도를 벗어나 나선 궤적을 그리면서 무한히 먼 곳으로 날아가버린다. 이전까지 궤도를 안정적으로 서술했던 타원방정식(정확하게는 타원에 가까운 방정식)이 졸지에 무용지물이 되는 것이다!

그림 1과 같은 혼돈계는 날씨, 경제 등 다른 분야에서도 쉽게 찾아볼 수 있다. 1987년 10월에 기상통보관 피시를 곤혹스럽게

만들었던 허리케인처럼 물리계는 한동안 예측 가능한 것처럼 보이다가 갑자기 뒤죽박죽이 되기도 한다.

그렇다면 지구도 언젠가는 태양계를 벗어나 떠돌이 행성이 될 것인가? 만일 그렇다면 지구온난화나 경제 동향 같은 건 문제 축에도 못 낀다. 지구가 태양에서 멀어지면 꽁꽁 얼어붙은 죽음의 행성이 될 것이고, 지금의 기술로는 그 엄청난 재앙을 사전에 막을 수도 없다. 생각만 해도 모골이 송연해진다. 이런 일이 정말로 일어날지 어떻게 알 수 있을까? 방법은 단 하나, 태양계모형을 컴퓨터로 정확하게 구현해서 향후 거동을 확인하는 것뿐이다.

그렇다면 지구가 궤도를 이탈하는 것도 컴퓨터로 예측할 수 있다는 말인가? 실제로 시뮬레이션을 해보면 피시의 일기예보처럼 지구는 한동안 태양 주위를 안정적으로 공전한다는 결과가 나올 것이다. 앞으로 5년 후에 지구가 나선 궤적을 그리며 태양계를 이탈할 운명이라 해도 컴퓨터는 걱정할 것 없다며 우리를 안심시킬 것이다.(피시가 바로 이런 예측에 속았었다.)

이 합리적인 의심의 사실 여부를 확인하려면 미래를 좌우하는 불확실성을 제대로 이해해야 한다. 태양계의 경우, 불확실성은 행성의 위치와 관련되어 있으므로 초기 위치를 조금씩 다르게 설정하여 시뮬레이션을 수백 번 실행할 수도 있다. 이것은 앞으로 여러 번 언급될 앙상블 예측의 한 사례다.

결론부터 말하자면 지구가 궤도를 이탈할까 봐 전전긍긍할 필요는 없다. 프린스턴대학교의 연구팀은 다양한 초기 조건의 앙상블을 대상으로 수많은 시뮬레이션을 실행했는데, 앞으로 수십억 년 안에 지구가 태양계를 벗어나는 끔찍한 상황은 단 한 번도 재현되지 않았다.[5] 즉, 지구가 태양계를 벗어날 확률이 거의 0에 가깝다는 뜻이다.(그렇다고 완전히 0은 아니다!) 그러나 걱정스럽게도 이 앙상블 예측에 의하면 수십억 년 후에 수성의 궤도가 조금씩 벗어나기 시작하여 약 1퍼센트의 확률로 금성과 충돌할 가능성이 있다.

방금 언급한 내용은 앙상블 기법으로 미래를 예측한 첫 번째 사례다. 이로부터 우리는 지구가 태양계에서 벗어날 가능성이 매우 작다는 것을 확인했다. 그러나 이 방법으로 소행성의 거동을 예측해보면, 작은 소행성이 런던에 떨어져서 도시 전체를 날려버릴 확률은 완전히 무시할 수 있을 정도로 작지 않다. 천문학자들이 그 많은 소행성의 궤도를 일일이 추적하는 것은 바로 이런 이유 때문이다.[6]

* * *

푸앵카레가 세상을 떠난 후 n체 중력 문제의 최고 전문가로 떠오른 하버드대학교의 수학자 조지 버코프George Birkhoff는 뉴잉글랜드 아이비리그 출신의 똑똑한 대학원생인 로렌즈를 제자로 받아들였다. 이때 로렌즈에게 주어진 연구 과제는 n체 문제가 아닌 리만기하학Riemannian geometry이었는데, 스승의 독특한 사고방식을 물려받았는지 과학 역사상 가장 중요한 발견 중 하나이자 이 책의 주제인 혼돈 이론의 창시자가 되었다. 그리고 이 과정에서 로렌즈는 혼돈기하학으로 불리는 프랙털기하학을 발견했다.

최고의 수학자가 되겠다는 로렌즈의 계획은 제2차 세계대전이 발발하면서 갑자기 중단되었다. 그러나 어떤 방법으로든 미군에 기여하고 싶었던 그는 전시 기상학자 훈련소에 자진 입소했고(로렌즈는 어린 시절부터 날씨에 관심이 많았다), 소정의 훈련을 마친 후 태평양 전선에 투입되어 작전기상통보관으로 활동했다.

전쟁을 치르면서 날씨에 대한 관심이 되살아난 로렌즈는 종전 후 하버드대학교에서 수학을 연구할 기회를 마다하고 매사추세츠공과대학교의 박사과정에 진학하여 물리학에 기초한 일기예보모형을 파고들기 시작했다. 그로부터 몇 년 후에 그는 박사과정을 마치고 캘리포니아대학교에서 박사후 연구 과정을 밟다가 1956년에 매사추세츠공과대학교의 교수로 채용되었는데, 계약서의 한 구석에는 "30일(또는 그 이상) 후 일기예보의 가능성을 타진하는 연구팀을 이끈다"는 항목이 명시되어 있었다.

당시 일기예보는 하루이틀 뒤의 날씨를 예측하는 것도 버거운 수준이었다. 그러나 일부 통계학자들은 로렌즈에게 원리적으로 장기 일기예보는 쉬운 문제에 속한다고 장담했다. 대체 뭘 믿고 그런 말을 했을까? 예를 들어 한 달 후의 날씨를 예측한다고 가정해 보자. 가장 쉬운 방법은 도서관에 보관된 과거의 날씨 기록부를 뒤져서 오늘과 가장 비슷했던 날씨를 골라낸 후(이것을 아날로그analogue, '유사한 것'이라 한다), 그로부터 한 달 후의 날씨를 찾는 것이다. 대기 상태의 초기 조건이 같으면 그 후의 날씨 변화도 동일한 패턴으로 나타날 것이기 때문이다.

글쎄… 과연 그럴까? 실제로 이 방법을 적용해보면 틀리는 경우가 태반이다. 이에 관해 통계학자들은 과거의 날씨 데이터에 누락된 정보가 많아서 정확하게 똑같은 날씨를 찾기가 어렵기 때문이라고 주장했다. 기록이 충분히 많이 쌓여서 다양한 날씨 데이터가 확보되면 아날로그식이 통할 거라는 이야기다. 그러나 로렌즈는 아날로그식 예측이 맞으려면 지구의 날씨는 주기적으로 반복되어야 한다며 그들의 주장을 일축했다. 날씨방정식을 아무리 들여다봐도 그런 주기적 특성을 찾을 수 없었기 때문이다. 사실 이것은 푸앵카레가 보여주었던 3체 중력 문제의 불확실성과 근본적으로 동일한 문제였다.

행성의 운동과 날씨 변화 사이에는 중요한 차이점이 있다. 행성은 많아 봐야 수십 개 정도지만, 날씨는 수조 개의 수조 배에 달하는 입자들이 다양한 규모의 소용돌이와 난기류를 일으키면서 나타나는 현상이다.[7] 당신이 타임머신을 타고 1950년대로 돌아가서 기상학자에게 질문을 던진다고 상상해보자.

> **나**: 날씨가 비슷한 패턴으로 반복되는 현상입니까?
>
> **기상학자**: 날씨가 주기적이라니, 대체 누가 그런 헛소리를 하던가?
>
> **나**: 통계학자들이 그러던데…. 틀린 건가요?
>
> **기상학자**: 자고로 날씨란 다양한 규모에서 무수히 많은 입자가 복잡다단한 상호작용을 교환한 결과라네. 그토록 혼란스러운 계에서 동일한 패턴이 반복된다는 것은 절대 있을 수 없는 일이야.

나: 그러니까 대기의 구조가 워낙 복잡하기 때문에 예측할 수 없다는 말이로군요.

기상학자: 바로 그거야! 물론 기상방정식을 단순하게 줄이면 주기적이고 예측 가능한 결과가 얻어질 수도 있겠지. 하지만 그건 주어진 계를 지나치게 단순화시켰기 때문이지 날씨의 본질은 아니라네.

매사추세츠공과대학교 날씨 연구팀의 수장이 된 로렌즈는 자신이 박사과정 학생 시절에 '날씨는 저절로 반복되지 않는다'는 직관을 확인하기 위해 개발했던 컴퓨터 일기예보 시스템을 활용하기로 마음먹었다. 그러나 날씨모형 자체가 너무 복잡하다는 것이 현실적인 걸림돌로 작용했다. 예를 들어 당신이 향후 100년(2014~2113년) 동안의 날씨 변화를 컴퓨터로 시뮬레이션하여 날씨는 동일한 패턴으로 반복되지 않는다는 결과를 얻었다고 하자. 과연 이것을 곧이곧대로 믿을 수 있을까? 그 후의 100년(2114~2213년) 동안에는 이전 100년 동안의 날씨가 똑같이 반복될 수도 있지 않을까?[8]

로렌즈는 단 몇 개의 방정식으로 서술되는 단순한 계가 비주기적 특성을 가질 수 있는지 확인해보고 싶어졌다. 대체 이런 아이디어를 어디서 떠올렸을까? 컴퓨터로 간단한 날씨모형을 만들던 경험에서 나온 것일까? 아니면 3체 중력 문제의 해답이 비주기적이라는 사실에 착안한 것일까? 그의 자전적 책인《카오스의 본질》에 "버코프와 공동 연구를 수행할 때만 해도 푸앵카레의 업적에 대해 아는 것이 별로 없었다"고 적혀 있는 것을 보면[9] 날씨모형에서 얻은 아이디어일 가능성이 크다.

어쨌거나 로렌즈는 옳고 기상학자들은 틀렸다는 쪽으로 결론이 내려졌다. 로렌즈는 단순화 과정을 여러 번 거친 끝에 세 개의 변수 X, Y, Z로 이루어진 세 개의 방정식으로 유체의 운동을 서술하는 수학모형을 만들었는데, 이것은 3체 중력 문제보다 단순하다. 중력의 경우에는 개별 행성마다 여섯 개의 변수(공간좌표 세 개와 속도 성분 세 개)가 필요하기 때문이다.

로렌즈의 모형은 지나치게 단순화된 것이어서 세 변수를 유체의 특성과 관련짓는 것은 별 의미가 없다.(로렌즈방정식으로 서술되는 간단한 수차 정도는 만들 수 있다.[10]) 그래서 일단은 X, Y, Z를 '시간에 따라 값이 수시로 변하는 추상적인 변수'로 간주해보자. 특정한 순간에 세 변수에는 세 개의 숫자가 할당된다.(예를 들면 $X=3.327$, $Y=5.674$, $Z=0.485$와 같은 식이다.) 로렌즈방정식은 이 숫자들이 시간에 따라 변하는 양상을 설명하고 있는데, 여기에는 17세기 영국의 물리학자 뉴턴과 독일의 팔방미인(수학자, 철학자, 공학자 등) 고트프리트 빌헬름 라이프니츠Gottfried Wilhelm Leibniz가 각자 독립적으로 개발한 미적분학이 사용된다. 이 특별한 기법을 적용하면 X, Y, Z의 시간에 따른 변화율을 'X, Y, Z의 현재 값'과 '몇 개의 매개변수'로 나타낼 수 있다(그림 2). 뉴턴이나 라이프니츠에게 로렌즈방정식을 보여주면 이렇게 말할 것이다. "아하, 이건 비선형의 미분방정식이로구먼!"

여기서 우리는 비선형이라는 단어에 주목할 필요가 있다. 일반

그림 2 예술 작품으로 감상하는 로렌즈방정식.

적으로 입력과 출력이 정비례하지 않는 물리계를 비선형계라 한다. 비근한 예로 복권 당첨금, 기쁨의 정도가 바로 이런 관계에 있다. 당신이 100만 원짜리 복권에 당첨된다면 펄펄 뛰며 기뻐할 것이다. 그런데 당첨금액이 200만 원이라고 해서 2배로 기쁠까? 물론 100만 원에 당첨되었을 때보다 더 기쁘겠지만 기쁨의 정도가 2배로 커지지는 않을 것이다. 슈퍼복권에 당첨되어 1000만 원을 손에 넣었을 때도 10배로 기쁘지는 않다.(만일 당신이 엄청나게 부자라면 100만 원을 100억 원으로 바꿔서 상상해보라.) 이것이 바로 비선형계의 특징이다. 당신이 느끼는 기쁨의 정도(출력)는 복권의 당첨금액(입력)에 비례하지 않는다. 로렌즈계Lorentz system의 경우 변수 X, Y, Z가 2배로 커져도 시간에 대한 이들의 변화율(X, Y, Z를 시간 t로 미분한 값)은 2배로 커지지 않는다. 당신과 나는 로렌즈방정식처럼 비선형계에 속한다. 만일 로렌즈방정식이 선형이었다면 로렌즈계는 예측 가능했을 것이다.

1960년대에 로렌즈방정식을 컴퓨터로 푸는 것은 결코 만만한 과제가 아니었다. 그러나 로렌즈는 단 세 개의 변수만으로 충분히 긴 시간 동안 방정식을 실행한 끝에 '모형의 상태는 결코 반복되지 않는다'는 사실을 알아냈다. 이것은 20세기 과학의 가장 위대한 발견 중 하나로서, 자세한 내용은 2장에서 다루기로 한다. 로렌즈의 연구 결과는 1963년에 〈결정론적 비주기 흐름Deterministic Non-periodic Flow〉이라는 제목으로 《대기과학저널Journal of the Atmospheric Sciences》에 게재되었다.[11] 여기서 말하는 비주기란 동일한 상태가 반복되지 않는다는 뜻이다. 안타깝게도 《대기과학저널》이 그다지

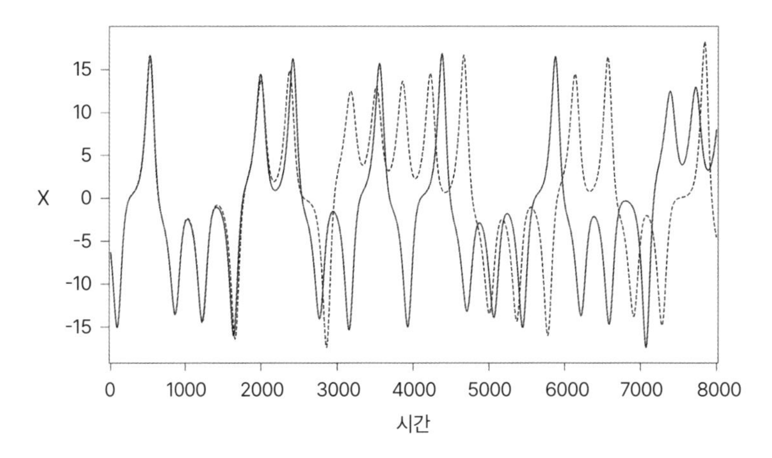

그림 3 로렌즈모형에 나타나는 혼돈의 전형적 패턴. 거의 똑같지만 완전히 같지 않은 두 개의 초기 조건에서 출발한 계는 처음에 비슷한 패턴으로 변하다가 어느 정도 시간이 지나면 완전히 다른 길을 가게 된다. 이것은 전문가들이 혼돈의 개념을 설명할 때 흔히 제시하는 그래프인데, 사실 여기에는 눈에 보이는 것보다 훨씬 깊은 뜻이 숨어 있다.

유명한 학술지가 아니었고, 로렌즈의 위대한 발견이 수학자들에게 알려질 때까지 무려 10년이나 걸렸다. 그 여파로 '혼돈의 과학'도 1970년대가 되어서야 비로소 관심을 끌게 되었다.

처음에는 로렌즈 자신도 잘 모르고 있었지만, 그가 제시한 모형의 핵심은 비주기성이 아니라 그로부터 초래된 결과였다.

로렌즈는 컴퓨터로부터 충분한 데이터(출력)를 얻으려면 시뮬레이션을 가능한 한 여러 번 실행해야 한다는 말을 거의 입에 달고 다녔다. 그의 주된 업무는 갓 출력된 인쇄지에 기록된 값을 입력으로 삼아 컴퓨터를 다시 가동하는 것이었는데, 어느 날 컴퓨터를 재가동한 후 잠시 나가서 커피 한잔을 마시고 돌아와 보니 처음에 입력했던 *X*, *Y*, *Z*와 완전히 다른 값이 출력되어 있었다(그림 3). 처음에 그는 컴퓨터가 오작동을 일으켰다고 생각했으나(당시의 컴퓨터는 밸브 또는 튜브라고도 하는데 종종 에러가 발생했다), 알고 보니 컴퓨터가 입력된 숫자를 소수점 아래의 적당한 곳에서 잘라냈기 때문에 발생한 오차였다. 예를 들면 *X*=0.506127을 *X*=0.506으로 잘라내는 식이다. *X*=0.506에서 출발하여 얻은 최종 X값과 *X*=0.506127에서 출발하여 얻은 최종 *X*값 사이에는 엄청난 차이가 있다.

계의 특성이 이처럼 초기 조건에 따라 민감하게 달라지는 현상은 훗날 나비효과로 불리게 되는데, 사실 이것은 별로 적절한 용어가 아니다. 나비의 몸집은 날씨가 나타나는 규모보다 훨씬 작기 때문이다. 변수가 달랑 세 개뿐인 로렌즈모형에는 공간이라는 개념이 없다. 이렇게 단순한 모형으로 날씨를 예측하기란 애초부터 불가능하므로 나비 같은 것은 신경 쓰지 않아도 된다. 로렌즈모형은 **작은** 오차가 큰 오차로 증폭되는 과정을 보여줄 뿐, **작은 규모**의 오차가 거시적 규모의 날씨에 미치는 영향까지 알 수는 없다. 오차의 증폭 과정과 나비효과의 상관관계는 3장에서 다룰 예정인데, 그때가 되면 앞서 제시한 혼돈보다 훨씬 놀라운 사실을 알게 될 것이다.

어떤 면에서 보면 그림 3은 그림 1과 크게 다르지 않은 것 같다. 그림 1에 의하면 행성의 위치를 예측할 수 없고, 그림 3에서는 로렌즈방정식의 (추상적인) 변수값이 예측 불가능한 것처럼 보인다. 그렇다면 로렌즈가 말했던 혼돈은 한 세기 전에 등장했던 푸앵카레의 이론으로 어떻게든 설명할 수 있지 않을까?

이 질문의 답은 '아니오'다. 로렌츠의 혼돈과 푸앵카레의 혼돈 사이에는 중요한 차이가 있다. 모든 유체는 조금이라도 끈적이는 특성을 가지고 있는데, 이것을 물리학 용어로 점성viscosity이라 한다. 예를 들어 당밀은 점성이 크고 물은 점성이 작다. 점성이 크다는 것은 유체 안에서 일부분이 일시적으로 이동할 때 저항력이 크게 작용한다는 뜻이다. 또한 유체의 이동속도에 작은 변화가 일어나면 이것이 점성이라는 특성을 통해 분자의 무작위 운동, 즉 열heat로 변환되는데, 이런 현상을 에너지 소산energy dissipation이라 한다. 우리는 물이나 공기를 접할 때 끈적거린다는 느낌을 거의 받지 않지만, 이들도 어디까지나 유체이기에 약간의 점성이 있다.

물탱크에 담겨 있는 물을 커다란 막대로 휘젓는다고 상상해보라. 이런 경우 움직이는 막대를 중심으로 격렬한 소용돌이가 발생하여 주변으로 퍼져나간다. 그러다가 어느 순간 그만 휘저으면 점성 때문에 소용돌이가 잦아들다가 결국 멈추게 되는데, 위에서 말한 에너지 소산 효과에 의해 온도가 이전보다 조금 높아진다. 이제 이 모든 과정을 동영상으로 촬영한 후 거꾸로 재생하면 완전히 비현실적인 장면이 펼쳐진다. 막대 주변의 유체에서 작은 소용돌이가 나타나 점점 커지면서 막대 쪽으로 다가오는 것이다! 이 장면을 굳이 설명하자면 유체의 '거의 균일한 냉각 과정'에 의해 막대가 구동되는 것처럼 보이는데, 이것은 폐열waste heat* 은 유용한

* 에너지를 생산하거나 소비할 때 사용되지 못하고 버려지는 열을 뜻한다.

일로 전환될 수 없다는 열역학 제2법칙에 위배된다. 즉, 시간을 거꾸로 되돌렸을 때 눈에 보이는 운동은 전혀 현실적이지 않다. 유체의 거동을 서술하는 방정식은 시간에 대해 비가역적irreversible이다. 다시 말해서 유체의 운동방정식과 동영상은 과거에서 미래로 진행되어야 자연스럽게 보인다는 뜻이다.

그러나 행성의 운동을 서술하는 방정식은 시간에 대해 가역적reversible이다. 우주로 나가서 움직이는 행성을 한동안 촬영한 후 거꾸로 재생해도, 기존의 물리 법칙에 조금도 위배되지 않는다. 이런 점에서 볼 때 행성들이 지금과 같은 방향으로 공전(또는 자전)하게 된 것은 단지 우연일 뿐이라고 생각할 수도 있다.

로렌즈는 자신의 방정식에 비가역적 특성을 부과해야 한다고 봤고, 결국 그의 생각은 옳은 것으로 판명되었다. 시간의 비가역성은 이 책의 주제인 혼돈기하학을 구축하는 데 핵심적 역할을 한다.

일상생활 속에서 쉽게 볼 수 있는 운동 중에는 행성과 같은 가역적 운동보다 유체와 같은 비가역적 운동이 훨씬 많다. 예를 들어 단단한 바닥에 유리잔을 떨어뜨리면 산산이 부서지는데, 그 반대로 산산이 부서진 유리 조각이 스스로 합쳐져서 멀쩡한 유리잔이 되는 경우는 없다. 아이는 시간이 흐르면서 어른이 되지만, 어른이 점점 젊어지다가 아이가 되는 경우도 없다. 또 날계란을 깨서 프라이팬에 놓으면 스크램블드에그가 되지만, 스크램블드에그가 저절로 날계란이 되는 경우도 없다. 이와 비슷한 사례는 사방에 널렸다. 그렇다면 이들이 비가역적 특성을 가지게 된 근본적 원인은 무엇일까? 이것은 지난 수백 년 동안 과학자들을 무던히도 괴롭혀왔던 질문이다. 우주 만물의 거동을 관장하는 뉴턴의 운동 법칙과 미시세계의 거동을 서술하는 슈뢰딩거방정식은 시간에 대해 가역적이기 때문에, 영화를 앞으로 돌리든 뒤로 돌리든 그 안에서 일어나는 모든 사건은 동일한 방정식으로 설명된다. 그런데 왜 우리 주변은 온통 비가역적인 현상으로 가득 차 있는 것일까? 대부분의 과학자들이 제시한 답은 다음과 같다. "빅뱅이 일어났을 때 모든 만물이 극도로 질서정연한 상태에서 시작되었기 때문이다." 다시 말해서 우리의 우주가 아주 특별한 초기 조건(극도로 질서정연한 상태)에서 시작되었기 때문에 비가역적 특성을 가지게 되었다는 것이다. 이 정도로 설득되지 않는다면 혼돈기하학을 이용하여 설명할 수도 있는데, 자세한 내용은 11장에서 다루기로 한다.

푸앵카레와 로렌즈는 뉴턴의 미적분학을 이용하여 혼돈계를 연구했지만, 미적분학 자체는 혼돈의 필수 요소가 아니다. 이 점을 분명하게 밝히기 위해 1장을 마무리하기 전에 미적분학과 무관한 혼돈계의 사례를 소개하고자 한다. 물리학자이자 생태학자인 메이가 고안한 인구 이론이 바로 그것이다.

최초의 인간인 아담과 이브가 아들 둘과 딸 둘을 낳은 것을 시작으로 후손 세대도 계속해서 네 명의 자녀를 낳는다면, 각 세대의 인구는 2배씩 증가할 것이다(2, 4, 8, 16…). 메이 이전의 인류학자들은 인구가 이런 식으로 증가하다가 사용 가능한 자원(식량, 연료 등)이 한계에 도달하면 정체 국면에 접어들거나 주기적으로 약간의 진동을 겪는다고 가정했다. 그래서 일부 종의 개체 수에 불규칙적인 변화가 감지되면 외부 요인에 의해 환경자원이 감소하여 번식 패턴이 변한 결과라고 생각했다. 예를 들어 기후가 불규칙하게 변하면 적응에 문제가 생겨서 개체 수가 이례적으로 감소한다는 것이다.

그러나 메이는 매우 간단한 방정식을 사용하여 반드시 그렇지만은 않다는 것을 증명했다.[12] 메이의 방정식은 현세대의 인구로부터 다음 세대의 인구를 추정하는 식으로 작동하며,[13] 각 세대의 인구는 간단한 계산으로 산출할 수 있다.(방정식이 그 정도로 단순하다.) 또한 메이의 방정식에는 a라는 변수가 등장하는데, 이것은 인구 증가의 초기 단계에서 한 사람의 성인이 낳는 자손 수의 평균값을 의미한다. 위에서 말한 아담과 이브의 사례에서는 두 명의 남녀가 네 명의 자손을 낳았으므로 a가 2인 경우에 해당한다. 그러나 인구가 많아지면 제한된 자원으로 인해 인구가 증가하는 속도가 느려지고, 이런 국면에 접어들면 인구는 다시 증가하기 전에 빠르게 감소할 수도 있다. 또 한 가지 눈에 띄는 사실은 a가 3.57보다 크면 여러 세대에 걸쳐 인구 변화가 혼란스럽게 변한다는 것인데, 여기에는 두 가지 의미가 담겨 있다. 첫 번째는 로렌즈모형의 변수가 그랬던 것처럼 인구는 환경자원과 무관하게 비주기적으로 변한다는 것이고, 두 번째는 로렌즈모형과 마찬가지로 인구 역시 예측하기가 매우 어렵다는 것이다. 일기예보가 그랬듯이 인구는 초기 조건에 따라 민감하게 변한다.

혼돈 이론은 인구 예측뿐 아니라 천문학, 기상학, 생태학, 화학, 공학, 생물학, 사회과학 등 과학의 거의 모든 분야에 걸쳐 지대한 영향을 미쳤다. 그나마 영향을 덜 받은 분야는 양자물리학인데,[14] 그 이유는 양자계를 지배하는 슈뢰딩거방정식이 선형방정식이기 때문이다. 즉, 양자역학에서 다루는 방정식의 해는 초기 조건에 별로 민감하지 않다. 일부 물리학자들은 행성의 운동과 날씨, 그리고 인구 변화 등이 어떤 식으로든 양자역학의 법칙을 따를 것이므로(실제로 증명된 사례는 하나도 없다) 혼돈은 근사적인 개념일 뿐이며, 날씨가 불확실한 근본적 이유는 양자적 단계에 불확실성이 존재하기 때문이라고 주장한다. 그러나 내 생각은 백팔십도 다르다. 나는 혼돈이야말로 양자역학의 방정식을 떠받치는 기본 개념이자, 행성과 날씨의 속성이라고 생각한다. 우주를 지배하는 역학 법칙의 근본적 특성이 바로 혼돈이기 때문이다. 이 관점은 슈뢰딩거방정식의 선형적 성질과 정확하게 일치하는데, 그 이유는 다음 장에서 알게 될 것이다.

2장

혼돈기하학

뉴턴이 로렌즈의 방정식을 이해했다고 치더라도(그가 개발한 미적분학을 이용했으니 쉽게 이해했을 것이다) 그로부터 놀랍고도 희한한 기하학이 탄생한다는 사실만은 짐작조차 못 할 것이다.

뉴턴에게 기하학은 기원전 300년경에 그리스 알렉산드리아에서 태어난 수학자 유클리드Euclid의 기하학을 의미했다. 아마도 그는 자연철학자가 되기 위해 《유클리드 원론》을 열심히 파고들었을 것이다. 이 고색창연한 책에는 원뿔의 단면conic section에 나타난 일련의 곡선이 제시되어 있는데, 그중 하나가 바로 태양 주변을 공전하는 행성의 궤도, 즉 타원ellipse에 해당한다.

타원에는 유클리드기하학의 중요한 속성이 담겨 있다. 종이 위에 타원을 그린 후 곡선의 일부를 크게 확대하면 곡선의 특성이 사라지면서 거의 직선에 가까워진다. 이런 현상은 돋보기의 배율이 높을수록 더욱 두드러진다. 이번에는 회전타원체ellipsoid*의 표면을 돋보기로 확대해보자. 이전과 마찬가지로 크게 확대할수록 곡면의 특성이 사라지면서 거의 평면에 가까워진다. 아인슈타인의 일반 상대성 이론에 의하면 사차원 시공간은 똑바른 공간이 아니라 휘어진 공간이며, 이런 곳에 그린 삼각형은 내각의 합이 180도가 아니다. 그러나 시공간의 일부를 크게 확대하면 휘어진 시공간이 똑바로 펴지면서 삼각형 내각의 합은 180도에 가까워진다.

위에 제시한 세 가지 사례에는 뚜렷한 공통점이 있다. 타원이든 회전타원체든 또는 휘어진 시공간이든 간에 일부분을 크게 확대하면 '휘어짐'이라는 특성이 사라진다는 것이다. 이처럼 작은 영역에서 유클리드기하학적(평면기하학적) 특성이 나타나는 공간을 국소적 유클리드 공간locally Euclidean space이라 한다. 그런데 이와 대조적으로 로렌즈방정식에서 탄생한 기하학적 특성은 일부분을 아무리 확대해도 사라지지 않는다. 《유클리드 원론》만을 공부하면서 자란 구세대의 수학자들, 과학자들에게 로렌즈의 공간은 참으로 낯설고 이질적인 개념이었다. 로렌즈 자신도 미적분학에 기초한 방정식에서 이토록 이상한 기하학이 탄생할 줄은 꿈에도 생각하지 못했다.(그가 이 사실을 깨달을 때까지는 꽤 오랜 시간이 걸렸다.)

많은 사람이 로렌즈라는 이름을 들으면 나비효과를 떠올린

타원의 가운데 축을 중심으로 회전시켰을 때 만들어지는 계란 모양의 입체도형이다.

다.(사실 이것은 푸앵카레의 업적과 일맥상통하는 면이 있다.) 그러나 누군가가 나에게 로렌즈의 최고 업적이 무엇이냐고 묻는다면, 나는 주저 없이 혼돈기하학인 '프랙털'을 꼽을 것이다. 이제 곧 알게 되겠지만 프랙털기하학은 현대수학과 양자물리학, 기후변화와 인간의 자유의지, 그리고 의식까지 이 책에서 언급될 모든 내용에 깊이 스며들어 있다.

* * *

로렌즈의 혼돈모형은 변수가 X, Y, Z 세 개뿐이어서 비교적 쉽게 다룰 수 있다. 일반적으로 삼차원 공간(서로 직교하는 세 개의 축 x, y, z로 이루어진 공간)에서 세 개의 좌표가 주어지면 하나의 점이 결정되듯이, 세 개의 변수는 로렌즈의 상태 공간state space(서로 직교하는 세 개의 축 X, Y, Z로 이루어진 공간)에서 하나의 점을 결정한다.

상태 공간은 이 책에서 가장 중요한 개념이기에 좀 더 자세히 짚고 넘어갈 필요가 있다. 의류매장에 가서 바지 한 벌을 산다고 가정해보자. 제일 먼저 할 일은 바지의 길이와 허리 사이즈, 그리고 색상을 결정하는 것이다. 바지의 색은 회색 계열(검은색과 흰색 사이의 모든 회색)만 있다고 가정하자. 이런 경우에 특정한 바지 한 벌은 '길이 방향'과 '허리 사이즈 방향', '색상 방향'으로 이루어진 추상적 공간에 하나의 점으로 나타낼 수 있다. 굳이 이름을 붙이자면 '바지 상태 공간'쯤 될 것이다(그림 4). 바지 상태 공간이 삼

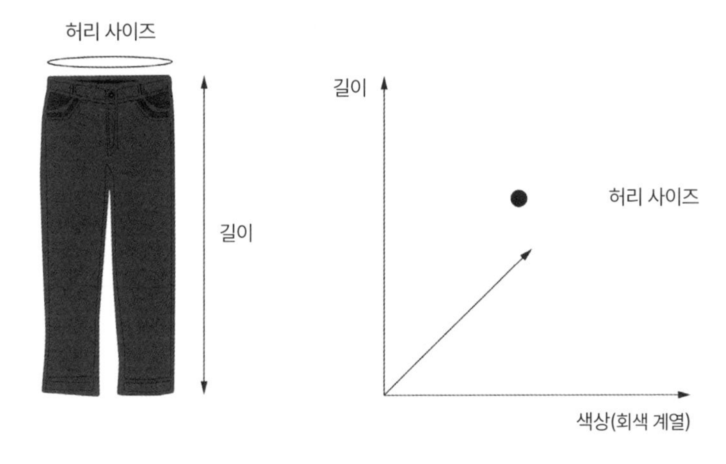

그림 4 바지를 구입하기로 마음먹었다면 매장에 가기 전에 바지의 길이와 허리 사이즈, 그리고 색상을 결정해야 한다. 이런 경우에 당신이 선택한 바지는 삼차원 바지 상태 공간의 한 점에 해당한다. 바지의 재질도 고를 수 있다면 상태 공간에 독립변수 하나가 추가되어 사차원이 되는데, 그림으로 표현할 수는 없지만 개념적으로는 아무런 문제가 없다.

차원이라는 것은 별로 중요하지 않다. 바지의 재질(양모, 폴리에스테르 등)을 또 하나의 변수로 추가하면 상태 공간은 사차원이 되는데, 그림으로 표현할 수가 없기 때문에 편의상 삼차원으로 정한 것뿐이다. 즉, 상태 공간의 차원dimension은 우리의 관심사인 객체(바지)를 정의하는 데 필요한 독립변수의 개수와 같다.

입자물리학의 한 지류인 끈 이론string theory에 의하면, 우리가 살고 있는 물리적 공간은 삼차원이 아니라 10차원 또는 11차원이다. 그런데도 물리학자들은 이렇게 높은 차원에서 아무런 어려움 없이 이론을 구축해나가고 있다. 간단히 말해서 차원이 아무리 높아도 개념적으로는 문제가 될 것이 전혀 없다는 이야기다. 앞으로 이 책을 읽다가 물리적 공간과 상태 공간이 헷갈린다면 방금 언급한 바지 상태 공간을 떠올리기 바란다!

또 한 가지 예를 들어보자. 세 개의 물체가 서로 상대방에게 중력을 행사하면서 움직이고 있다. 물체 한 개의 상태는 세 개의 위치(x, y, z)와 세 개의 속도 성분(x방향 속도, y방향 속도, z방향 속도)으로 결정되므로, 총 18개의 변수가 필요하다. 즉, 물체 세 개의 상태를 나타내는 상태 공간은 18차원 공간이다.[1] 이런 고차원 공간은 시각적으로 표현할 수 없지만, 개념적으로 특별히 어려울 것은 없다.

18 정도는 아무것도 아니다. 날씨 상태 공간의 차원은 가히 상상을 초월한다. 대기에서 일어난 모든 소용돌이를 고려한다면 날씨 상태 공간은 컴퓨터로 표현할 수 있는 그 어떤 것보다 크다. 현존하는 슈퍼컴퓨터는 말할 것도 없고, 미래에 슈퍼-슈퍼컴퓨터가 등장한다고 하더라도 도저히 표현할 수 없다. 현재 사용되는 일기예보모형의 상태 공간은 10억 차원을 가뿐하게 넘는다. 물론 이 정도는 슈퍼컴퓨터로 처리할 수 있지만, 날씨가 가질 수 있는 실제 상태 공간의 차원과 비교하면 새 발의 피도 안 된다.[2]

여기서 한 걸음 더 나아가, 별과 은하를 포함한 우주 전체를 생각해보자. 모든 천체는 원자로 이루어져 있고 개개의 원자들은 고유한 특성을 가지고 있으므로, 이들로 이루어진 우주의 상태 공간은 상상할 수 없을 정도로 크다. 그러나 차원이 아무리 커도 유한하기만 하다면 전술한 바지 상태 공간과 별로 다를 것은 없다.

이제 로렌즈의 삼차원 상태 공간으로 되돌아가보자. 여기서

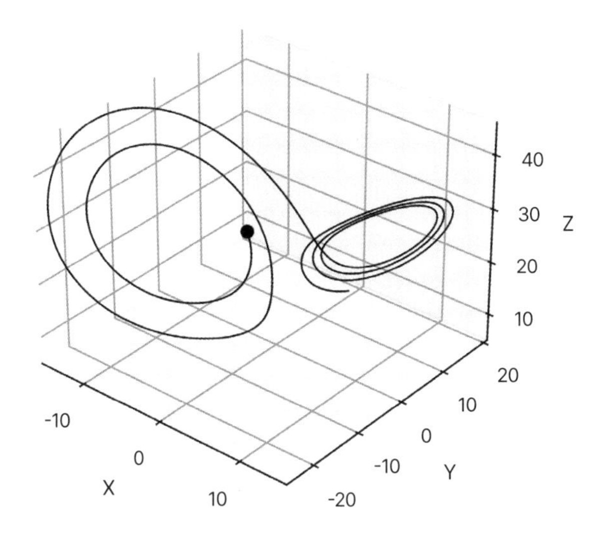

그림 5 로렌즈의 상태 공간에 그린 궤적의 일부. 중앙의 점은 방정식의 초기 조건으로, 임의로 선택할 수 있다. 그림 속의 궤적은 미래의 *X*, *Y*, *Z* 값을 나타내며 로렌즈방정식을 컴퓨터로 풀어서 구할 수 있다.

방정식의 초기 상태에 해당하는 하나의 점을 선택한 후 컴퓨터를 이용하여 로렌즈방정식을 풀면 매 순간에 대응되는 일련의 해(*X*, *Y*, *Z*의 값)를 구할 수 있다. 이들을 상태 공간에 점으로 찍어서 연결하면 그림 5와 같은 곡선이 얻어지는데, 이것을 상태 공간 궤적state-space trajectory, 또는 간단히 줄여서 '궤적'이라 한다.

로렌즈의 모형이 시간에 따라 주기적으로(즉 반복적으로) 거동하면서 충분히 긴 시간이 흐르면 상태 공간 궤적은 결국 출발점(초기 조건)과 만나면서 하나의 닫힌 고리closed loop를 형성하고, 여기서 시간이 계속 흐르면 이전과 같은 궤적을 따라가게 된다.

충분히 긴 시간에 걸쳐 방정식을 풀었을 때 로렌즈모형이 그리는 궤적은 그림 6과 같다. 과학에 관심 있는 독자라면 어디선가 이 그림을 한 번쯤 본 적이 있을 것이다.(그 정도로 유명한 그림이다.) 특이한 것은 시작점(초기 조건)을 어디로 선택하든 항상 같은 그림이 얻어진다는 것이다. 마치 상태 공간에 이런 도형이 원래부터 존재하여 궤적을 끌어당기는 것 같다, 그래서 과학자들은 이 기하학적 객체를 끌개attractor라고 부른다. 나비를 연상시키는 모양이지만 나비효과와는 아무런 관련이 없다.

로렌즈는 다음과 같은 질문을 떠올렸다. '끌개의 저변에는 어떤 기하학이 숨어 있는가? 우리가 익히 알고 있는 유클리드기하학의 일종인가?' 로렌즈의 모형을 컴퓨터로 장시간 실행하면 그림 6에 나타난 작은 틈이 모두 채워지면서 삼차원의 견고한 물체가 될 것인가? 그렇다면 나무를 깎아서 끌개와 똑같은 도형을 만들 수도 있을 것이다.

그러나 로렌즈는 그럴 수 없다는 것을 금방 깨달았다. 근본적인 원인은 로렌즈모형이 시간에 대해 비가역적이기 때문이다. 1장에서 말한 대로 로렌즈는 자신의 모형에 '에너지 소산에 의한 비가역적 효과'를 매우 단순한 형태로 포함시켰다. 따라서 로렌즈방정식은 시간에 대해 비가역적이다.(즉, 시간을 거꾸로 되돌리면 이전과 동일한 궤적을 따라가지 않는다.) 바로 이 부분이 푸앵카레가 연구했던 행성의 운동과 다른 점이다. 상태 공간의 특정 초기 조건에서 출발한 삼차원 구체가 로렌즈방정식을 따라가다 보면, 에너지 소산 효과 때문에 결국 부피가 0인 점으로 수축된다. 그러나 삼차

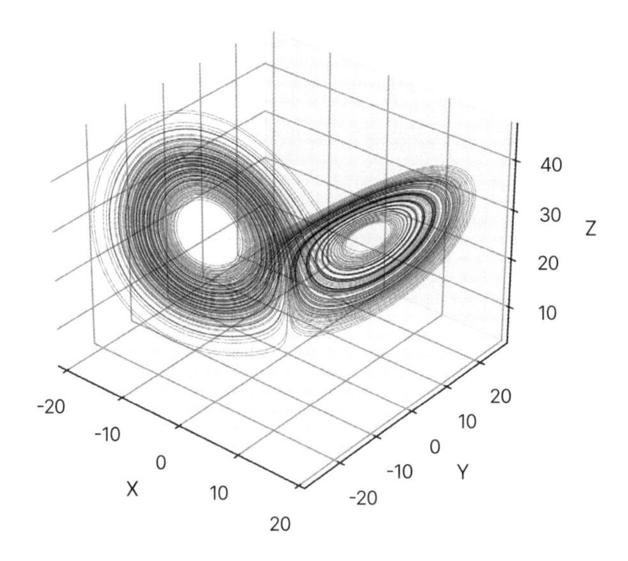

그림 6 컴퓨터로 재현된 로렌즈 끌개의 대략적인 모습. 로렌즈방정식을 풀면 상태 공간의 어느 지점에서 출발하든(초기 조건을 어떻게 선택하든) 끌개에 점차 가까워진다.(끌개는 로렌즈방정식에서만 볼 수 있는 특별한 개념이다.) 로렌즈는 스스로 다음과 같은 질문을 떠올렸다. '끌개의 기하학적 특성은 무엇인가? 그 자체로 견고한 물체인가? 아니면 복잡하게 접한 물체의 표면인가?' 결국은 둘 다 아니었다. 끌개의 기하학은 자기 유사적 도형으로 대변되는 프랙털이었다.

원 구체 위의 서로 다른 점들은 (로렌즈방정식의 예측 불가능성 때문에) 시간이 충분히 지나면 로렌즈 끌개를 골고루 덮게 된다. 그러므로 로렌즈 끌개의 부피는 0이다.

부피가 0이라는 것은 삼차원 입체도형이 아니라는 뜻이다. 그렇다면 끌개는 이차원 도형인가? 나무를 깎는 대신 이차원 종이를 잘 접어서 끌개를 만들 수 있을까? 로렌즈는 푸앵카레가 증명했던 수학 정리를 이용하여 이것도 불가능하다고 결론지었다. 푸앵카레-벤딕슨 정리Poincaré-Bendixon theorem에 의하면 끌개가 이차원 객체이고, 초기 조건에 따라 민감하게 변하고(1장에서 들었던 사례들), 상태 공간에서 한정된 영역을 벗어나지 않는다면(로렌즈 끌개가 바로 이런 경우에 속한다) 상태 공간의 궤적은 어딘가에서 반드시 교차한다. 그러나 방정식 자체가 결정론적이라면 궤적은 교차하지 않는다. 여기서 '결정적'이란 상태 공간에 찍어놓은 하나의 초기 조건이 (시간이 흐름에 따라) 여러 개의 점으로 분리되지 않고 단 하나의 점으로 이동한다는 뜻이다.

그렇다면 끌개는 원처럼 결국 출발점으로 되돌아오는 일차원의 닫힌 고리인가? 이것이 사실이라면 로렌즈의 모형은 특정 주기로 반복되어야 하는데, 컴퓨터로 출력한 결과는 그렇지 않다.[3]

결국 끌개는 삼차원 입체도, 이차원 면도, 일차원 선도 아니라는 이야기다. 삼차원짜리 상태 공간 안에 엄연히 존재하고 있으니 3 이하의 차원을 가져야 할 것 같은데, 우리가 아는 기하학적 도형 중에는 끌개와 같은 것이 없다. 로렌즈는 이 문제 때문에 한동안 깊은 고민에 빠졌다. 자신이 무언가 중요한 사실을 발견한 것 같긴 한데 그 정체를 알 길이 없으니 참으로 답답했을 것이다.

그 해답은 19세기 독일의 수학자 게오르크 칸토어Georg Cantor가 남긴 연구 결과에서 찾을 수 있었다. 칸토어는 현대수학의 기초 중 하나인 집합론set theory을 창시한 사람이다. 집합이란 특정 개체를 모아놓은 집단으로, 예를 들어 {1, 2, 3, 4}는 1과 4 사이에 있는 자연수의 집합이고, 전 세계 모든 국가를 모아놓으면 국가의 집합이 된다. 그러나 {1, 2, 3…}과 같이 모든 자연수를 모아서 원소의 수가 무한대인 집합(무한집합)을 만들면 수학적으로 흥미로운 특성이 나타나기 시작한다. 모든 자연수의 집합은 무한히 크지만 2.4나 6.97, $\sqrt{2}$(2의 제곱근), π(원주율) 같은 무리수irrational number까지 포함한 집합보다 크지 않다. 2.4와 6.97은 분수로 쓸 수 있지만 (24/10, 697/1000), $\sqrt{2}$와 π는 분수로 쓸 수 없는 무리수라서 비트 수가 유한한 컴퓨터로는 정확한 값을 표현할 수 없다. 분수로 표현되는 유리수rational number와 그렇지 않은 무리수를 모두 포함한 수의 집합을 실수real number라 한다. 그렇다면 유리수와 무리수 중 어느 쪽이 더 많을까? 결론부터 말하면 무리수의 집합이 유리수의 집합보다 훨씬 많다.

실수는 유클리드기하학과 밀접하게 연관되어 있다. 간단한 예를 들어보자. 길이가 10센티미터인 직선을 그리면, 그 안에 포함된 모든 점은 0과 10 사이의 실수에 대응된다. 시작점에서 1센티미터, 2센티미터… 10센티미터만큼 떨어진 점들은 각각 1, 2… 10이라는 정수에 대응되고, 원주율 π는 시작점에서 약 3.14센티미터 떨어진 점에 대응되는 식이다.

직선은 일차원의 집합이다. 따라서 모든 실수를 포함하는 집합은 일차원 집합으로 간주할 수 있다. 그러나 칸토어는 이런 직관적 논리가 적용되지 않는 이상한 집합을 떠올린 후, 거기에 듣도 보도 못한 기하학을 대응시켰다. 평범한 수학자라면 상상도 할 수 없는 짓이다. 그래서 동시대의 수학자들은 칸토어를 맹렬하게 비난했고, 심지어 푸앵카레조차도 훗날 사람들이 칸토어의 기하학을 "과거 한때 떠돌다가 간신히 사라진 수학적 질병" 정도로 여길 것이라고 말했다.[4] 사실 칸토어의 아이디어는 푸앵카레가 창시했던 혼돈 이론을 이해하는 데 반드시 필요한 요소였으나 정작 푸앵카레는 이 사실을 까맣게 모르고 있었다. 동료들의 비난에 지칠 대로 지친 칸토어는 30대 후반부터 극심한 우울증에 시달리다가 결국 정신병원에 입원하는 지경까지 이르렀다. 그러나 칸토어가 세상을 떠나고 40년이 지난 후, 로렌즈가 그 아이디어의 진가를 깨달으면서 칸토어는 마침내 시대를 지나치게 앞서간 천재 수학자로 재평가를 받게 된다.

칸토어의 집합은 그림 7처럼 간단한 규칙에 따라 반복되는 일련의 단계로 설명할 수 있다. 일단 0과 1 사이에 있는 실수의 집합에서 시작해보자. 첫 번째 단계에서 중간의 3분의 1을 잘라낸다.(남은 두 조각의 끝점은 버리지 않고 그대로 유지한다.) 두 번째 단계에서도 처음과 비슷하게 중간의 3분의 1을 잘라내고, 세 번째와 네 번째 단계도 동일한 방법으로 중간의 3분의 1씩 잘라나간다. 이 과정은 무한정 반복할 수 있는데, 모든 단계에서 공통적으로 남아 있는 점들의 집합을 칸토어 집합Cantor's set이라 한다. 그렇다면 칸토어 집합은 실수의 집합보다 당연히 덩치가 작을 것 같은데, 놀랍게도 칸토어는 자신의 이름을 딴 집합이 실수의 집합과 크기가 같다는 것을 증명했다. 중간에 3분의 1씩 제거하면서 무한히 많은 단계를 거쳐도 집합 원소의 수가 같다는 것이다. 이런 관점에서 보면 칸토어 집합은 매우 큰 집합이라 할 수 있다.(정수의 집합보다 훨씬 크다.) 그러나 다른 식으로 생각하면 칸토어 집합은 비교적 작은 집합이기도 하다. 예를 들어 0과 1사이에서 하나의

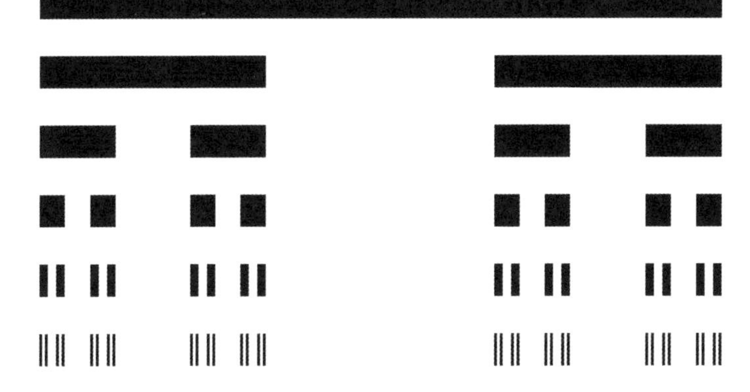

그림 7 칸토어 집합은 똑같이 반복되는 일련의 과정을 거쳐 만들 수 있다. 0과 1 사이의 직선에서 출발하여 중간의 3분의 1을 잘라내고, 남은 두 조각도 중간의 3분의 1을 잘라내고…. 이런 식으로 무한히 반복했을 때 모든 단계에 공통적으로 속한 점들의 집합이 칸토어 집합이다.

점(실수)을 무작위로 선택한다고 했을 때, 선택된 점이 칸토어 집합에 속할 확률은 0이다.(0에 가까운 게 아니라 정확하게 0이다.) 수학자들은 이를 두고 "칸토어 집합의 측도는 0이다measure zero"라고 말한다.

칸토어 집합은 BBC TV의 공상과학 시리즈 〈닥터 후Doctor Who〉에서도 찾을 수 있다.(이 시리즈를 보지 않은 독자들에게는 양해를 구한다.) 닥터 후가 타고 다니는 우주선은 1950년대의 공중전화 박스처럼 생겼는데, 밖에서 보면 작고 초라하지만 안으로 들어가면 초호화판 궁전을 방불케 한다. 칸토어 집합도 밖에서 보면 측도가 0이어서 작아 보이지만, 안에서 보면 원소의 수가 실수 못지않게 많아서 엄청나게 큰 집합처럼 보인다. 그리고 이와 같은 양면적 특

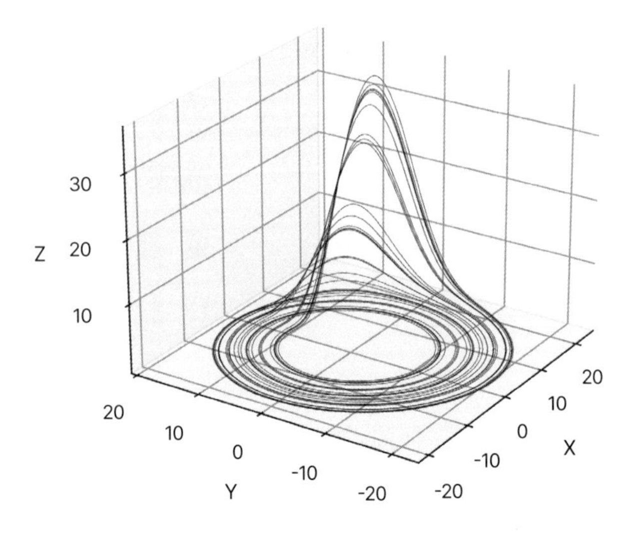

그림 8 뢰슬러 끌개에는 로렌즈 끌개처럼 프랙털기하학의 특성이 담겨 있으며 칸토어 집합과의 관계가 좀 더 분명하게 드러난다.

성은 놀라운 결과를 초래한다.

독자들은 칸토어 집합의 기하학적 특성이 앞서 언급했던 유클리드기하학과 근본적으로 다르다는 사실을 눈치챘을 것이다. 칸토어 집합의 한 부분을 아무리 크게 확대해도 기본 구조(가운데가 제거된 두 조각의 직선)는 변하지 않는다. 곡선이나 구면을 확대했을 때 휘어진 특성이 온데간데없이 사라졌던 유클리드기하학과 대조적이다. 즉, 칸토어 집합의 기하학은 국소적 유클리드기하학이 아니다.

칸토어 집합을 실수선 말고 다른 방법으로 표현할 수는 없을까? 방법이 있긴 있다. 차원이라는 개념을 이용하면 된다. 점은 0차원이고 선(직선과 곡선)은 일차원, 면(평면과 곡면)은 이차원, 부피가 있는 입체도형은 삼차원 객체다. 또한 아인슈타인의 상대성 이론에서 시공간은 사차원이며, 세 개의 물체가 중력을 교환할 때 이들의 상태 공간은 18차원이다. 이와 같은 차원의 개념을 일반화하면 칸토어 집합을 기하학적으로 서술할 수 있다. 이 정의에 따르면 칸토어 집합의 차원은 0도 아니고 1도 아닌 약 0.631차원이다.[5] 칸토어 집합과 같은 유형의 기하학을 프랙털기하학이라 한다. 프랙털은 분수 차원fractionally dimensioned의 줄임말로 프랑스 출신의 미국인 수학자 브누아 망델브로Benoît Mandelbrot가 처음 사용한 것으로 알려져 있다.[6]

칸토어 집합은 로렌즈 끌개의 핵심 개념이다. 둘 사이의 관계를 이해하기 위해 로렌즈방정식과 비슷하면서 조금 더 단순한 뢰슬러방정식의 프랙털 끌개를 소개한다.

독일의 생화학자 오토 뢰슬러Otto Rössler는 로렌즈의 연구 결과를 분석하다가 세 개로 이루어진 방정식 세트를 발견했다.[7] 이것은 미적분학을 이용하여 프랙털 끌개를 유도하는 가장 간단한 방정식이다. 뢰슬러 끌개의 대략적인 형태는 그림 8과 같다.(변수의 이름은 X, Y, Z로 이전과 동일하지만 이들이 만족하는 방정식은 이전과 다르다.)

뢰슬러방정식에서 끌개가 유도되는 과정을 이해하기 위해, 끌개의 일부를 간단한 이차원 종이라고 상상해보자. 뢰슬러방정식은 그림 9 왼쪽 그림처럼 종이를 접는 것으로 시작된다. 단, 종이의 한쪽 끝만 접혀 있고 반대쪽 끝이 접히지 않은 상태이기 때문

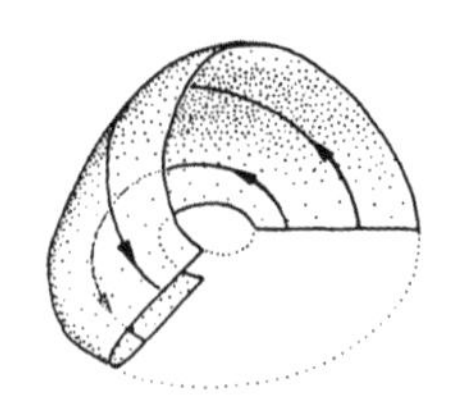
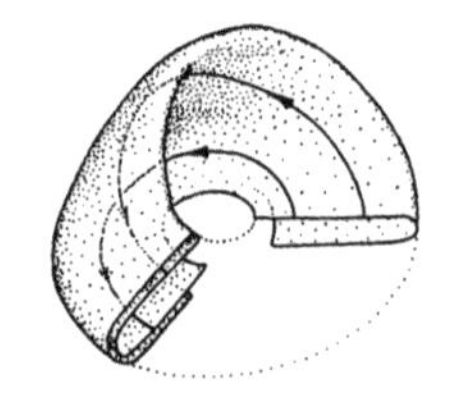
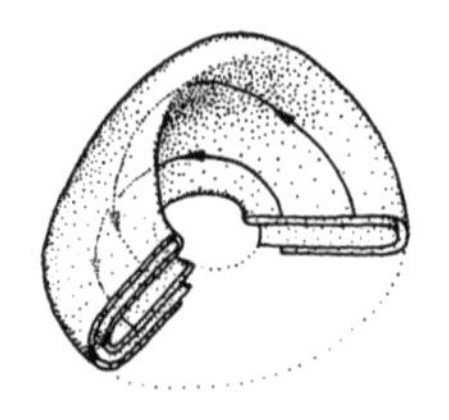

그림 9 뢰슬러 끌개를 만드는 과정. 랄프 H. 에이브러햄Ralph H. Abraham과 크리스토퍼 D. 쇼Christopher D. Shaw의 《역학: 행동의 기하학Dynamics: The geometry of behavior》을 참고했다.

에 종이의 양 끝은 연결되지 않는다. 그리고 에너지 소산 효과 때문에 접힌 쪽 끝부분의 면적은 접기 전의 면적보다 조금 작다. 이제 종이 전체를 반으로 접은 상태에서 이전과 동일한 과정을 반복해보자. 그러면 그림 9의 중간 그림처럼 한쪽 끝은 두 번, 반대쪽 끝은 한 번 접힌 상태가 되어 여전히 양 끝을 연결할 수 없다. 다음으로 종이 전체를 두 번 접은 상태에서 동일한 과정을 반복하면 그림 9의 오른쪽 그림처럼 된다. 한쪽 끝은 네 번, 반대쪽 끝은 두 번 접혀 있기 때문에 양 끝은 여전히 연결되지 않는다. 이런 식으로 동일한 과정을 무한히 반복하면 단순했던 이차원 종이가 겹겹이 쌓여 마치 페이스트리처럼 된다! 뢰슬러 끌개는 무한히 접은 종이를 겹겹이 쌓은 필로 페이스트리와 비슷한데, 바로 여기에 칸토어 집합이 함축되어 있다.

로렌즈는 상태 공간의 끌개에 칸토어 집합이 함축되어 있다는 사실을 최초로 발견한 사람이기도 하다. 1963년에 발표한 그의 유명한 논문에는 다음과 같이 적혀 있다.

개개의 표면은 사실 한 쌍의 표면으로 이루어져 있다. 따라서 이들이 하나로 합쳐지는 곳에는 네 개의 표면이 존재한다. 이 과정을 한 번 더 반복하면 표면은 여덟 개⋯ 결국은 겹겹이 쌓인 무수히 많은 층이 된다. 그리고 두 표면이 하나로 합쳐지는 곳에서 둘 사이의 간격은 무한히 가까워진다.

로렌즈는 자신이 발견한 끌개가 뢰슬러 끌개처럼 상태 공간 궤적이 존재하는 곳에서 표면에 대한 칸토어 집합으로 간주될 수 있음을 깨달았다. 그리고 이로부터 자신이 구축한 모형의 상태가 시간의 흐름에 따라 똑같이 반복되지 않고, 칸토어 집합의 한 부분에서 다른 부분으로 이동한다는 사실도 알게 되었다. 로렌즈 끌개의 프랙털 차원은 (전형적인 변수값으로 계산했을 때) 2.06으로 이차원 표면과 비슷하다. 그러나 여분의 0.06차원 때문에 로렌즈방정식은 비주기적 특성을 가지게 된다.

이것은 과학사에 한 획을 긋는 위대한 발견이었다. 로렌즈가 등장하기 전에는 뉴턴의 미적분학에 기초한 방정식 세트에서 이토록 놀라운 기하학이 탄생하리라고 아무도 상상하지 못했다.[8] 영국의 수학자 스튜어트는 1997년에 출간한《신도 주사위 놀이를 하는가?Does God Play Dice?》에서 로렌즈의 1963년 논문을 다음과 같이 평가했다.[9]

그의 글을 읽을 때마다 등골이 오싹해지고 머리카락이 곤두선다. 그는 알고 있었다! 34년 전에 이미 알고 있었다! (⋯) 비선형

동역학이 학계의 관심을 끌기 한참 전에, 로렌즈는 달랑 열두 쪽 밖에 안 되는 논문을 통해 혼돈과 같은 새롭고도 당혹스러운 현상이 존재한다는 사실을 간파한 것이다.

로렌즈 끌개가 엄밀한 수학 논리를 거쳐 프랙털로 밝혀질 때까지 거의 40년이나 걸린 셈이다.[10]

***

로렌즈가 별생각 없이 실행했던 실험으로 돌아가보자. 그는 모형의 정확한 값($X=0.506127$) 대신 대략적인 값($X=0.506$)에서 출발하여 방정식을 적용해나갔다. 이런 경우 초기에 발생한 오차는 시종일관 같은 비율로 커질 것인가? 그림 10에서 알 수 있듯이 답은 '아니오'다. 지금부터 혼돈기하학의 첫 번째 적용사례로 들어가보자.(문제는 간단하지만 결과는 실로 의미심장하다. 더 자세한 내용은 2부에서 다룰 예정이다.)

그림 10에서 실험자(우리)가 초기 조건을 대략적으로 알고 있다고 가정하자. 올바른 초기 상태는 작은 원 내부의 어딘가에 있는데, 정확한 값은 모른다고 하자. 그림 10은 로렌즈 끌개에서 각기 다른 위치에 있는 세 가지 초기 고리(초기 조건을 포함하는 작은 원)가 시간에 따라 변하는 과정을 나타낸 것이다.

그림 10의 왼쪽 위에 있는 끌개의 초기 고리는 한쪽 면에서 다른 면으로 옮겨가도 불확실성이 크게 변하지 않는데,* 이런 경우

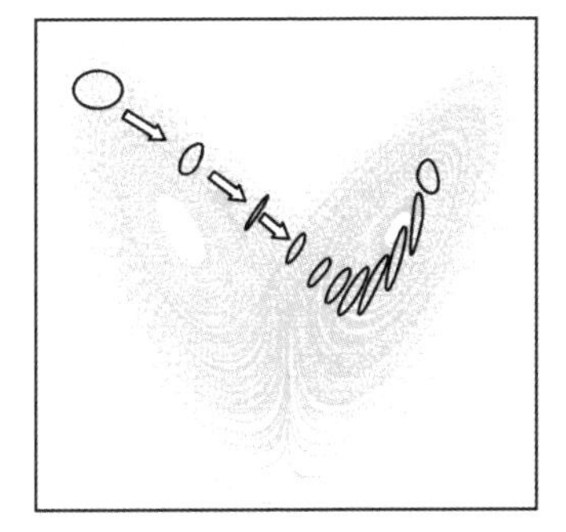

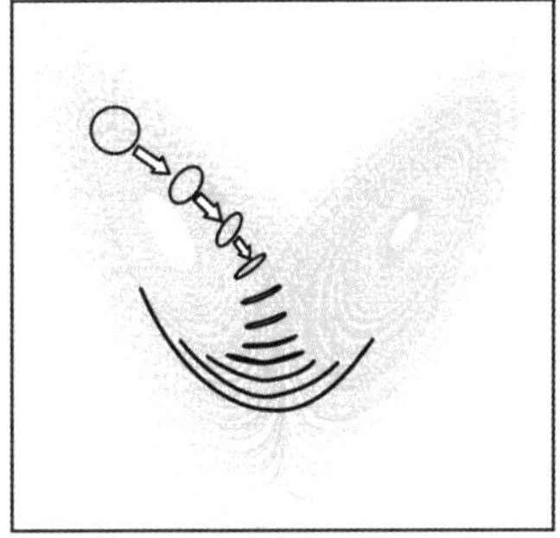

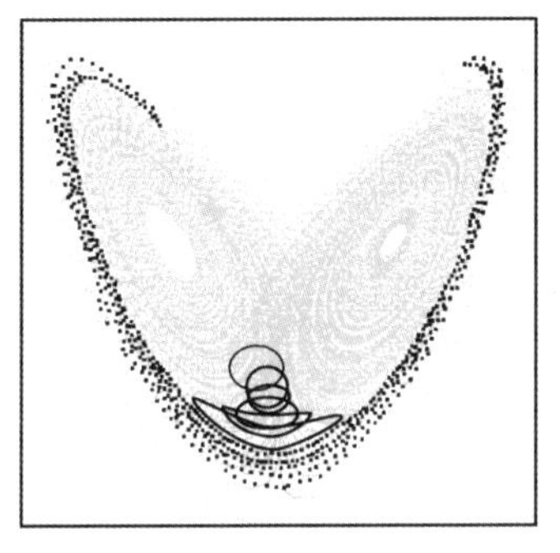

그림 10 초기 상태를 포함한 고리(작은 원)는 실제 초기 상태에 내재한 오차의 범위를 나타낸다. 고리가 시간에 따라 진화하는 방식은 고리의 초기 위치에 따라 다르다. 왼쪽 위의 그림에서는 시간이 흘러도 고리의 크기가 변하지 않지만, 오른쪽 위의 경우에는 고리가 바나나(또는 부메랑) 모양으로 길쭉해져서 실제 상태가 끌개의 두 날개 중 어느 쪽으로 옮겨갈지 확실치 않다. 아래 그림은 시간이 흘렀을 때 끌개 위에서 실제 상태의 위치가 매우 불확실해지는 경우다.

끌개의 왼쪽 날개에서 시작된 상태는 얼마 후 오른쪽 날개로 이동한다고 자신 있게 말할 수 있다.

즉, 고리의 면적이 크게 달라지지 않는다.

반면에 그림 10의 오른쪽 위 그림과 같은 초기 조건에서 출발하면 시간이 흐를수록 불확실성이 커지면서 원형이었던 초기 고리가 바나나(또는 부메랑) 모양으로 길쭉해진다. 이런 경우에도 실제 상태가 끌개의 왼쪽 날개에서 오른쪽 날개로 옮겨갈 것인가? 이렇게 될 확률은 40퍼센트쯤 된다. 그러므로 실제 상태가 왼쪽 날개에 머물 확률은 약 60퍼센트다.

그러나 초기의 고리가 그림 10의 아래쪽 그림과 같은 위치에 있으면 불확실성이 폭발적으로 증가하여, 실제 상태의 위치(끌개의 왼쪽 또는 오른쪽)를 예측하기가 매우 어려워진다. 이런 경우에 결정론적 예측법을 적용하면 틀린 결론에 도달하기 십상이다.

이 책의 서론에서 언급했던 '못 하나 때문에 망해버린 왕국'을 혼돈역학의 논리로 설명해보자. 과연 이게 가능할까? 구체적인 평가는 뒤로 미루고, 일단은 초기의 불확실성이 '못을 잃어버릴 확률'을 나타낸다고 가정하자. 그리고 로렌즈 끌개의 왼쪽 날개는 왕국이 유지되는 경우에 해당하고, 오른쪽 날개는 왕국이 망하는 경우라고 하자. 그러면 그림 10의 왼쪽 위는 왕국이 망할 확률이 100퍼센트다. 이 정도면 못을 잃어버리지 않아도 망한다.* 아마도 엄청나게 무능한 왕이 다스리는 왕국일 것이다. 그러나 그림 10의 아래쪽 경우라면 왕국의 운명은 못의 불확실한 상태(즉 못의 분실 여부)에 달려 있다. 서론에서 인용한 민요 가사는 바로 이런 경우에 해당한다.

* 작은 원 바깥에 있는 점도 시간이 흐르면 오른쪽 날개로 이동하기 때문이다.

그림 10은 이 책에서 매우 중요한 의미를 가진다. 미래의 불확실성이 초기의 불확실성 고리(작은 원) 위치에 따라 크게 달라지는 이유는 계를 서술하는 방정식이 비선형이기 때문이다.[11] 이런 특성을 이용하면 1987년 10월의 허리케인이나 2008년에 닥친 금융위기처럼 예측하기 어려운 대형 사고가 발생하는 이유를 설명할 수 있다.

그러나 앙상블 시스템을 이용하면 계가 '극적인 사건이 발생할 수 있지만 반드시 그렇지만은 않은' 불안정한 상태로 이동할 때 사전경고를 내릴 수 있다.

수학자는 이렇게 물을 것이다. "그림 10처럼 단순한 고리가 바나나(또는 부메랑) 모양으로 진화하는 과정을 서술하는 방정식이 존재하는가?" 그렇다. 있다. 19세기 프랑스 수학자 조제프 리우빌 Joseph Liouville의 이름을 딴 리우빌방정식이 바로 그것이다.[12] 그런데 리우빌방정식의 형태는 양자세계를 지배하는 슈뢰딩거방정식과 놀라울 정도로 비슷하다.

슈뢰딩거방정식이 그렇듯이 리우빌방정식도 선형방정식이다. 이로부터 무엇을 알 수 있을까? 앞에서 우리는 계의 실제 상태가 초기의 불확실성 고리 안에 존재한다고 100퍼센트 확신했다. 이 조건을 조금 느슨하게 풀어서 실제 상태가 초기 고리 내부에 존재할 확률을 80퍼센트로 낮춰보자. 그러면 미래의 상태가 바나나(또는 부메랑) 모양의 고리 안에 존재할 확률도 80퍼센트로 떨어진다. 리우빌방정식은 선형이기 때문에 이런 식으로 확률을 조정할 수 있다.

확률예보에 관한 초기 논문에서 기상학자들은 일기예보의 불확실성을 예측하기 위해 리우빌방정식을 풀어야 한다고 주장했으나,[13] 훗날 이것은 비실용적인 해결책으로 판명되었다. 로렌즈방정식에 기초한 가장 단순한 모형에서도 리우빌방정식을 직접 푸는 것은 결코 만만한 일이 아니다. 예측 시간이 멀어질수록 확률 등고선probability contour*이 점점 더 복잡해지기 때문이다. 이보다는 앙상블을 이용하여 확률을 예측하는 편이 훨씬 쉽다.

로렌즈 끌개의 또 다른 특징을 살펴보자. 그림 11의 위쪽 그래프는 로렌즈모형에서 긴 시간 동안 변수 X가 변해가는 추이를 나타낸 것이다. 그림에서 보다시피 X는 양수와 음수 사이를 불규칙하게 오락가락하고 있다.(로렌즈 끌개의 두 날개 사이를 오락가락하는 패턴과 일치한다). 그래프에 표시된 대부분의 시간대에서 이 불규칙한 진동을 예측하기란 거의 불가능하지만, 전체적으로 볼 때 X의 값이 양수로 유지되는 시간과 음수로 유지되는 시간은 거의 같다. 로렌즈 끌개가 기하학적으로 대칭형이기 때문이다.(끌개의 왼쪽 날개와 오른쪽 날개는 모양과 크기가 정확하게 같다. 그림 6을 참고하라.)

그림 11의 아래쪽 그래프는 로렌즈방정식에 약간의 변형을 가했을 때 변수 X의 변화 추이를 나타낸 것이다. 여기서 말하는 '약간의 변화'란 방정식의 우변에 상수를 추가했다는 뜻이다.[14] 추가된 상수항은 외부에서 로렌즈계에 주입된 섭동perturbation**으로

* 상태 공간에서 확률이 같은 지점을 연결한 선이다.

** 계의 상태를 크게 바꾸지 않는 한도 안에서 외부로부터 주입된 임의의 상호작용이다.

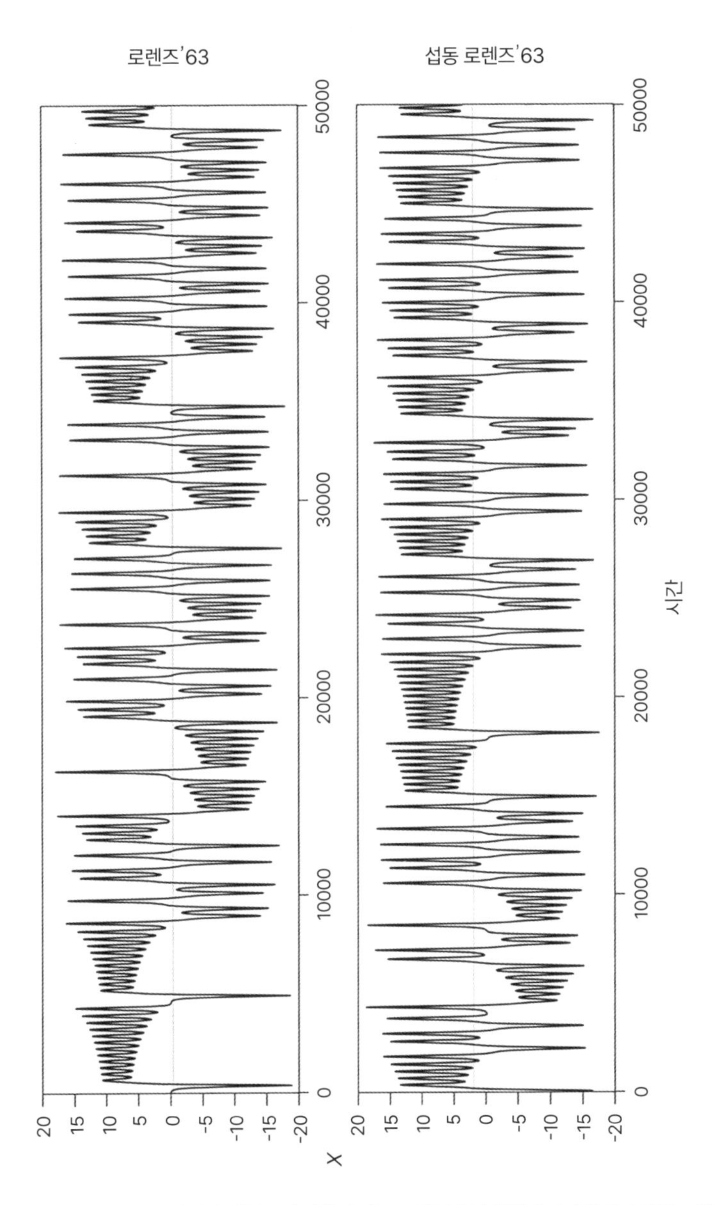

그림 11 로렌즈모형에서 시간에 대한 *X*의 변화 추이(위). 방정식의 우변에 상수항이 추가된 로렌즈모형에서 시간에 대한 *X*의 변화 추이(아래). 두 경우 모두 *X*가 양수인 시간대와 음수인 시간대를 정확하게 예측하기 어렵지만, 전체적으로 끌개의 왼쪽 날개(또는 오른쪽 날개)에 존재할 확률은 계산할 수 있다.

간주할 수 있다. 로렌즈계처럼 단순한 계에서 섭동이란 '대기 중 이산화탄소의 농도를 2배로 높이기'와 비슷하다.

아래쪽 그래프에서도 불규칙한 진동은 여전히 예측하기 어렵고, 초기 조건이 조금만 바뀌어도 향후 거동이 크게 달라진다. 그러나 이 경우에는 X가 양수로 유지되는 시간이 음수로 유지되는 시간보다 훨씬 길다. 외부에서 유입된 힘(섭동)이 끌개의 기하학적 구조를 변화시켜서 한쪽 날개가 다른 쪽 날개보다 커졌기 때문이다. 로렌즈 끌개의 두 날개 중 하나가 더운 날씨(또는 습한 날씨)에 대응되고, 다른 날개가 추운 날씨(또는 건조한 날씨)에 대응된다고 가정해보자. 이런 조건하에서 방정식에 힘(섭동항)을 추가하면 날씨가 변하는 세부 사항은 알 수 없지만 더운 날씨(또는 습한 날씨)나 추운 날씨(또는 건조한 날씨)가 찾아올 확률을 계산할 수 있다. 즉, 기후변화의 전반적인 패턴을 예측할 수 있게 되는 것이다.

* * *

프랙털 끌개의 기하학적 특성(혼돈기하학)은 20~21세기 수학의 가장 심오한 정리와 밀접하게 연관되어 있다. 실제로 로렌즈의 기하학은 17세기 뉴턴의 기하학과 최근 개발된 현대수학을 흥미로운 방식으로 연결해준다. 나는 프랙털기하학을 처음 배웠을 때, 이것이 수학뿐 아니라 물리학 분야에서도 중요한 역할을 한다는 사실을 쉽게 깨달을 수 있었다. 물리학과의 관계는 이 책의 3부에서 다루기로 하고, 지금 당장은 수학적 특성에 집중해보자. 수학에 관심 없는 독자들은 여기서 3장으로 건너뛰어도 된다.

우선 유클리드기하학의 가장 간단한 요소인 직선을 생각해보자. 앞서 말한 대로 종이 위에 직선을 그렸을 때 개개의 점들은 1, $\sqrt{2}$, π와 같은 숫자에 대응된다. 물론 그중에는 $1+\sqrt{2}$, $\sqrt{2}+\pi$, 또는 $\sqrt{2}\times\pi$에 대응되는 점도 있다. 이제 직선에서 임의 두 점을 취한 후, 그 두 점에 해당하는 실수 두 개를 곱해서 세 번째 실수를 구하면 그에 해당하는 세 번째 점이 얻어진다. 즉, 직선 위에 있는 두 점으로 특정 연산을 실행하면 또 하나의 점이 결정된다. 곱셈뿐 아니라 덧셈이나 뺄셈, 나눗셈을 실행해도 그 답에 해당하는 세 번째 점을 얻을 수 있다. 실수로 이루어진 수직선 위에서는 두 점을 취하여 어떤 연산을 실행해도 그 결과가 수직선을 벗어나지 않는다. 이것은 실수의 집합과 유클리드기하학이 밀접하게 연관되어 있음을 시사한다. 그렇다면 직선 대신 칸토어 집합의 점들을 이용하여 실수 연산을 실행할 수 있을까? 답은 턱없다! 칸토어 집합에서 두 점을 선택하여 실수로 변환한 후 두 수를 더하거나 곱해서 얻은 답은 칸토어 집합의 세 번째 점에 대응되지 않는다. 왜 그럴까? 칸토어 집합으로 산술 계산을 할 수 없기 때문일까? 아니다. 계산은 얼마든지 가능하다. 진짜 원인은 실수라는 것이 칸토어 집합을 서술하는 적절한 도구가 아니기 때문이다. 앞서 말한 대로 프랙털기하학은 유클리드기하학과 근본적으로 다르기 때문에 프랙털을 대상으로 산술 계산을 수행하려면 완전히 다른 유형의 숫자 체계가 필요하다.

독자들은 이렇게 생각할지도 모른다. '실수 두 개를 무작위로 골라서 아무리 복잡한 사칙연산을 실행해도 그 결과는 항상 실수로 나오는데, 실수에 속하지 않는 수가 어디 있다는 말인가?' 그런데 희한하게도 그런 숫자가 존재한다. 결론부터 말하면 프랙털의 산술 계산에 적절한 수 체계는 p-adic수p-adic numbers(p는 임의의 정수)다.[15*] 실수와 p-adic수의 차이를 이해하기 위해 한 가지 예를 들어보자. 2의 제곱근 $\sqrt{2}$를 기존의 십진 표기법으로 쓰면 1.41421356237…이고, 10-adic수로 쓰면 …739620285.643이다. 십진수는 오른쪽으로 한없이 계속되는 반면, 10-adic수는 왼쪽으로 한없이 계속된다.(왼쪽으로 갈수록 주어진 프랙털의 작은 조각에 대응된다.) p-adic수는 수직선이 아닌 칸토어 집합을 표현하는 데 적합한 새로운 유형의 숫자다. 이들의 더하거나 곱하는 규칙은 실수의 경우와 매우 비슷하다. 예를 들어 2장 그림 7에 제시된 칸토어 집합은 p가 2일 때 해당하며, 이 집합의 모든 원소는 2-adic수[16]로 나타낼 수 있다. 두 개의 2-adic수를 임의로 골라서 더하거나 곱하면 그 결과는 칸토어 집합에 속한 세 번째 2-adic수가 된다. 칸토어 집합은 3-adic, 5-adic… p-adic수를 포함하도록 일반화될 수 있다. 예를 들어 그림 12는 이차원 원의 내부에 작은 원 다섯 개를 반복적으로 그려나가는 과정을 일반화된 칸토어 집합으로 나타낸 것이다. 이 과정을 반복하면 '모든 단계에 공통적으로 존재하는 점'으로 이루어진 칸토어 집합이 얻어지고, 이 집

* 대부분의 번역서에는 'p-adic number'가 'p진수'로 번역되어 있다. 그런데 이 용어는 '통상적인 p진법으로 표기된 수'와 혼동할 우려가 있으므로 여기서는 'p-adic수'로 표기한다.

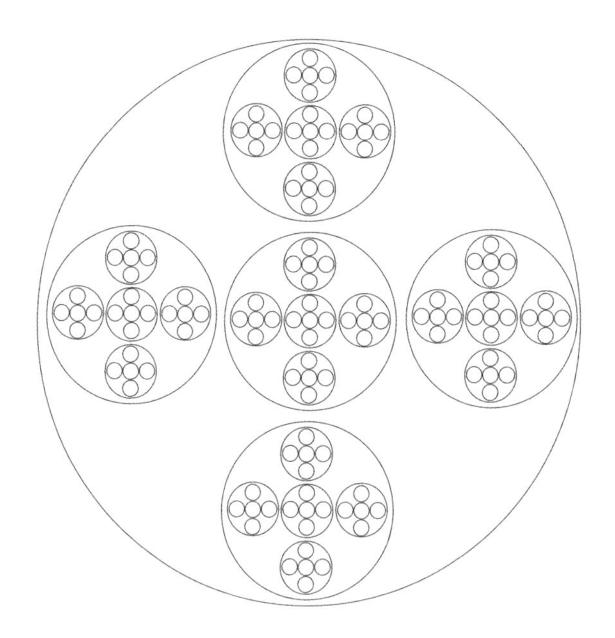

그림 12 이차원 원 내부에 작은 원 다섯 개를 반복적으로 그려나가면서 만든 프랙털 도형으로, 반복되는 두 개의 선분(원의 중심을 지나는 두 개의 직선)으로 칸토어 집합을 일반화한 것이다. 실제 직선(수직선)이 실수의 기하학적 표현에 해당하듯이 그림 속의 프랙털 원은 5-adic수의 기하학적 표현에 해당한다. *p*-adic수는 현대의 정수론number theory에서 핵심적 역할을 하고 있다.

합은 5-adic수[17]로 이루어진 수집합으로 나타낼 수 있다. 앞의 경우와 마찬가지로 이 프랙털 집합에서 두 개의 점을 임의로 취하여 5-adic수로 변환한 후 더하거나 곱하면, 그 결과는 일반화된 칸토어 집합의 다른 점에 대응된다. 임의의 p에 대한 p-adic 프랙털의 기하학적 형태가 궁금하다면 이 사례에서 숫자 5를 p로 일반화하면 된다.

p-adic수는 순수수학자, 특히 정수론학자들의 밥줄이다. 이들의 주 관심은 {1, 2, 3…}과 같은 정수의 속성을 파고드는 것인데, 어떤 의미에서 보면 정수는 모든 수의 '양자'라 할 수 있다. 역대 최고의 수학자 중 한 사람으로 꼽히는 19세기 독일의 수학자 카를 프리드리히 가우스Carl Friedrich Gauss는 "수학은 과학의 여왕, 정수론은 수학의 여왕"이라고 표현했다. 간단히 말해서 정수론이야말로 모든 양quantity의 핵심이라는 뜻이다.

1994년에 '페르마의 마지막 정리'를 증명했던 영국의 수학자 앤드루 와일스Andrew Wiles도 p-adic수의 중요성을 잘 알고 있었다. 페르마의 마지막 정리는 17세기 프랑스의 수학자 피에르 드 페르마Pierre de Fermat가 정수와 관련하여 끝까지 증명하지 못했던 정리라 그의 이름이 붙어 불리게 되었다.[18*] 이 정리는 수백 년 동안 수많은 수학자의 마음을 사로잡았으나, 와일스가 증명하기 전까지는 수학 역사상 가장 난해한 미해결 문제로 남아 있었다.

놀라운 것은 와일스가 페르마의 마지막 정리를 증명하기 위해 현대수학의 다양한 아이디어를 동원했다는 점이다. 그중에서도 가장 중요한 역할을 했던 일등 공신은 다름 아닌 p-adic수였다.

21세기 최고의 수학자 중 한 사람인 독일의 정수론학자 페터 숄체Peter Scholze는 2018년에 40세 이하의 뛰어난 수학자에게만 수여하는 필즈상Fields Medal을 받았다. 그는 '퍼펙토이드 공간perfectoid

* 사실 페르마의 본업은 수학자가 아니라 판사였다. 그는 판결에 공정을 기하기 위해 사람들과의 만남을 피했고, 혼자 시간을 보내기 위해 취미생활로 수학을 택했을 뿐이다.

space에 도입한 p-adic장의 대수기하학적 변환'에 관한 공로를 인정받아 이 최고의 영예를 차지했다. 퍼펙토이드 공간은 프랙털기하학의 한 형태이기 때문에 p-adic수로 표현된다는 것이 그리 놀라운 일은 아니다. 숄츠는 한 언론과의 인터뷰에서 다음과 같이 말했다.

> 저는 이 연구를 진행하면서 실수가 p-adic수보다 훨씬 혼란스럽다는 사실을 깨달았습니다. 가장 익숙했던 친구가 가장 낯선 이방인으로 돌변한 셈이죠.[19]

그렇다면 유클리드기하학과 프랙털기하학 외에 국소적 규모에서 또 다른 기하학이 존재할 수도 있을까? 정답은 '아니오'다. 정수론의 핵심 정리 중 하나인 오스트로프스키 정리Ostrowski's theorem에 의하면, 기하학 체계의 거리함수에 해당하는 메트릭metric은 유클리드기하학이 적용되는 실수이거나, 프랙털기하학이 적용되는 p-adic수이거나 둘 중 하나여야 한다.

나는 혼돈기하학의 핵심을 이루는 p-adic수가 머지않아 물리학에서 핵심적 역할을 할 것이라고 굳게 믿는다.

와일스가 증명했던 페르마의 마지막 정리 외에 20세기를 풍미했던 최고의 수학 정리로는 오스트리아 태생의 미국 수학자 쿠르트 괴델Kurt Gödel의 불완전성 정리를 들 수 있는데, 이것도 프랙털기하학과 밀접하게 관련되어 있다.

논리학자이자 수학자, 철학자였던 괴델은 1906년에 오스트리아·헝가리제국(지금의 체코공화국)에서 태어나 빈에서 명성을 쌓은 후 미국으로 이주하여 아인슈타인의 동료이자 가까운 친구가 되었다. 괴델의 정리는 임의의 타당한 논리 체계로 재구성될 수 있지만 매우 이질적이면서 자기 참조적self-referential이다. '이 공식이 참으로 증명된다면, 이 공식은 거짓'이라고 주장하기 때문이다.[20] 임의의 논리 규칙을 타당한 방식으로 적용하면 참인 결과가 나와야 하는데, '참이면 거짓'이라니 참으로 당혹스러울 수밖에 없다. 이 딜레마에서 벗어나는 유일한 길은 괴델의 공식은 참이지만 증명될 수 없다고 인정하는 것이다.

1930년대에 영국의 수학자 앨런 튜링Alan Turing(제2차 세계대전 중 런던 근교의 블레츨리파크에 있는 비밀 연구소에서 나치의 암호인 이니그마를 해독했다)은 괴델의 정리가 '특정 수학 문제는 알고리듬으로 풀 수 없다(즉 계산 불가능하다)는 뜻'임을 깨달았다. 예를 들어 튜링이 정의한 범용컴퓨터universal computer로는 독일의 수학자 다비트 힐베르트David Hilbert가 제기한 정지 문제halting problem를 풀 수 없다. 이것은 '알고리듬에 어떤 수학 명제를 입력했을 때 그 정리가 참으로 판명되면 정지하는 알고리듬을 구축할 수 있는가'를 묻는 문제다. 정지 문제를 제기할 무렵의 힐베르트는 이 세상에 풀 수 없는 문제는 존재하지 않는다고 굳게 믿었다. 하지만 튜링은 어떤 알고리듬도 정지 문제의 답을 할 수 없음을 증명했다.

펜로즈는 괴델과 튜링이 제기했던 결정 불가능성이 양자역학과 중력 이론을 통일하는 양자 중력 이론의 기초가 될 수도 있다고 생각했다.[21] 아인슈타인의 중력 이론(일반 상대성 이론)에 등장하는 시공간의 특이점을 연구하여 2020년에 노벨물리학상을 받은 펜로즈는 프랙털 망델브로 집합fractal Mandelbrot set의 특성을 파고들면서 결정 불가능성과 프랙털기하학의 관계(즉 프랙털과 양자 중력의 관계)를 집중적으로 연구했다.[22]

1993년에 컴퓨터과학자 시만트 듀브Simant Dube는 프랙털기하학을 이용하여 튜링의 범용컴퓨터를 구현한 후, 이로부터 결정 불가능성과 프랙털기하학 사이의 관계를 규명했다.[23] 이 방법을 이용하면 힐베르트의 정지 문제와 같은 결정 불가능한 문제를 프랙털기하학 문제로 변환할 수 있다. 듀브는 로렌즈방정식보다 훨씬 간단한 반복 함수 체계[24]를 사용하여 이 작업을 완료했는데,[25] 이로부터 만들어진 프랙털의 대표적 사례가 그림 13에 제시된 시에르핀스키 삼각형Sierpinski triangle이다. 로렌즈 끌개가 로렌즈방정식의 결과인 것처럼 그림 13의 프랙털 삼각형은 반복 함수 체계로부터 얻은 결과다. 즉, 평면 위의 어떤 지점에서 출발하든 반복 함수 체계는 시에르핀스키 삼각형 안에서만 작동한다. 그리고 삼각형 자체는 반복 함수 체계의 프랙털 끌개에 해당된다.

듀브는 힐베르트의 정지 문제와 유사한 문제들이 결국은 '반복 함수 체계의 프랙털 끌개와 주어진 선의 교차 여부를 묻는 문제'와 동일하다는 것을 증명했다. 주어진 선과 프랙털의 교차 여부를 알고리듬으로 알아낼 수 있다면, 교차점(또는 교차점의 부재)을 이용하여 튜링머신이 (교차점에 해당하는 상태에서) 정지하는지 또는 계속 작동하는지 확인할 수 있을 것이다. 그러나 우리는 튜링머신의 정지 여부를 알고리듬으로 확인할 수 없다는 것을 이미 알고

그림 13 반복 함수 체계의 프랙털 끌개에 해당하는 시에르핀스키 삼각형.

있으므로, 주어진 선과 프랙털의 교차 여부도 알고리듬으로 알아낼 수 없다.

프랙털기하학과 양자역학의 관계는 3부에서 논하기로 한다.

3장

잡음, 백만 불짜리 나비들

높은 절벽에서 떨어지는 폭포수는 언제 봐도 웅장하고 역동적이다. 폭포 상단에서 막 떨어지기 시작해 부드럽게 움직이는 물을 층류laminar flow라 한다. 그러나 폭포수는 아래로 내려갈수록 작은 조각으로 분해되고, 우리 눈은 그 많은 움직임을 일일이 따라갈 수 없다. 폭포의 혼돈을 서술하는 과학 이론은 로렌즈의 '3변수 모형'과 비슷한가? 아니면 근본적으로 다른 이론인가? 곧 알게 되겠지만 계의 불확실성이 커지면, 스테로이드가 지나쳐서 마구 날뛰는 사람처럼 결정론적 수학모형으로 미래를 예측하기가 어려워지고, 이로부터 폭포수보다 훨씬 심각한 결과가 초래된다.

* * *

난기류는 오래전부터 과학자들의 주된 관심사이자 난해한 문제였다. 양자역학의 창시자 중 한 사람인 하이젠베르크는 난기류와 관련하여 유명한 말을 남겼는데, 핵심을 요약하면 다음과 같다. "내가 신을 만난다면 꼭 묻고 싶은 질문 두 개가 있다. 첫 번째, 우주는 왜 하필 일반 상대성 이론을 따르는가? 두 번째, 그 골치 아픈 난기류는 대체 왜 창조했는가? 아마도 신은 첫 번째 질문에만 답하고 두 번째 질문에는 입을 다물 것 같다!"

오늘날에도 난기류는 수학자들의 골칫거리로 남아 있다. 특히 '난기류는 예측 가능한가?'라는 질문은 아직도 풀리지 않은 수학 문제 중 하나다. 미래를 예측하는 라플라스의 유령은 절벽에서 떨어지는 폭포수의 움직임을 어디까지 추적할 수 있을까? 폭포가 수면에 닿을 때까지? 아니면 폭포 높이의 10분의 1까지? 누구든지 이 문제를 풀기만 하면 당장 과학계의 슈퍼스타로 떠오를 것이다. 앞으로 논의하겠지만 1~2장에서 언급했던 혼돈 현상으로 난기류를 설명할 수 있을지도 모른다.

1940년대에 러시아의 수학자 안드레이 콜모고로프Andrey Kolmogorov는 난기류의 수학적 모형을 개발했는데, 여기서 그는 난기류를 '상호작용하는 다양한 크기의 소용돌이'로 정의했다. 유체에 에너지가 유입되는 현상은 주로 커다란 규모에서 일어난다. 예를 들어 물이 가득 담긴 수조를 커다란 막대로 휘젓거나, 대기에 햇빛이 드는 경우다.(지구는 구형이어서 적도 근방에 가장 많은 에너지가 유입된다.) 그 후 에너지는 점차 작은 규모를 향해 계단식으로 흐르다가 결국 분자의 불규칙한 운동으로 변하면서 소멸하고,[1] 그 결과로 유체의 온도가 높아진다. 앞서 말한 바와 같이 에너지

그림 14 크고 작은 소용돌이들이 상호작용하면서 만든 난기류를 컴퓨터 시뮬레이션으로 재현한 그림. 시뮬레이션에 관해서는 나중에 따로 논할 것이다.

가 이런 식으로 소산하는 것은 유체의 점성이 마찰 효과를 일으키기 때문이다. 박학다식하기로 유명한 영국의 물리학자 루이스 프라이 리처드슨Lewis Fry Richardson(앞으로 이 책에서 자주 거론될 이름이니 기억하기 바란다)은 콜모고로프의 '에너지 이동 단계'를 다음과 같이 명쾌하게 서술했다.[2]

> 큰 소용돌이 안의 작은 소용돌이는
> 자신의 속도로 먹고산다.
> 그리고 작은 소용돌이 안에 있는 더 작은 소용돌이는
> 유체의 점성으로 먹고산다.

다양한 크기의 소용돌이들이 만든 난기류의 전형적인 형태는 그림 14와 같다.

지구 대기는 그 자체로 난기류 시스템이며, 그중에서 규모가 가장 큰 소용돌이는 대기 상층부에서 빠르게 이동하는 제트기류다.[3] 비행기가 동쪽에서 서쪽으로 날아갈 때는 가능한 한 제트기류를 피하고, 서쪽에서 동쪽으로 갈 때는 제트기류를 타는 것이 유리하다. 그러나 제트기류는 한자리에 머물지 않고 매일, 매월, 그리고 계절마다 다른 곳에서 나타난다. 또한 제트기류는 항상 동쪽에서 서쪽으로 흐르지 않고 고위도에서 저위도로, 또는 그 반대로 흐를 수도 있다.(바다를 향해 구불구불하게 흐르는 강물과 비슷하다.) 제트기류가 흐르는 길은 1만 킬로미터 정도인데 이것 때문에 날씨가 비정상적으로 변하기도 한다. 예를 들어 2012년 2월에 미국 텍사스주는 제트기류 때문에 기록적인 한파를 기록했고, 2021년 7월에 캐나다 브리티시컬럼비아의 일부 지역은 또 다른 제트기류로 인해 기온이 섭씨 50도까지 치솟았다.

제트기류는 중위도 지역에서 강풍과 비를 일으키는 저기압(흔히 중위도 사이클론이라 한다)의 거동을 좌우한다. 중위도 사이클론의 규모는 1000킬로미터 정도로 제트기류가 차지하는 공간보다 작다. 사이클론 내부에는 따뜻한 공기와 차가운 공기가 전선을 경계로 분리되어 있으며, 그 근처에 다량의 비를 머금은 구름이 집중되어 있다. 큰 뇌우 구름은 직경이 10~100킬로미터까지 자라기도 한다. 구름의 내부는 난기류가 특히 심하기 때문에 그 안으로 진입한 비행기는 심하게 요동치고, 강한 소용돌이에 휘말리면 추락할 수도 있다. 구름 속 소용돌이의 내부에는 여러 개의 작은 소용돌이가 있는데, 이들은 비행기를 추락시킬 정도로 강력하지 않고 센서가 부착된 작은 풍선을 띄워서 위치와 점도 등을 확인할 수 있다.

유체의 운동은 19세기 프랑스의 수학자 클로드 나비에Claude Navier와 아일랜드의 수학자 조지 스토크스George Stokes가 발견한 나비에-스토크스방정식[4]을 통해 서술된다. 이것은 뉴턴의 운동 법칙에 기초한 비선형방정식으로, 23개의 기호를 이용하여 대기 중에서 일어나는 모든 규모의 소용돌이를 설명하고 있다(그림 15). 또한 이 방정식에는 불확실하거나 무작위적인 요소가 단 하나도 없다. 즉, 나비에-스토크스방정식은 결정론적이다.

나비에-스토크스방정식은 앞서 언급했던 혼돈보다 훨씬 불확실하고 예측 불가능한 것처럼 보인다. 라플라스의 유령을 소환해도 먼 미래는커녕 가까운 미래도 예측할 수 없다. 이 놀라운 결과는 혼돈기하학이 처음 등장하고 6년이 지난 1969년에 로렌즈가 또 한 편의 논문을 발표하면서 세상에 알려지게 되었다.(그렇다. 또 로렌즈다!)[5] 잠시 이 논문의 초록을 읽어보자.

> 다양한 규모에서 움직이는 결정론적 유체는 외관상 비결정론적 물리계와 구별되지 않을 것으로 추정된다. 그러나 비결정론적 물리계는 초기 조건이 조금만 달라도 완전히 다른 상태로 진화할 수 있다. **두 초기 조건 사이의 차이를 아무리 줄여도 완전히 같지 않은 한 이 차이는 줄어들지 않는다.**

그림 15 예술 작품으로서 나비에-스토크스방정식.

여기서 핵심은 마지막 문장이다. 2장에서 언급한 혼돈계는 초기 상태의 불확실성이 작을수록 더 먼 미래의 상태를 예측할 수 있었다. 즉, 1시간 후의 상태를 예측하고 싶으면 초기 조건의 오차를 1퍼센트 이하로 줄이고, 10시간 후의 상태를 알고 싶으면 초기 조건의 오차를 (더욱 심혈을 기울여서) 0.1퍼센트 이하로 줄이는 식이다. 그러나 로렌즈가 1969년에 발표한 논문에 의하면, 다양한 규모의 운동이 상호작용을 교환하는 복잡한 계에서는 초기 조건을 아무리 정확하게 알고 있어도 한정된 범위 이상의 미래를 예측할 수 없다. 이 경우 초기 조건의 불확실성이 0인 극한을 특이 극한singular limit이라 한다. 로렌즈는 초기 조건의 불확실성이 0에 무한히 가까워도 예측 가능한 미래에는 한계가 있다고 주장했다. 특이 극한은 나중에 양자역학을 다룰 때 다시 언급될 것이다.

로렌즈는 1971년에 미국과학진흥회에서 개최한 학술회의에 참석하여 〈브라질의 나비가 날갯짓을 하면 텍사스에 토네이도가 발생하는가?Does the Flap of a Butterfly's Wings in Brazil Lead to a Tornado in Texas?〉라는 제목으로 자신의 1969년 논문을 소개했는데, 그 유명한 나비효과는 바로 여기서 유래한 용어다.[6]

나비에-스토크스방정식은 비선형이기 때문에 해를 구하려면 컴퓨터의 도움을 받아야 하고, 이를 위해서는 방정식을 컴퓨터가 이해할 수 있는 형태로 바꿔야 한다. 그리고 대기는 부피가 워낙 커서 유한한 개수의 그리드grid로 분할하여 각 구획마다 방정식을 따로 적용해야 하는데, 이 구획을 그리드박스grid box라 한다(그림 16). 또한 하나의 그리드박스 안에서는 대기가 균일하다고

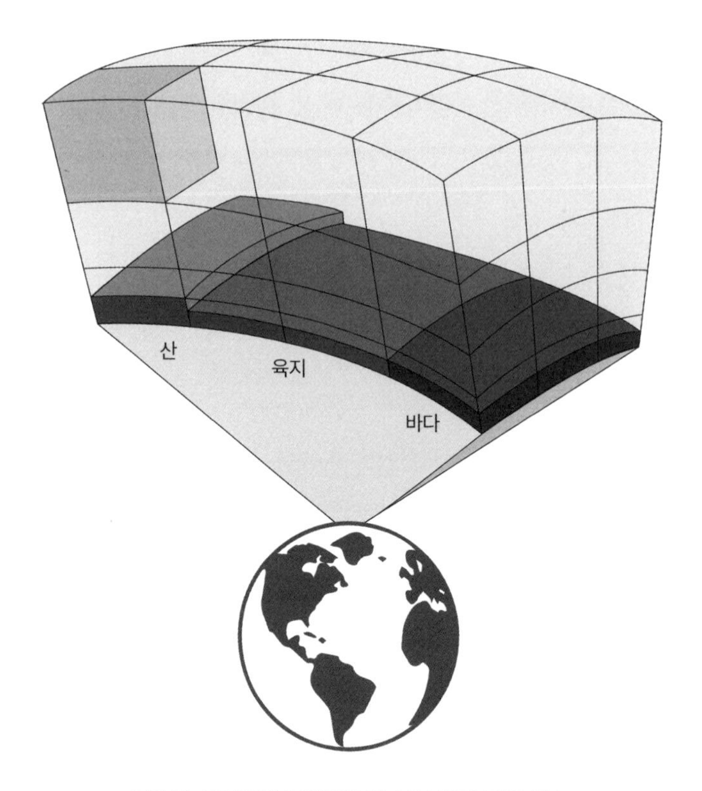

그림 16 지구 대기를 일정한 구획으로 분할한 그리드박스.

가정한다. 즉, 그리드박스보다 작은 규모에서 일어나는 난기류는 고려하지 않는다는 뜻이다. 그러므로 컴퓨터가 풀게 될 문제는 원래의 나비에-스토크스방정식이 아니라 대기를 단순화시킨 수학모형인 셈이다.

그리드박스의 크기가 작을수록 컴퓨터가 푸는 방정식은 원래의 나비에-스토크스방정식에 점점 더 가까워진다. 그러나 그리드박스가 작을수록 더욱 강력한 컴퓨터가 필요하기 때문에 마냥 작게 만들 수는 없다. 수십 년 전에 일기예보 시스템에서 사용했던 그리드박스는 수평 방향 길이가 약 100킬로미터였다.[7]

미래의 날씨를 예측하려면 나비에-스토크스방정식 외에 '오늘의 날씨'에 해당하는 일련의 초기 조건(세계 각지의 온도, 기압, 풍속, 습도 등)을 입력해야 하는데,[8] 이것은 직접 관측을 통해 결정된다. 요즘은 기상위성과 기상관측용 기구balloon를 이용하여 필요한 정보를 입수하고 있다.

방금 언급한 대로 그리드박스 밑변의 길이를 100킬로미터라 하고, 전 세계의 대기와 관련된 관측 자료를 충분히 확보했다고 가정하자. 물론 초기 조건의 오차가 완전히 0이라는 뜻은 아니다. 그리드의 폭이 100킬로미터나 되기 때문에, 이보다 작은 규모에서 발생한 소용돌이는 관측 장비에 포착되었다고 하더라도 모형의 초기 상태에서 누락될 수밖에 없다.(하나의 그리드 안에서는 대기의 상태가 균일하다고 가정했기 때문이다.)[9]

이제 우리가 1000킬로미터 이상의 넓은 영역에서 날씨를 예측한다고 가정해보자. 그리드의 크기가 100킬로미터라고 했으니 이보다 작은 규모에 해당하는 초기 조건들은 컴퓨터에 입력되지 않을 것이고, 따라서 그런 자잘한 정보는 신경 쓰지 않아도 될 것 같다. 글쎄, 과연 그럴까? 결론부터 말하자면 절대 그렇지 않다. 난기류 자체가 비선형이기 때문에 초기 오차가 100킬로미터 이내라도 시간이 흐를수록 오차의 크기가 커질 뿐 아니라, 오차가 생기는 범위도 넓어진다. 이런 식으로 며칠이 흐르면 오차의 규모가 1000킬로미터까지 확장되고, 결국은 1만 킬로미터짜리 제트기류조차 예측할 수 없게 된다. 100킬로미터 이내였던 오차가 거의 100배로 자라나는 것이다.

100킬로미터짜리 그리드박스모형을 사용하면 평균적으로 일주일 후의 날씨를 예측할 수 있다. 이 정도면 괜찮은 편이지만, 우리의 목표는 앞으로 3주에 걸쳐 날씨의 변화 패턴을 예측하는 것이라고 하자. 정확도를 높이는 한 가지 방법은 그리드박스의 크기를 줄이는 것이다. 예를 들어 100킬로미터에서 50킬로미터로 줄였다고 하자. 그러면 컴퓨터를 더 좋은 것으로 바꿔야 하는데, 이 문제도 순조롭게 풀렸다고 하자.(현실에서는 어림도 없는 이야기다.) 새로운 모형에서는 초기 조건의 오차가 100킬로미터에서 50킬로미터 이하로 줄어들고, 이로부터 일주일보다 먼 미래의 날씨도 예측할 수 있다. 그런데… 얼마나 먼 미래까지 가능할까?

로렌즈는 1969년에 발표한 논문에서 '모형의 해상도를 2배로 늘려도 예측 가능 시간은 2배로 길어지지 않는다'고 결론지었다. 콜모고로프의 이론에 기초하여 로렌즈가 실행한 계산에 의하면 해상도를 2배로 높였을 때(그리드박스의 크기를 반으로 줄였을 때) 예측 가능 시간은 2분의 7일, 즉 3.5일만 길어질 뿐이다. 왜 그럴까? 콜모고로프의 난기류 이론에 의해 규모가 작을수록 오차가 더욱 빠르게 증가하기 때문이다. 예를 들어 1000킬로미터 규모의 예보 시스템에서 미세한 오차는 하루나 이틀 후에 2배로 커지는 반면, 1킬로미터 규모의 구름 조각에 내재한 오차는 한두 시간만 지나도 2배로 커진다.

로렌즈는 모형의 해상도가 2배로 커질 때마다 예측 가능 시간은 이전의 절반만큼 길어진다고 가정했다. 그러므로 그리드박스의 크기를 100킬로미터에서 50킬로미터, 25킬로미터, 12.5킬로미터로 줄이면 예측 가능 시간은 7일에서 7×(1+1/2)=10.5일, 7×(1+1/2+1/4)=12.25일, 7×(1+1/2+1/4+1/8)=13.125일이다. 뒤로 갈수록 증가폭이 좁아지는 것이 수확 체감의 법칙*을 연상하게 한다.[10]

자, 무엇이 문제인지 눈치챘는가? 그리드박스가 무한히 작아질 때까지 대기모형의 해상도를 높인다 해도(이 경우 초기 조건의 오차는 무한히 작아진다) 무한히 먼 미래를 예측할 수는 없다. 나비에-스토크스방정식이 결정론적이므로 원리상 가능할 것 같지만, 사실은 그렇지 않다. 이전의 절반씩 감소하는 무한등비수열의 합이 유한하기 때문이다. 우리가 예측할 수 있는 미래는 7×(1+1/2+1/4+1/8+1/16⋯)일까지인데, 1+1/2+1/4+1/8+1/16⋯=2이므로 14일이 우리의 한계다. 라플라스의 전지전능한 유령을 소환한다 해도 3주 후의 날씨를 예측하는 것은 원리적으로 불가능하다! 이것이 바로 나비효과의 진정한 의미다.

그런데 나비효과는 정말로 실존하는 현상일까? 나비에-스토크스방정식은 양자물리학을 고려하지 않았으므로 오차가 무한히 작다는 가정에는 문제의 소지가 있다.** 좀 더 정확한 질문은

* 토지, 자본, 노동의 생산 요소 가운데 어느 하나의 생산 요소만 증가시키고 다른 생산 요소를 일정하게 하면 생산량의 증가분이 차츰 감소한다는 법칙이다.

** 규모가 작을수록 양자적 효과가 크게 나타나기 때문이다.

'나비에-스토크스방정식은 예측 가능한 미래에 한계가 있음을 시사하고 있는가'다. 이 질문의 답은, 음… 아무도 모른다. 로렌즈는 1969년 논문에서 나비에-스토크스방정식의 예측 능력에 한계가 있음을 엄밀하게 **증명**하지 못했다. 그의 논리는 꽤 그럴듯했지만 엄밀한 수학적 증명과는 조금은 거리가 있다. 그래서 자신의 논문 초록에 "~로 **증명**되었다"가 아니라 "~로 **추정**된다"고 적어놓은 것이다. 그로부터 50년이 지난 지금도 과학자들은 나비효과가 정말로 실존하는 현상인지 확신하지 못하고 있다. 나비에-스토크스방정식의 수학적 특성을 규명하는 것은 지금도 수학자들 사이에 매우 중요한 미해결 문제로 남아 있는데, 이것은 21세기 초에 클레이수학연구소에서 제정한 새천년상Millennium Prize의 문제 중 하나이기도 하다.[11] 그때 공개된 문제들은 20세기 초에 힐베르트가 제기했던 일련의 수학 문제를 현대식으로 업데이트한 것으로,[12] 각 문제마다 100만 달러의 상금이 걸려 있다. 그래서 이 장의 제목을 "백만 불짜리 나비들"이라고 지은 것이다. 새천년상의 문제들 가운데 해결된 것은 푸앵카레가 제기했던 위상수학 관련 문제뿐이다.

그런데 컴퓨터 시뮬레이션은 나비효과가 실제로 존재하는 현상임을 강하게 시사하고 있다. 그리드박스를 나비의 날개 크기로 줄일 수는 없지만(이 계산을 감당할 만한 컴퓨터가 없기 때문이다), 구름 정도의 크기로 줄여놓고 컴퓨터 시뮬레이션을 실행하면 대규모 날씨 예측은 작은 구름의 구조에 따라 민감하게 달라진다. 게다가 요즘 인터넷에 공개되는 일기예보는 향후 14일까지가 한계인데, 이것도 로렌즈의 계산과 거의 정확하게 일치한다.

이로써 우리는 1장에서 제기했던 '날씨는 왜 예측할 수 없는가'라는 질문으로 되돌아가게 된다. 1950년대의 전문가들은 대기의 변화가 워낙 심한데다가, 곳곳에 다양한 규모로 소용돌이까지 일어나고 있어서 예측이 불가능하다고 생각했다. 로렌즈도 대기의 자유도는 3밖에 안 되는데 예측하기는 어렵다고 했다.

둘 다 옳은 말이다. 1963년에 로렌즈는 세 개의 변수를 갖는 모형이 너무 혼란스러워서 예측할 수 없다고 결론지었으며, 1969년에는 변수가 많은 물리계(큰 소용돌이와 작은 소용돌이)가 변수가 적은 계보다 예측이 **더** 어렵다는 것을 증명했다. 그러나 대기의 상태를 예측하기 어려운 실질적 이유는 전자가 아닌 후자에 있다.

그래서 우리는 저차원 혼돈low-order chaos, low-dimensional chaos과 고차원 혼돈을 구별해야 한다. 여기서 말하는 '차원'이란 상태 공간의 차원, 즉 주어진 물리계를 서술하는 데 필요한 변수의 개수를 의미한다.(바지 상태 공간을 떠올려보라.) 저차원 혼돈으로 서술되는 계의 변수 개수는 컴퓨터 계산이 가능할 정도로 적다. 그러나 고차원 혼돈계는 변수가 너무 많아서 컴퓨터로 표현할 수 없다. 1~2장에서 언급했던 로렌즈모형은 저차원 카오스의 대표적 사례이며, 나비에-스토크스방정식으로 서술되는 난기류는 고차원 혼돈에 속한다.

그래서 지금 우리는 딜레마에 빠졌다. 나비에-스토크스방정식을 풀려면 소용돌이의 수를 제한해야 한다. 즉, 대기 상태 공간의 차원을 컴퓨터로 다룰 수 있는 수준으로 줄여야 하는데 현존하는 슈퍼컴퓨터의 성능을 고려할 때 10억 차원 정도가 한계다. 그러나 이런 식으로 변수를 줄이면 나비(작은 소용돌이)와 관련된 모든 정보가 누락된다. 앞서 말한 대로 나비의 날갯짓은 일기예보를 완전히 빗나가게 만들 수 있다. 나비가 누락된 모형은 이치에 맞지 않는 예보를 내놓을 가능성이 농후하다. 예를 들어 일어날 가능성이 거의 없는 사건을 예측하거나 일어날 사건을 놓치는 식이다.(피시의 일기예보를 떠올려보라.) 이 문제를 어떻게 해결해야 할까? 방법이 있긴 하다. 나비의 날갯짓을 난수로 생성하여 시뮬레이션에 추가하면 된다. 간단히 말해서 모형을 '시끄럽게noisy' 만드는 것이다.[13] 무작위성을 좀 더 고상한 단어로 쓴 것이 바로 'stochasticity'다.* 그래서 현대의 일기예보모형(6장 참고)은 확률적stochastic 특성을 가지고 있다. 이 확률적 날씨모형을 이용하여 일기예보 시스템을 가동하면, 앙상블 멤버의 초기 조건이 완전히 동일한 경우에도 방정식에 무작위로 추가된 잡음이 다르기 때문에 아예 다른 결과가 얻어질 수 있다. 다시 말하면 컴퓨터에 고차원 혼돈계를 표현할 때 일단 계를 단순화시켜서 저차원 혼돈계로 만든 후 잡음을 추가하여 잘려나간 운동(작은 소용돌이)을 복원하는 식이다.

이제 곧 알게 되겠지만, 잡음을 사용하여 고차원 혼돈계를 표현하는 작업은 일기예보보다 훨씬 어렵고 복잡하다.

* 영어사전에는 '확률성'이라고 나와 있다. 이런 식으로 번역하면 'probability'와 별로 다를 것이 없지만 마땅한 어휘가 없기에 사전을 따르기로 한다.

* * *

난수에서 잡음이 생성된다면 반드시 제기해야 할 질문이 하나 있다. 난수란 무엇인가? 음… 꽤 어려운 질문이다. 좀 더 쉬운 질문으로 바꿔보자. 난수가 아닌 것은 무엇인가? 오케이, 이 질문에는 답할 수 있다. '0, 1, 2, 3, 4, 5…'는 난수가 아니다. 뒤로 갈수록 숫자가 1씩 커진다는 뚜렷한 규칙이 있기 때문이다. 난수라면 이런 규칙이 존재하지 않아야 한다.

컴퓨터과학에서는 유사난수 생성기pseudorandom number generator, PRNG를 이용하여 난수를 만들어낸다. PRNG는 명확한 규칙 없이 일련의 숫자를 생성하는 '결정론적' 컴퓨터 코드다. 잠깐, 이게 말이 되나? 결정론적 과정에서 무슨 수로 무작위를 낳는단 말인가? 그렇다. 이것은 명백한 모순이다. 그리고 모순은 그에 합당한 대가를 치르기 마련이다. 단순한 PRNG로 만들어낸 숫자는 외견상 난수처럼 보이지만 자세히 분석하면 규칙이 드러난다. 게다가 PRNG로 난수를 계속 생성하다 보면 어느 순간부터 처음에 내놓았던 숫자가 똑같이 반복된다. 이것은 PRNG가 진정한 무작위가 아니라는 확실한 증거다. 무작위성을 높이려면 PRNG의 컴퓨터 코드를 좀 더 복잡하게 만들어야 한다. 그러나 PRNG의 복잡성을 계속 증가시키면 잘라냈던 나비를 다시 되살리는 것처럼 계산량이 대책 없이 증가하여 컴퓨터가 감당할 수 없는 지경에 이를 것이다. 무작위성을 추구하자니 계산량이 너무 많고, 계산량을 줄이자니 난수에 규칙이 스며든다. 그러므로 적당한 선에서 타협을 보는 수밖에 없다.

그러나 미래에는 PRNG를 훨씬 능가하는 환상적인 대안이 등장할지도 모른다. 난수 생성에 필요한 잡음을 컴퓨터 하드웨어에서 직접 만들어내는 것이다. 예를 들어 트랜지스터에 걸리는 전압을 낮추면 작동 과정에 잡음이 끼어들기 시작하고, 그 결과 트랜지스터는 원자와 분자의 무작위 운동에 민감해진다. 앞서 말한 대로 트랜지스터가 충분히 작으면 거기서 생성된 잡음은 양자역학적 특성을 가지게 된다.(대표적인 현상으로 양자 터널 효과quantum tunnelling effect를 들 수 있다.) 하드웨어에서 생성된 양자적 잡음은 우주에서 가장 무작위적인 궁극의 잡음이다.

이런 식으로 고차원 혼돈계에서 상세한 정보를 잘라내고 완벽한 잡음을 추가하면 작은 계산량 정도가 아니라 아예 '음(–)의 계산량'으로 예측의 정확도를 높일 수 있다. 전압을 낮추면 에너지 소모량이 줄어들어서 비용이 절약되기 때문이다. 슈퍼컴퓨터가 저에너지의 비결정론적 프로세서로 작동되는 시대가 하루속히 오기를 기대해본다.[14]

여기서 잠깐, 잡음을 발생시키려는 이유가 무엇인지 다시 한번 생각해보자. 대부분의 경우에 잡음은 최소한으로 줄이거나 제거해야 할 대상이다. 신호 감지 이론signal detection theory에서 가장 자주 언급되는 것이 '신호 대 잡음의 비율'인데, 우리의 최선은 가능한 한 신호를 늘리고 잡음을 줄여서 이 비율을 극대화하는 것이다.

그러나 혼돈계의 잡음은 제거 대상이 아니라 긍정적이고 유용한 자원이다. 역설적으로 들리겠지만 잡음의 긍정적 역할은 이 책

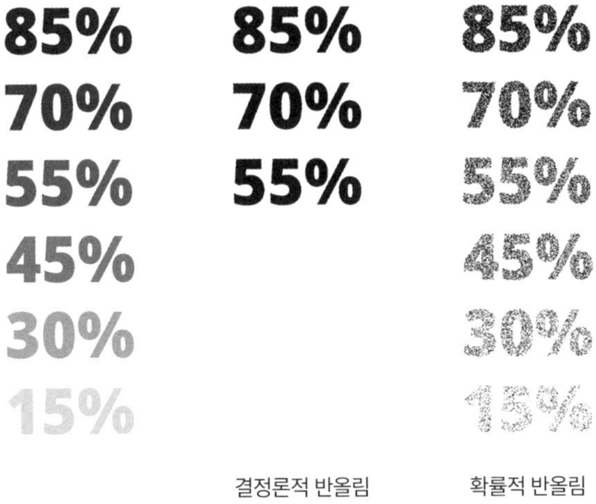

85% 85% 85%
70% 70% 70%
55% 55% 55%
45% 45%
30% 30%
15% 15%

결정론적 반올림 확률적 반올림

그림 17 확률적 반올림의 원리. 왼쪽 세로줄은 글자의 회색 음영 수치를 백분율로 나타낸 것이고, 가운데 세로줄은 50퍼센트를 기준으로 각 픽셀의 음영 수치를 반올림한 것이다. (1 아니면 0, 즉 흑 아니면 백이므로 절반이 사라졌다.) 오른쪽 세로줄은 확률적 방법(무작위 잡음)을 적용하여 반올림한 것으로 결정론적 방법으로 잘라낸 가운데보다 많은 정보가 남아 있다.

의 근간인 '비선형 철학'의 핵심이다. 아직 설득되지 않은(또는 반쯤 설득된) 독자들을 위해 잡음이 긍정적 역할을 하는 몇 가지 사례를 여기 소개한다.

그림 17의 왼쪽에 세로로 나열한 숫자는 문자의 회색 음영을 백분율 수치로 나타낸 것이다.(완전히 검은색은 100퍼센트, 완전히 흰색은 0퍼센트다.)

지금 이 숫자 중 하나를 어딘가로 전송하려는데 픽셀 하나당 1비트만 전송할 수 있다고 가정하자. 즉, 픽셀 하나에 대하여 전송할 수 있는 정보는 0(흰색) 아니면 1(검은색)이다. 이처럼 결정론적으로 정보를 전송하면 51퍼센트 이상은 모두 1이 되고 50퍼센트 이하는 0이 되어 정보의 상당 부분을 잃게 된다. 그 결과가 그림 17의 가운데 세로줄이다. 보다시피 숫자의 절반은 종이와 같은 흰색이라 읽을 수 없다.

그러나 회색 음영 픽셀 한 개를 1비트에 대응시키는 또 다른 방법이 있다. 그 결과가 그림 17의 오른쪽 세로줄인데, 보다시피 대부분의 정보가 살아 있다. 예를 들어 밑에서 두 번째 줄에 있는 숫자 "30%" 픽셀을 생각해보자. 이 픽셀값을 50퍼센트를 기준으로 다짜고짜 반올림하지 말고, 일단 0과 1 사이에 있는 분수를 무작위로 선택한다.(PRNG로 난수를 만들면 모든 분수가 거의 동일한 확률로 생성된다.) 그리고 선택된 분수가 0.3보다 크면 픽셀값을 0으로 바꾸고, 0.3보다 작거나 같으면 1로 바꾼다. 무작위로 선택된 숫자가 0.3보다 클 확률은 70퍼센트이므로, 개개의 픽셀이 0(흰색)으로 바뀔 확률이 1(검은색)로 바뀔 확률보다 2배 이상 높다. 이렇게 되면 검은 픽셀보다 흰 픽셀이 많아서 "30%"라는 글자가 희미해지지만 형체를 알아볼 수는 있으므로, 모 아니면 도(1 아니면 0) 식의 결정론적 반올림보다 낫다. 다음으로 "70%"라는 글자에 같은 변환을 적용해보자. 이번에는 0과 1 사이의 난수를 생성하여 0.7보다 크면 픽셀값을 0으로 바꾸고, 0.7보다 작거나 같으면 1로 바꾼다. 그러면 픽셀이 검은색으로 바뀔 확률이 2배 이상 높아서 글자가 좀 더 선명하게 나타난다.

이런 식으로 그림 17의 왼쪽 세로줄에 확률적 반올림stochastic

64비트

16비트

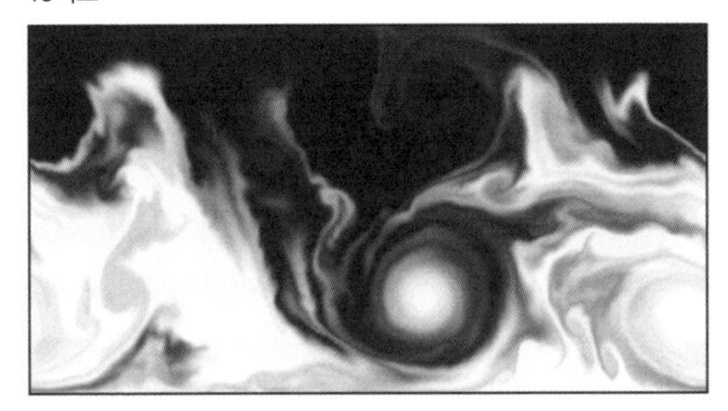

16비트+확률적 반올림

그림 18 그림 14와 동일한 그림. 유체의 각 변수를 64비트로 표현한 결과다(위). 64비트는 과학 계산의 표준이지만 에너지를 많이 소모하는 단점이 있다. 유체의 각 변수를 64비트에서 16비트로 줄여서 얻은 결과다(중간). 이 그림에 나타난 난기류 소용돌이는 상단 그림에 비해 현실감이 떨어진다. 64비트를 16비트로 잘라낼 때 확률적 반올림을 적용하면 상단의 시뮬레이션과 거의 동일하다(아래). 이처럼 잡음을 추가하면 더욱 정확한 결과를 얻을 수 있다. 〈낮은 정밀도의 기후 모델링: 결정론적 반올림과 확률론적 반올림의 효과Climate modelling in low precision: Effects of both deterministic and stochastic rounding〉를 참고했다.

rounding을 적용하면 오른쪽 세로줄과 같은 결과가 얻어진다. 보다시피 결정론적 반올림에서 사라졌던 숫자들이 기적처럼 되살아났다. 잡음이 신호를 증폭시킨 것이다!

확률적 반올림은 현대의 일기예보에서 핵심적 역할을 하고 있다.[15] 그림 18은 그림 14와 똑같은 난기류 시뮬레이션이다. 첫 번째 그림은 유체의 변수를 과학 계산의 표준인 64비트로 표현한 결과이고, 두 번째 그림은 16비트로 줄인 결과다. 과학자들이 컴퓨터 계산을 할 때 비트수를 줄이려고 애쓰는 데에는 그럴 만한 이유가 있다. 현대식 슈퍼컴퓨터가 소비하는 에너지의 대부분은 비트를 전송하는 데 사용된다.(메모리에서 프로세서로 이동하는 것도 비트 전송이다.) 정보를 64비트에서 16비트 패키지로 압축하면 데이터 이동에 소모되는 에너지의 4분의 3을 절약할 수 있다. 문제는 16비트 계산이 64비트만큼 정확하지 않다는 것이다. 그림 18의 꼭대기 그림과 중간 그림을 비교해보면, 16비트 계산에 꽤 많은 정보가 누락되었다는 걸 알 수 있다. 그러나 16비트 계산에 확률적 반올림을 적용하면 64비트 계산과 거의 동일한 결과가 얻어진다(그림 18의 마지막 그림).

미래의 전자식 컴퓨터의 하드웨어에는 확률적 반올림 기술을 적극적으로 적용해야 한다.[16] 날씨예측모형은 변수가 수십억 개나 되는데, 개개의 변수를 64비트로 표현하면 컴퓨터 안에서 수백억 개의 비트가 불필요하게 전송되어 에너지 효율이 떨어질 뿐 아니라 컴퓨터의 계산 속도도 느려진다.

잡음이 긍정적 영향을 미치는 사례는 이것만이 아니다.

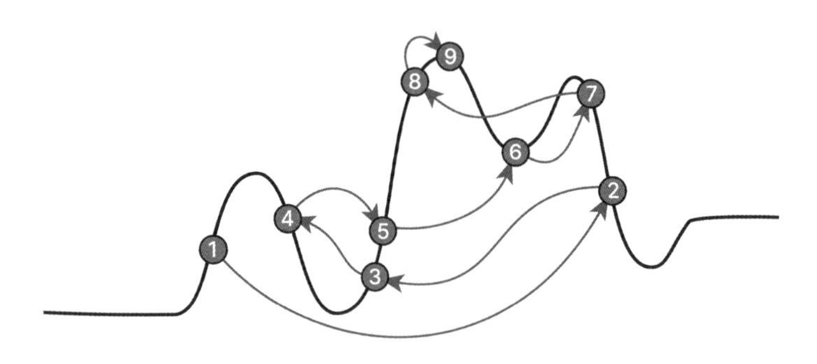

그림 19 담금질 기법은 잡음을 이용하여 복잡한 곡선의 최고점을 찾는 알고리듬이다. 위의 그림에서는 아홉 단계를 거친 후 최고점에 도달했다.

그림 19와 같이 복잡한 곡선에서 가장 높은 점을 찾는다고 가정해보자. 결정론적 알고리듬을 사용하면 곡선 위에서 임의로 한 점을 선택한 후 곡선이 올라가는 방향(왼쪽 또는 오른쪽)으로 한 단계씩 이동해야 하는데, 이런 식으로 올라가다 보면 진짜 최고점이 아닌 국소적 최고점(낮은 산봉우리)에 도달했을 때 계산이 종료된다. 왼쪽으로 가면 그래프가 감소하고 오른쪽으로 가도 감소하니 그곳이 최고점이라고 판단하게 되는 것이다.

여기에 난수를 이용한 알고리듬(담금질 기법simulated annealing이라 한다)을 사용하면 문제를 해결할 수 있다. 일단 알고리듬을 한동안 실행하여 최고점이 아닌 곡선의 한 점에 도달했다고 가정하자.

다음에 할 일은 PRNG를 이용하여 다음 단계에 도달할 후보 지점을 무작위로 생성한 후 고도를 계산하는 것이다. 후보 지점이 현재 지점보다 높으면 PRNG의 제안을 수용하여 그 지점으로 이동한다. 이와 반대로 후보 지점이 현재 지점보다 낮으면 PRNG

의 제안을 거부하고 높은 후보 지점이 생성될 때까지 기다려야 할까? 아니다. 이런 경우에도 알고리듬은 PRNG의 제안을 무조건 거부하지 않는다. 이런 식으로 하다 보면 꼭대기에 도달하지 못할 것 같지만 사실은 그렇지 않다. 알고리듬이 진행될수록 현재 지점보다 크게 낮은 지점이 선택될 확률이 점점 낮아지기 때문이다. 즉, 초기에는 알고리듬이 낮은 지점을 비교적 너그럽게 수용하지만 뒤로 갈수록 까다로워지면서 점차 꼭대기에 접근하게 된다. 이 과정이 고온으로 열처리한 금속을 식히는 과정과 비슷하기 때문에 담금질 기법이라 부르는 것이다.(뜨거운 금속은 쉽게 휘어지지만 식으면 단단해진다.)

담금질 기법 알고리듬을 도식적으로 표현하면 그림 19와 같다. 1부터 9에 이르는 각 단계는 PRNG의 제안을 따라 이동한 과정을 보여준다.(알고리듬이 거부한 단계는 그림에서 생략되었다.) 2는 1보다 높은 곳에 있으므로 아무런 문제 없이 이동하고, 3은 2보다 낮지만 아직은 알고리듬의 초기 단계이기 때문에 너그럽게 수용하여 3으로 이동한다. 앞서 말한 대로, 초기에는 더 낮은 곳으로 이동할 확률이 꽤 높다. 5는 4보다 아주 조금 낮은데, 이 정도는 허용치 안에 있기 때문에 5로 이동한다. 이런 식으로 최고점에 도달할 확률은 알고리듬이 실행되는 시간에 따라 다르지만 시간이 주어진 경우에는 결정론적 알고리듬보다 효율적인 것으로 판명되었다.

마지막 사례로 로렌즈의 혼돈모형에 (지나치게 강하지도, 약하지도 않은) 잡음이 추가된 경우를 생각해보자. 결과는 그림 20에 나

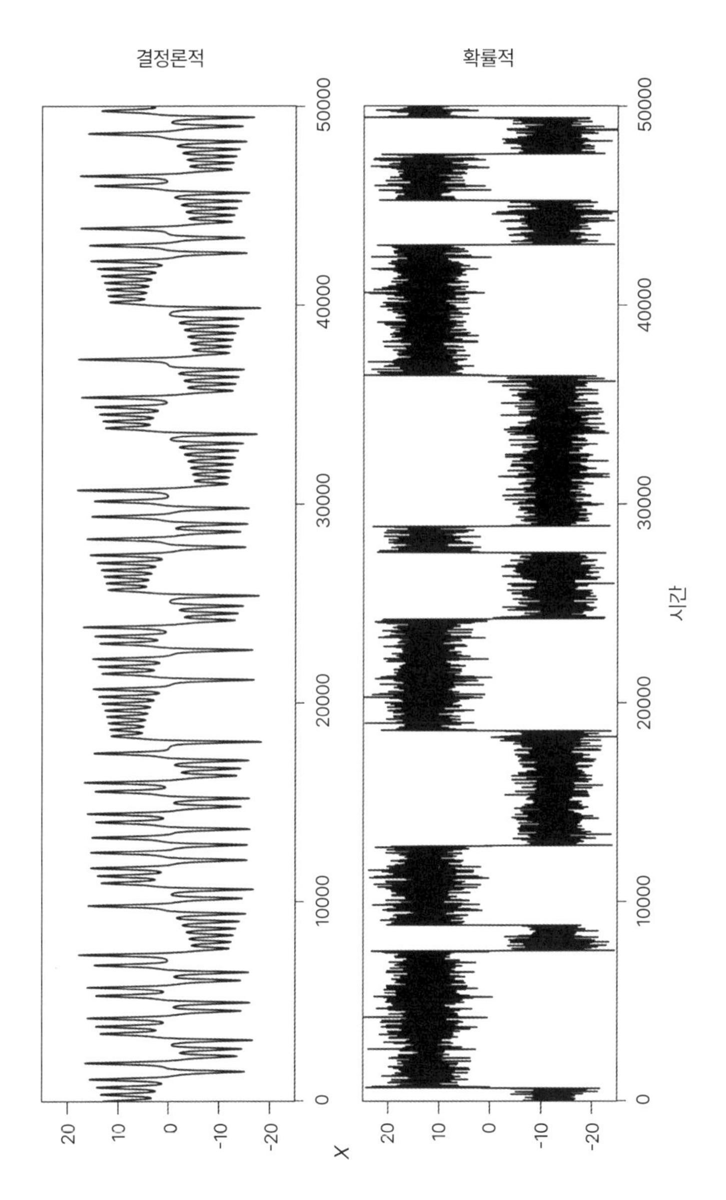

그림 20 표준 로렌즈모형에서 변수 X의 시간에 따른 변화 추이(위). 방정식에 잡음이 추가된 로렌즈모형에서 변수 X의 시간에 따른 변화 추이(아래). 잡음이 추가되면 두 날개의 '권력 분배'가 더욱 뚜렷하게 구별되고, 둘 중 하나의 날개에 더 오래 머무는 경향을 보인다.[17] 단, 이 경우에도 X가 양수에서 음수로 바뀌는 시점은 예측할 수 없다.

와 있는데, 꽤 인상적이다. 잡음을 추가했더니 로렌즈 끌개의 두 날개가 이전보다 더욱 명확해졌고, 한쪽 날개에 머무는 시간이 이전보다 길어졌다.(언제 다른 날개로 이동할지는 여전히 알 수 없다.) 이것은 비선형적 특성이 비선형계를 부분적으로나마 안정하게 만들어서 예측 가능성을 향상시킨 대표적인(그리고 매우 심오한) 사례다.

결론적으로 잡음은 성가신 제거 대상이 아닐 수도 있다. 비선형계에서 잡음은 긍정적인 기능을 발휘한다. 아마도 자연은 이 놀라운 특성을 사람이 만든 일기예보보다 훨씬 영양가 있게 활용하고 있을 것이다. 이 내용은 3부에서 자세히 다루기로 한다.

4장

양자적 불확정성: 잃어버린 진실?

나비효과는 이른바 고전물리학에 속한다. 보어와 하이젠베르크, 슈뢰딩거 등이 양자역학을 구축했던 1920년대 이전까지만 해도 물리학의 대세는 고전물리학이었다(그림 21). 그래서 아인슈타인의 상대성 이론은 20세기 초에 완성되었는데도 고전물리학에 포함되고, 로렌즈의 혼돈방정식은 뉴턴의 운동 법칙에 기초한 것이어서 역시 고전물리학에 속한다. 그렇다면 알고리듬적으로 결정 불가능한 혼돈계의 프랙털기하학도 고전물리학으로 취급해야 할까? 나는 그렇게 생각하지 않는다. 프랙털기하학은 양자역학보다 나중에 발견되었으니 양자역학보다 신식 이론이다. 그러나 프랙털이 고전 이론과 다른 이유는 단지 늦은 출생 때문만이 아니다.

양자역학의 핵심은 불확정성(또는 불확실성)이다. 이 개념은 얼마 후 하이젠베르크의 불확정성 원리로 업그레이드되었다. 불확정성 원리에 의하면 양자적 입자는 위치position와 운동량momentum

그림 21 양자역학의 핵심인 슈뢰딩거방정식은 뉴턴의 운동 법칙과 마찬가지로 (뉴턴과 라이프니츠가 창안한) 미적분학의 언어로 쓰여 있다. 그러나 뉴턴의 법칙과 달리 슈뢰딩거방정식은 기존의 관념과 완전히 다른 현실을 낳으면서 물리학자들과 철학자들 사이에 숱한 논쟁을 야기했다.

이라는 물리적 속성을 가지고 있는데, 둘 중 하나의 값을 정확하게 알면 나머지 하나에 대해 아무것도 알 수 없게 된다. 이 원리와 관련된 재미있는 농담이 하나 있다. 하이젠베르크가 자동차를 몰고 있는데 교통경찰이 다가와 차를 세우고 말을 하는 상황이다.

경찰: 여보세요, 지금 당신 자동차의 속도가 얼마인지 알기나 합니까?

하이젠베르크: 아뇨. 하지만 제 차가 서 있는 위치는 압니다.

경찰: 아, 됐고, 당신은 정확하게 시속 160킬로미터로 달렸습니다. 신분증 제시하세요.

하이젠베르크: 이런 젠장…. 그 바람에 이젠 내 위치도 모르게 됐잖아요!

이것이 바로 불확정성 원리의 핵심이다. 입자의 정확한 위치가 수학적으로 결정되면, 운동량은 수학적으로 결정할 수 없다. 대체 이게 무슨 뜻일까? 사실 여기에 담긴 진정한 의미를 이해하는 사람은 아무도 없다. 그런데도 양자역학이 탄생하자마자 불확정성 원리는 격렬한 논쟁을 촉발했고, 이 논쟁은 지금도 계속되고 있다. 불확정성의 본질은 인식론적epistemic인가, 아니면 존재론적ontological인가? 인식론적이라면 양자적 불확정성은 '물리계는 정확하게 정의되는데 그에 대한 **우리**의 지식이 불완전할 뿐'이라는 뜻이고, 존재론적이라면 '우리가 관심을 가지든 말든 불확정성은 자연에 원래부터 내재하고 있다'는 뜻이다. 대부분의 물리학자들은 양자적 불확정성이 존재론적 특성이라고 믿고 있다.(그 이유는 앞으로 논의할 것이다.) 우리가 현실이라고 부르는 세상은 무수히 많은 양자적 입자로 이루어져 있으므로, 이는 곧 (우리가 당연하게 여기는) 현실 자체가 불확실하다는 것을 의미한다.

양자적 불확정성에 대한 논쟁은 거의 100년 전에 시작되었다. 하이젠베르크가 1930년에 출간한《양자 이론의 물리학적 원리 The Physical Principles of Quantum Theory》에는 현미경으로 입자(표적입자 object-particle라 하자)의 위치를 결정하는 과정을 통해 불확정성 원리를 설명하는 부분이 있는데, 여기서 그는 현미경이 사용하는 빛의 파장이 짧을수록 표적입자의 위치를 더 정확하게 결정할 수 있다고 주장했다. 실제로 최신 현미경은 가시광선보다 파장이 10만 배 짧은 전자를 이용하여 초고해상도로 물체를 관측할 수 있다. 그러나 파장이 짧으면 광자(또는 전자)의 에너지가 커서 표적입자를 크게 교란하기 때문에 입자의 운동량을 측정하기가 어려워진다.

이 정도면 꽤 그럴듯한 설명이다. 그러나 하이젠베르크의 멘토였던 보어는 위치나 운동량 같은 변수가 본질적으로 상보적 특성 complementary(하나의 물리량을 정확하게 측정할수록 다른 물리량이 부정확해지는 특성)을 가진다고 믿었기에 하이젠베르크의 설명에 동의하지 않았다. 하이젠베르크에 의하면 입자의 운동량에 양자적 불확정성이 존재하는 이유는 표적입자를 관측할 때 빛을 쪼이거나 다른 입자를 충돌시키는 등 관측 대상을 필연적으로 교란해야 하기 때문이다. 그러나 보어는 불확정성이 관측 행위의 결과가 아니라 입자의 본질이며, 따라서 불확정성은 더욱 근본적인 단계에

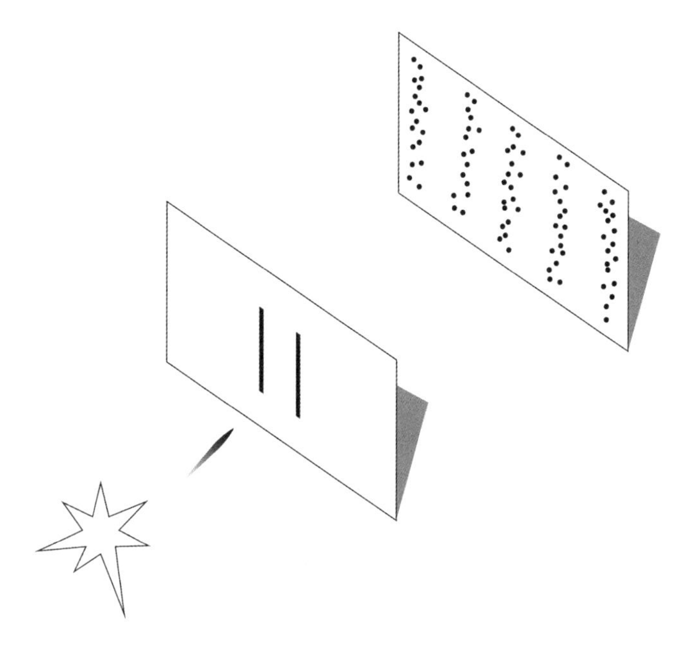

그림 22 광자가 둘 중 어느 쪽 슬릿을 통과했는지 확인하지 않으면 슬릿을 통과한 광자는 그 뒤에 설치된 사진 건판에 파동 모양의 간섭무늬를 만든다. 이것은 양자역학의 핵심 주제 중 하나인 파동-입자 이중성의 대표적 사례인데, 그 이유는 아직도 미스터리다.

존재하는 속성이라고 주장했다.

보어가 이렇게 주장하게 된 배경에는 파동-입자 이중성wave-particle duality이라는 파격적인 개념이 자리하고 있었다. 양자적 현실을 설명하려면 파동의 언어를 사용해야 할 때도 있고 입자의 언어를 사용해야 할 때도 있다. 그 대표적인 예가 그림 22에 제시된 이중슬릿 실험double-slit experiment이다. 19세기에 박학다식한 사람으로 유명세를 떨쳤던 영국의 토머스 영Thomas Young은 두 개의 슬릿(가늘고 긴 구멍)이 뚫려 있는 스크린을 이용하여 빛이 파동임을 증명했다. 슬릿을 통과한 빛은 그 너머에 있는 사진 건판에 도달할 때 간섭interference을 일으키면서 세로 방향으로 줄무늬를 만든다.(무늬가 세로 방향으로 생기는 이유는 슬릿이 그림 22와 같이 세로 방향으로 뚫려 있기 때문이다.) 보강 간섭이 일어난 곳에는 밝은 줄무늬가 생기고, 소멸 간섭이 일어난 곳에는 어두운 줄무늬가 생기는 식이다. 그 후 20세기에 이르러 이중슬릿 실험은 한순간에 광자photon 한 개가 슬릿을 통과하도록 만드는 수준으로 정밀해졌다. 이때 개개의 광자가 어느 쪽 슬릿을 통과하는지 굳이 확인하려 들지 않는다면, 광자는 보강 간섭을 일으킨 곳에 자주 도달하고 소멸 간섭을 일으킨 곳에는 뜸하게 도달하는 경향을 보인다. 그러나 광자가 어느 쪽 슬릿을 통과했는지 확인하는 도구를 설치하면 사진 건판에 간섭무늬가 사라지면서(즉 파동적 특성이 사라지면서) 고전적인 입자처럼 행동한다. 이중슬릿 실험 결과를 설명하려면 이처럼 빛의 파동적 특성과 입자적 특성을 모두 고려해야 하는데, 두 설명 중 어느 쪽도 만족스럽지 않다. 보어는 이 문제를 놓고 고민하던 끝에 파동성과 입자성이 상호보완적이라는 결론에 도달했다. 그런데 양자역학은 왜 이다지도 기이하게 돌아가는 것일까? 아무도 모른다. 지금 당장은 자연이라는 세계가 원래 기이하다고 인정하는 수밖에 없다.[1]

아인슈타인은 양자역학의 기이한 특성을 놓고 보어와 한바탕 설전을 벌였다. 갑자기 등장한 희한한 물리학에 내심 반감을 품었던 아인슈타인은 물리 법칙에 불확실성이 내포되어 있다는 양자역학의 원리가 완전히 말도 안 된다고 말하며 포문을 열었고, 1927년 벨기에의 수도 브뤼셀에서 개최된 솔베이학회에서 만난 두 사람은 배수진을 치고 진검승부를 펼쳤다. 이 자리에서 아인슈타인은 간단한 사고 실험* 두 개를 제안했다. 첫 번째는 양자역학의 확률 이론에 이의를 제기하는 실험으로 "신도 주사위 놀이를 하는가?"라는 유명한 문구를 낳았다. 두 번째는 훗날 '유령 같은 원거리 작용spooky action at a distance'으로 알려진 실험이다. 이 두 개의 사고 실험은 양자역학 지지자들 사이에서 아직도 골치 아픈 난제로 남아 있다.

광원에서 방출된 광자 한 개를 생각해보자(그림 23). 광자는 작은 구멍을 통과한 후 인광물질** 로 코팅된 반구형 스크린의 한 점에 도달한다. 이런 경우 구멍을 통과한 광자는 그림 23과 같이 '**우리는** 모르지만 광자는 알고 있는' 특정 방향으로 나아갈 것이고, 반구형 스크린상의 한 점 q에 도달하면 그 지점의 인광물질이 반짝이면서 그때 비로소 **우리도** 광자가 택한 경로를 알게 될 것이다. 아무리 생각해봐도 이런 식으로 설명하는 수밖에 없을 것 같다.

그러나 이것은 틀린 설명이다! 양자역학에 의하면 광자는 스크린에 도달하여 자신의 존재를 드러내기 전까지는 입자가 아닌 파동함수라는 수학적 양으로 존재한다.(파동함수는 그림 21에 걸린 작품처럼 프사이psi라고 하는 그리스 문자 Ψ로 표기하는 것이 관례로 굳

* 현실 세계에서는 실행이 불가능하여 생각으로만 진행하는 실험을 의미한다.

** 전자기파와 접촉했을 때 발광 현상을 보이는 물질이다.

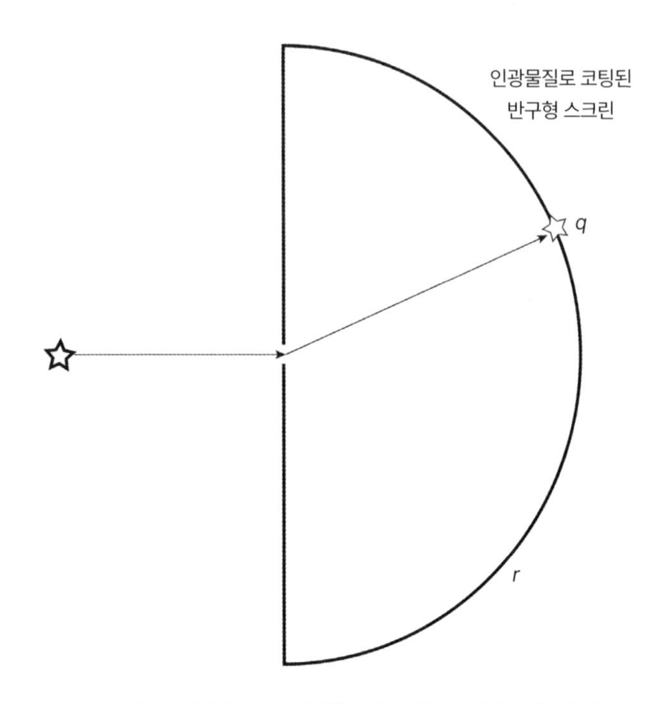

그림 23 아인슈타인이 솔베이학회에서 제기했던 사고 실험. 광원에서 방출된 광자는 구멍을 통과한 후 반구형 스크린상의 한 점 q에 도달한다. 양자역학의 해석에 따르면 광자를 서술하는 파동함수는 q에서 무작위로 붕괴되어 존재(입자성)를 드러낸다. 그러나 r 등의 다른 지점에서는 파동함수가 붕괴된 후에도 입자가 안 나타난다. 파동함수는 유령 같은 원거리 작용 없이 이런 상황을 어떻게 구현하는 것일까? 이 문제도 여전히 미스터리다.

어졌다.) 파동함수는 양자계의 파동적 특성을 수학적으로 서술한 것으로, 지금의 경우에는 구멍을 통과한 후 파원波源에서 퍼져나가는 파동처럼 모든 방향으로 퍼져나간다. 인기 있는 교양과학서에서 파동함수를 확률 파동probability wave이라고 칭하는 경우가 종종 있는데, 이것은 양자역학의 난해한 속성을 제대로 담아내지 못한 엉터리 설명이다. 양자역학의 해석에 따르면 파동함수의 확률은 '(예를 들어) 광자가 이곳에 존재할 확률은 40퍼센트, 저곳에 존재할 확률은 60퍼센트'라는 뜻이 아니다. 파동함수는 이곳과 저곳에 동시에 존재하는 광자를 서술하고 있으며, 존재의 가중치(40퍼센트와 60퍼센트)를 확률처럼 곱해놓은 것일 뿐이다.[2] 가중치가 제각각인 여러 개의 파동함수가 혼재하는 상태를 중첩superposition이라 한다. 예를 들어 이중슬릿 실험에서 광자가 둘 중 하나의 슬릿을 통과할 확률은 50퍼센트가 아니다. 파동함수의 해석을 받아들이려면 광자가 두 개의 슬릿을 동시에 통한 것으로 간주해야 하기 때문이다. 헷갈리는가? 걱정할 것 없다. 양자 클럽에 들어온 것을 환영한다. 하지만 우리의 이야기는 아직 끝나지 않았다!

광자가 q에 도달하여 인광물질이 반짝이는 순간부터, 광자는 다른 곳에 없고 오직 q에만 존재한다. 조금 전까지 중첩된 상태로 존재했던 광자가 돌연 하나의 명확한 상태로 돌변한 것이다. 양자역학에서는 이 과정을 '파동함수의 붕괴'라는 용어로 설명하는데, 붕괴되는 이유는 관측과 관련되어 있다. 즉, 광자를 관측했기 때문에 다양했던 가능성 중 하나가 선택되었다는 것이다.(여기서 '관측'이란 관측자가 양자계의 정보를 알아내는 모든 과정을 의미한다.) 파동함수가 붕괴되기 전에 광자는 파동함수로 서술되는 모든 곳에 존재하다가, 관측 행위로 인해 파동함수가 붕괴되면 갑자기 (그리고 미스터리하게도) 언제 그랬냐는 듯이 '나는 q에만 존재한다'는 신호를 보내온다. 파동의 형태로 존재했던 파동함수가 갑자기 입자로 돌변했다는 뜻이다. 양자역학의 표준 해석에 따르면 파동함수가 붕괴되면서 드러난 위치 q는 완전히 무작위로 결정된다.

이런 식의 설명을 반복적으로 듣다 보면, 물리 법칙에 무작위성이 개입되어 있음을 인정할 수도 있다. 그러나 무작위성을 받아들인다고 해도 사고 실험에서 제기된 개념적 딜레마는 여전히 풀리지 않은 채 남아 있다. 파동함수가 붕괴되어 광자의 위치를 드러낸 지점 q가 무작위로 결정된 것이라면 입자가 존재하지 않는 나머지 지점들도 무작위로 결정된다는 뜻이다. 이는 곧 반구면 위에서 진행되는 모든 과정이 서로 독립적이지 않다는 것을 의미한다. 이들이 독립적으로 진행된다면 구형 스크린의 두 지점 또는 여러 지점에서 동시에 섬광이 번쩍일 수도 있을 것이다. 하지만 이런 일은 절대로 일어나지 않기 때문에 반구형 스크린 위에서 무작위로 진행되는 과정들은 어떻게든 서로 연결되어 있어야 한다. 논리적으로는 이렇게 되어야 마땅한데, 현실 세계에서 어떤 식으로 구현되는지 상상하기가 쉽지 않다. q에서 파동함수가 붕괴되어 광자의 위치를 폭로하면 이 정보가 다른 모든 지점으로 전송되면서 "방금 광자의 위치가 q로 결정되었으니 다른 지점에서는 광자가 존재한다는 신호를 절대 보내지 말라!"와 같은 명령이라도 내린다는 말인가? 만일 그렇다면 이 신호는 얼마나 빠르게 전달되어야 하는가? 하나의 광자가 두 곳(또는 여러 곳)에 존재하는 '비현실적 현실'이 초래되지 않으려면 신호는 무한히 빨라야 한다. 즉, 신호가 즉각적으로 전달되어야 한다는 뜻이다. 그렇지 않으면 q에서 광자의 존재가 드러난 순간에 이 신호를 미처 받지 못한 다른 지점 r에서 '여기에도 광자가 있다'고 드러낼 수도 있기 때문이다. 이런 일이 절대로 일어나지 않는다고 확신하는 이유는 수많은 실험에서 하나의 광자가 두 곳에서 동시에 관측되는 경우가 단 한 번도 없었기 때문이다. 그러므로 반구형 스크린의 반지름이 수십억 광년이라도 '위치 r에 있는 파동함수는 광자가 존재한다는 티를 내면 안 된다'는 양자 정보가 q에서 즉각적으로 전달되어야 한다.

양자적 불확정성이 인식론의 문제라면(즉 불확정성이 인간에 의해 인식될 뿐 자연 자체에 존재하는 것이 아니라면) 정보의 즉각적인 전달은 개념적으로 큰 문제가 되지 않았을 것이다. 입자가 q에 있다는 것을 아는 순간 우리는 다른 곳에 입자가 없다는 것도 알게 된다. 누군가가 복권에 당첨되었음을 알자마자 그 외의 사람들은 당첨되지 않았다는 사실을 아는 것과 같은 이치다. 그러나 파동함수가 시공간의 각기 다른 점에서 양자적 현실이 변해가는 과정을 서술하는 것이라면(실제로 이것이 양자역학의 표준 해석이다) 양자 정보의 즉각적인 전달은 개념적으로 심각한 문제를 초래한다. 만일 이것이 완전히 미친 소리로 들린다면 당신은 양자 이론 반대 진영의 정식 멤버가 된 거나 다름없다. 20세기 최고의 물리학자인 아인슈타인도 바로 이 진영의 핵심 멤버였다.

뉴턴의 중력 이론(적어도 지구 근방에서는 매우 정확한 이론)도 정보의 즉각적인 전달(원거리 작용)이라는 문제점을 안고 있었다. 예를 들어 우주 먼 곳에서 중성자 별neutron star 두 개가 정면으로 충돌했을 때 중력장의 급격한 변화가 지구에 도달할 때까지 얼마나 걸릴 것인가? 뉴턴의 이론에 의하면 시간이 조금도 걸리지 않고 즉각적으로 전달된다. 사실은 뉴턴 자신도 이것이 사실이 아님을 알고 있었지만, 진정한 내막은 그로부터 240여 년이 지난 20세기 초에 아인슈타인이 등장한 후에야 비로소 밝혀졌다. 그의 일반 상대성 이론에 의하면 중력에 관한 정보는 중력파를 통해 정확하게 빛의 속도로 전달된다.[3]

아인슈타인이 중력의 원거리 작용 문제를 해결하고 혼자 뿌듯해하고 있을 때 양자역학에서 또다시 유령 같은 원거리 작용 문제가 대두되었으니… 그의 생각을 짐작하고도 남을 것이다. 당연히 그는 양자역학도 뉴턴의 중력 이론처럼 어딘가에 오류가 있다고 생각했다. 지금도 많은 물리학자가 원거리 양자 작용(요즘은 비국소성non-locality이라는 용어로 통용되고 있다)을 상호작용하는 입자들의 고유한 특성으로 믿고 있는데, 이것은 사실이 아니다.[4] 하나의 양자적 입자에서 무슨 일이 일어나고 있는지 이해할 수 있다면, 여러 입자 사이에서 일어나는 일도 이해할 수 있을 것이다.

아인슈타인은 양자역학에 대한 자신의 관점을 이렇게 피력했다.

> 양자 이론의 해석을 하나의 물리계에 대한 완벽한 서술로 간주하면 예외 없이 부자연스러운 결론에 도달하고, '물리계의 앙상블'에 대한 서술로 간주하면 이론 자체가 불필요해진다.[5]*

* 여기서 말하는 앙상블이란 실존하는 물리계의 집합이 아니라 미래에 관측될 수 있는 모든 가능한 상태의 집합을 의미한다.

파동함수는 물리계의 앙상블에 대한 서술인가? 이것은 양자계의 불확정성이 인식론적 문제인지 아니면 존재론적 문제인지를 가늠하는 중요한 질문이다. 아인슈타인은 광원에서 q로 이동하는 광자의 경로를 명쾌하게 서술하는 물리학 이론이 존재한다고 굳게 믿었다. 그의 관점에서 볼 때 파동함수는 가능성이 조금이라도 있는 가상의 세계를 한 덩어리로 모아놓고 각각의 세계에 확률을 할당해놓은 대략적인 서술에 불과했다. 여기에는 광자가 q에 도달하는 세계, r에 도달하는 세계… 모든 가능한 세계가 중첩되어 있지만 광자가 스크린에 도달하기 전까지는 수많은 가능성 중 어떤 세계가 현실로 나타날지 알 수 없다.(확률이 할당되어 있으므로 개개의 세계가 실현될 확률은 알 수 있다.) 그러나 아인슈타인이 생각하는 그림에서 광자는 자신이 구면의 어느 지점을 향해 어느 방향으로 나아가고 있는지 분명하게 알고 있다.** 아인슈타인이 생각하는 명확한 현실은 앙상블 중 하나에 해당하며, 광자는 앙상블의 어느 멤버가 현실에 해당하는지 알고 있다. 이 해석에 의하면 입자의 운동에 내재한 불확정성(불확실성)은 근본적으로 일기예보에 존재하는 불확실성과 다르지 않다. 날씨 자체(또는 기상 상태를 서술하는 일련의 방정식)는 변하고 있지만 그 변화를 정확하게 예측하기란 원리적으로 불가능하다. 아인슈타인의 앙상블 해석에 따르면 양자적 불확정성의 근원은 입자(존재론적 불확정

** 광자에게 인식 능력이 있다는 의미가 아니라, 매 순간 광자의 위치와 속도가 하나의 결정된 값으로 뚜렷하게 존재한다는 뜻이다.

성)가 아니라 우리 자신(인식론적 불확정성)이다.

그러므로 앙상블은 문제를 해결하는 수단일 뿐이며, 양자적 불확정성은 인식론적 문제다. 이제 독자들은 양자물리학이 날씨와 기후의 앙상블 예측에 관한 책에 그토록 잘 들어맞는 이유를 알 수 있을 것이다.

아인슈타인이 옳다면 양자적 불확정성은 우리 자신의 불확정성을 반영할 뿐 입자의 속성과 거동은 명확한 법칙에 따라 결정되어야 한다. 이 법칙의 정확한 형태는 우리가 볼 수 없는 곳에 숨어 있을 수도 있지만 입자에는 완전히 공개되어 있다. 이와 같은 법칙에 기초한 이론을 숨은 변수 이론hidden-variable theory이라 한다.

숨은 변수에 최초로 도전장을 내민 사람은 프랑스의 물리학자 루이 드브로이Louis de Broglie였다. 그는 1920년대에 양자 이론을 개척한 선구자 중 한 사람으로, 입자의 물질파 이론을 구축하여 1929년에 노벨물리학상을 받았다. 아인슈타인도 숨은 변수 이론을 연구했지만 자신이 구축한 상대성 이론과 양립할 수 없음을 깨닫고 더는 연연하지 않았다.(자세한 사연은 나중에 다루기로 한다.) 양자역학의 숨은 변수 모형과 관련하여 가장 널리 알려진 사람은 미국의 물리학자 데이비드 봄David Bohm이다.(그의 연구 덕분에 드브로이의 연구가 뒤늦게 세간의 관심을 끌게 되었다). 봄은 1950년대에 학계를 선도하는 이론물리학자로 이름을 날렸지만 자신이 과거에 집필했던 양자역학 교과서에 환멸을 느끼고 학계의 주류에서 스스로 빠져나왔다. 게다가 당시 미국의 상원의원이었던 조지프 매카시Joseph McCarthy의 마녀사냥식 공산주의자 색출 운동에 발목을 잡혀 영국으로 추방되었고, 동료 물리학자들은 그를 '멀쩡한 양자역학에 습관적으로 딴지를 거는 반골 아마추어'로 취급했다.

앞으로 논의하겠지만 양자역학이 숨은 변수 이론으로 설명된다고 믿는 물리학자는 거의 없다. 그래서 학계의 중론도 아인슈타인이 양자역학을 앙상블로 해석하면서 오류를 범했다는 쪽으로 굳어진 상태다. 왜 이렇게 되었을까? 그 이유를 이해하려면 양자역학을 좀 더 깊이 파고들 필요가 있다. 그래서 지금부터 독일의 물리학자 오토 슈테른Otto Stern과 발터 게를라흐Walther Gerlach가 고안한 슈테른-게를라흐 장치(이하 SG 장치)를 소개하고자 한다. 앞으로 우리는 SG 장치를 서로 다른(그러나 결국은 서로 연결되는) 두 가지 목적으로 사용하게 될 것이다.

이번에는 광자 대신 어떤 소스에서 방출되는 전자를 상상해 보자.[6] 전자는 질량과 전하 외에 스핀spin이라는 물리량을 가지고 있는데, 그 값은 실험자가 선택한 방향으로 북극(N)과 남극(S)이 정렬된 자석에 전자를 통과시켜서 관측할 수 있다. 예를 들어 자석을 그림 24와 같이 세팅했다면 자석을 통과한 전자는 위쪽 또는 아래쪽으로 편향된다. 이때 전자가 위쪽으로 편향되면 스핀업spin-up이고 아래쪽으로 편향되면 스핀다운spin-down이다. 그림 24에서 SGz는 자석이 z축 방향으로 정렬된 SG 장치이고, 그림 25의 SGx는 자석이 x축(z축과 직각을 이룸) 방향으로 정렬된 SG 장치를 의미한다. 전자의 진행 방향은 y축이라 하자.(x, y, z축의 방향은 그림 24에 명시되어 있다.)

SG 장치는 그림 25처럼 여러 개를 이어서 사용할 수도 있는데,

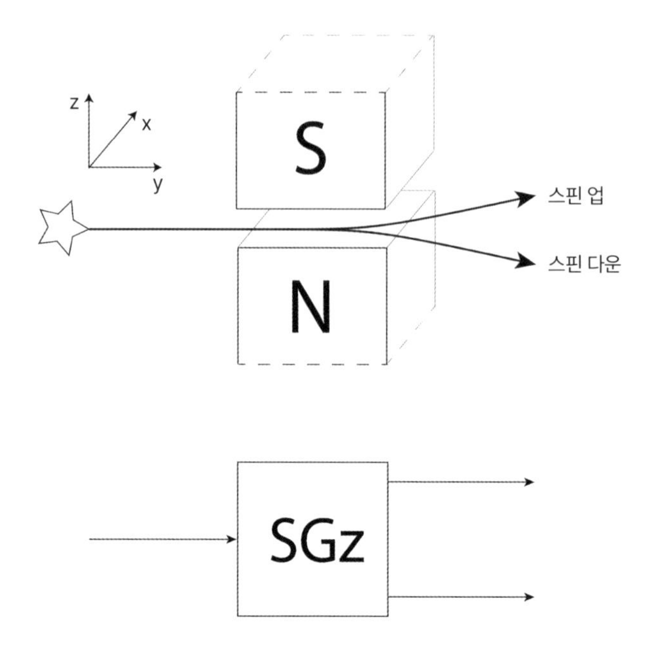

그림 24 SG 장치(위). *y*축 방향(그림에서 오른쪽)으로 진행하는 전자빔이 *z*축 방향으로 정렬된 자석(N, S극) 사이를 통과하면 스핀업과 스핀다운이라는 두 개의 빔으로 분할된다. 위와 동일한 SG 장치의 도식적 표현(아래).

이것을 순차적 SG 실험sequential SG experiment이라 한다. 먼저 그림 25a의 이중 SG 실험부터 분석해보자. 이 경우 전자빔은 SGz에 도달하여 스핀업과 스핀다운으로 갈라지고, 이들 중 스핀업에 해당하는 빔이 두 번째 장치인 SGx를 통과한다. 그러면 SGx를 통과한 전자는 스핀업과 스핀다운 중 어느 쪽으로 편향될까? 표준 양자역학에 의하면 그 여부는 완전히 무작위로 결정된다. 즉, 전자가 스핀업일 확률과 스핀다운일 확률은 똑같이 50퍼센트다.

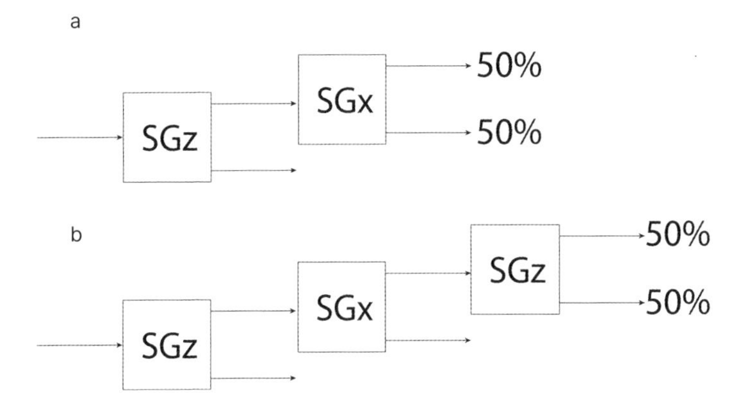

그림 25 여러 개의 입자를 대상으로 실행한 순차적 SG 실험. SGz → SGx(a), SGz → SGx → SGz(b). 마지막 장치를 통과한 입자의 스핀 상태(업, 다운)가 확률로 쓰여 있다. 그런데 b의 결과는 설명하기가 쉽지 않다. 첫 번째 SGz에서 스핀다운인 입자를 모두 걸러냈는데 어떻게 두 번째 SGz에서 스핀다운인 입자가 다시 나타날 수 있다는 말인가?

양자역학의 숨은 변수 이론을 적용하면 이 상황을 쉽게 설명할 수 있다. 이 이론에서는 전자가 각기 다른 방향으로 정렬된 자석을 통과할 때 어떤 식으로 반응할지 이미 결정되어 있다. 예를 들어 특정 입자가 SGz를 통과하면 스핀업이 되고 SGx를 통과하면 스핀다운이 된다는 식이다. 그러므로 우리는 실험을 실행하기 전에 SG 장치에 따른 입자의 스핀 상태를 표로 정리할 수 있다. 표 1은 각기 다른 12개의 전자가 SG 장치를 통과했을 때 가지게 될 스핀값을 정리한 것이다.(+기호는 스핀업이고, −기호는 스핀다운이다.) 여기서 첫 번째 가로줄은 12개의 전자가 SGz를 통과했을 때(즉 z방향 스핀을 측정했을 때) 나타나는 스핀값이고, 두 번째 가로

z	+	−	+	+	−	+	−	−	−	+	−	+
x	+	+	−	−	−	+	+	+	−	+	−	−

표 1 12개의 입자가 각기 다른 방향으로 정렬된 SG 장치를 통과할 때 나타날 수 있는 스핀값. 12개의 세로줄은 각기 다른 전자에 해당한다. 이 표는 양자역학이 결정론적 숨은 변수 이론으로 설명된다는 가정하에 작성한 것이다. 첫 번째 가로줄은 SGz를 통과한 결과고, 두 번째 가로줄은 SGx를 통과한 결과다. 보다시피 표에 나타난 값은 그림 25a와 일치한다. 특히 첫 번째 가로줄에서 +인 입자가 잠시 후 SGx를 통과했을 때, 최종 결과가 +인 경우와 −인 경우는 빈도수가 같다.*

줄은 12개의 전자가 SGx를 통과했을 때 나타나는 스핀값이다. 보다시피 표 1은 그림 25a의 결과와 일치한다.**

숨은 변수 모형을 SGz → SGx 순차 실험에 적용하면 결과를 그럴듯하게 설명할 수 있지만 장치를 세 개로 늘리면 당장 문제가 발생한다. 그림 25b와 같이 SGz → SGx 다음에 또 하나의 SGz를 추가해보자. 과연 어떤 결과가 나올 것인가? 첫 번째 SGz 장치가 'z방향 스핀이 다운인 입자'를 모두 걸러냈으므로 두 번째 SGz 장치를 통과하면 z방향으로 스핀업인 입자만 나올 것 같다. 그러나 실제로 두 번째 SGz를 통과한 입자는 스핀업과 스핀다운이 절반씩 섞여 있다. 앞에서 분명히 스핀다운인 입자를 걸러냈는데 이들이 어떻게 되살아난 것일까?

* 첫 번째 가로줄이 −인 경우도 마찬가지다.

** z방향 스핀이 +인 여섯 가지 경우 중 x방향 스핀이 +인 경우도 세 가지, −인 경우도 세 가지다. 즉, 전자가 SGz를 통과한 후 SGx를 통과하면 x방향 스핀은 완전히 무작위(확률은 50퍼센트)로 결정된다.

삼중 SG 실험을 숨은 변수로 설명하다 보면 이와 같은 문제점이 발생하지만 새로운 가정을 추가해서 어떻게든 설명할 수는 있다.[7] 그러나 SG 장치를 이용한 또 하나의 실험은 양자역학에 대한 아인슈타인의 앙상블 해석과 숨은 변수 이론에 돌이킬 수 없는 치명타를 날렸다. 이것이 바로 그 유명한 '벨의 실험'인데, 자세한 내용은 11장에서 다룰 예정이다. 어쨌거나 벨의 실험에서는 비국소성(양자신호가 빛보다 빠르게 즉각적으로 전달되는 현상)이 아인슈타인의 사고 실험(그림 23)에서보다 더욱 분명하게 드러났다. 이와 대조적으로 그림 25b는 비국소성과 무관한 것처럼 보인다. 그러나 벨의 실험과 삼중 SG 실험은 앙상블을 이용하여 **똑같은 논리**로 설명할 수 있는데 11장에서 자세히 다루기로 한다.

벨의 실험에서는 슈뢰딩거의 신조어인 얽힘entanglement이라는 현상으로 양자계의 상호작용을 설명하고 있다. 1960년대에 아일랜드 출신의 물리학자인 벨은 세른CERN(유럽입자물리연구소)[8]에서 고에너지물리학을 연구하던 중에 양자적 얽힘을 이용해서 숨은 변수 이론을 검증한다는 기발한 아이디어를 떠올렸다.[9] 그는 별로 새로울 것 없는 몇 개의 가정을 제시한 후 '원격작용이 없는 숨은 변수 이론은 양자역학에 위배되는 특정한 부등식을 만족해야 한다'는 것을 증명했다. 벨이 이 논문을 발표했던 무렵에는 문제의 부등식이 위배된다는 것을 실험으로 확인하려는 사람이 아무도 없었지만, 대다수의 물리학자들은 그 부등식이 양자역학에 위배된다면 현실 세계에서도 당연히 성립하지 않을 것이라고 믿었다.

벨이 증명했다는 부등식을 이해하기 위해 표 1과 비슷하면서

1	+	−	−	+	+	+	−	+	+	+	+	+
2	−	+	−	+	−	−	−	+	−	−	−	−
3	−	+	−	−	+	−	+	−	+	+	+	+

표 2 표 1에서 두 개였던 가로줄을 세 개로 늘려서 작성한 새로운 표.(세로줄의 개수는 얼마든지 늘릴 수 있다.) 여기서 +와 −의 분포는 본문에서 말한 벨의 부등식을 만족한다.

가로줄이 세 개인 또 하나의 표를 만들어보자(표 2). 표 1의 가로줄은 12개였지만, 원한다면 얼마든지 길게 늘일 수 있다. 새로 만든 표는 표 2와 같은데, +와 −를 채워 넣은 방식에는 특별한 규칙이 없다. 원한다면 본인만의 방식으로 표를 만들어도 된다. 지금 당장은 이 표를 물리학과 무관한 것으로 간주하자.

이제 위 칸이 +고 가운데 칸도 +인 세로줄의 개수를 *A*라 하자(1을 위, 2를 가운데, 3을 아래 칸이라 하자). 표 2에서 *A*는 2라는 것을 알 수 있다(네 번째와 여덟 번째 세로줄). 다음으로 가운데 칸이 −고 아래 칸이 +인 세로줄의 수를 *B*라 하면, *B*는 6이다. 끝으로 위 칸이 +고 아래 칸도 +인 세로줄의 수를 *C*라 하면, *C*는 5가 된다. 이 사례에서 *A*와 *B*의 합은 8이며, 이 값은 분명히 *C*보다 크다.

1964년에 벨은 이와 같은 표에서 '+와 −를 어떤 방식으로 채워 넣든 간에 *A*와 *B*의 합은 항상 *C*보다 크거나 같다'는 것을 증명했다.[10] 이것이 그 유명한 벨의 부등식Bell's inequality인데, 주석에 수학적 증명을 첨부했으니 관심 있는 독자들은 참고하기 바란다.[11]

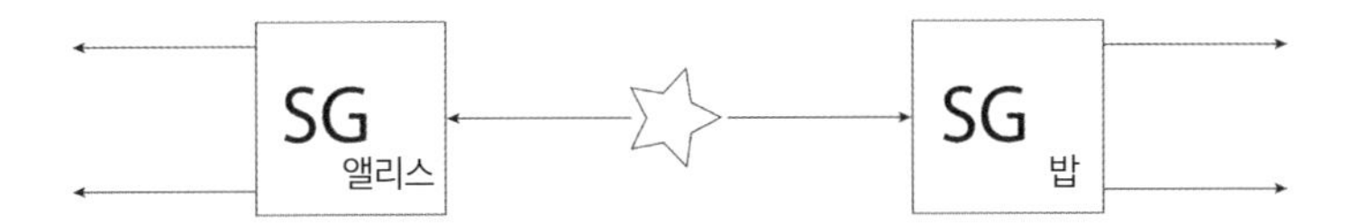

그림 26 서로 반대 방향으로 움직이는 '얽힌 입자 쌍'을 이용한 벨의 실험. 앨리스와 밥은 SG 장치를 임의의 방향으로 정렬시킬 수 있다. 그러나 두 개의 SG가 동일한 방향으로 정렬되었을 때 엘리스가 관측한 스핀이 '업'이면 밥의 스핀은 반드시 '다운'이다. 실제 실험에서는 전자 대신 광자를 사용하고, SG 장치는 광자 편광기photon polarizer로 대치된다.

벨은 그림 26처럼 입자를 방출하는 소스(별 모양으로 표시)에서 '양자적으로 얽힌 관계에 있는 한 쌍의 전자'[12]가 각기 반대 방향으로 방출된 경우에 자신의 부등식을 적용해보았다. 두 전자는 스핀을 측정하는 두 개의 SG 장치로 전송되고, 자석의 방향은 실험자가 마음대로 결정한다. 입자 방출 소스의 왼쪽 SG 장치는 앨리스가 세팅하고, 오른쪽 SG 장치는 밥이 세팅한다고 하자. 그리고 이전과 같이 스핀업은 +로, 스핀다운은 −로 표기하자. 단, 앨리스와 밥은 SG 장치의 자석을 z축이나 x축뿐 아니라 임의의 방향으로 정렬시킬 수 있다.

이제 앨리스와 밥이 SG를 똑같은 방향으로 정렬시켰을 때, 양자적으로 얽힌 입자 쌍 중 하나가 +로 판명되면 나머지 하나는 반드시 −가 된다.(반대도 마찬가지다.) 이것은 별로 놀라운 사실이 아니어서 숨은 변수 이론으로 쉽게 설명할 수 있다.[13] 양자적으로 얽힌 두 입자의 스핀을 더하면 항상 0이 되어야 하기 때문이다.

입자의 스핀이 숨은 변수에 의해 결정된다면 앨리스와 밥은 각자 나름대로 표 2와 같은 스핀 표를 만들 수 있다. 예를 들어 앨리스의 표는 12개의 입자로 만들었는데, 세로줄 번호 1, 2, 3은 앨리스의 SG 장치가 향할 수 있는 세 가지 가능한 방향을 의미한다. 한편 밥의 스핀 표는 앨리스의 입자와 얽힌 관계에 있는 12개 입자를 대상으로 세 가지 가능한 방향에 대해 작성되었는데, 모든 부호가 앨리스의 표와 정반대다. 즉, $A+B \geq C$라는 부등식은 양자역학의 숨은 변수 이론이 가지는 고유한 속성이라 할 수 있다.

여기서 벨은 다음과 같은 질문을 떠올렸다. '숨은 변수 이론이 옳다면 앨리스(또는 밥)의 표에서 반드시 $A+B \geq C$여야 하는데, 이것을 실험으로 확인할 수 있을까?' 다행히도 방법이 있다. 앞에서 정의한 대로 앨리스의 표에서 첫 번째 칸과 두 번째 칸이 모두 +인 세로줄의 수를 A라 하자. 그러면 얽힌 입자 앙상블의 스핀을 관측하여 A를 알아낼 수 있다. 이때 각 쌍에 대하여 앨리스는 1-방향으로 스핀을 측정하고, 밥은 2-방향으로 스핀을 측정한다. 밥이 관측한 스핀이 +라면, '얽힌 입자의 스핀의 합은 0이다'라는 조건을 이용하여 앨리스가 관측한 스핀은 (2-방향으로 측정했을 때) −임을 알 수 있고, 그 반대도 마찬가지다. 이제 두 사람의 관측 결과를 이용하면 얽힌 입자의 앙상블에 대한 앨리스의 표에서 A의 값을 추정할 수 있으며, 다른 앙상블에 비슷한 방법을 적용하여 B와 C도 알 수 있다.

자, 과연 어떤 결과가 나올 것인가? $A+B \geq C$를 만족하면 앙상블에 기초한 결정론적 숨은 변수 이론이 옳다는 뜻이고, 그렇지 않으면 양자역학의 승리로 끝난다. 실제 실험은 앞서 설명한 것보다 다소 복잡해서 벨의 부등식 대신 CHSH부등식[14]을 확인하는 식으로 진행됐다. 결과는 다수의 물리학자가 예상한 대로 양자역학의 승리였다. 숨은 변수 이론과 아인슈타인의 앙상블 해석이 구석으로 몰렸다. 그렇다. 벨의 부등식은 끝내 성립하지 않았다.[15]

숨은 변수 모형에 무슨 문제가 있는 것일까? 앨리스와 밥이 자신만의 표를 가지고 있다는 가정 자체에 문제가 있는 것 같다. 대체 어떤 문제일까?

한 가지 결론은 양자역학에 '확고한 현실'이라는 것 자체가 존재하지 않기 때문에 스핀 표와 같은 개념이 먹혀들지 않는다는 것이다. 대부분의 물리학자들은 이렇게 믿으면서(물리적 의미는 매우 모호하지만 그런 것에 개의치 않는 분위기다) 아인슈타인이 물리 법칙에 불확정성이 존재하는 이유를 앙상블로 설명하려 했던 것은 명백한 오류라고 단언한다.

그러나 벨의 부등식이 성립하지 않는 것과 양자역학에 무작위성이 존재하는 것은 완전히 다른 이야기다. 아인슈타인이 사고 실험에서 제기한 대로, 무작위성이 공간과 적절하게 연결되려면 모종의 '원거리 작용'이 존재한다는 것을 인정해야 한다. 벨의 부등식도 마찬가지다. 숨은 변수 이론에 스핀 관측값을 확률적 의미로 정의하는 확률적 요소가 존재한다고 가정할 수도 있다. 그러나 숨은 변수 이론에 확률을 도입해도 벨의 부등식은 성립해야 한다.(A, B, C는 표에서 정의된 통계적 양이기 때문이다.) 무작위성만으로는 실험에서 벨의 부등식이 위배되는 이유를 설명할 수 없다.

앨리스와 밥에게 별개의 표가 존재한다는 것을 부정하는 또 한 가지 방법이 있다. 현실은 확고하지만 앨리스가 관측한 전자의 스핀은 앨리스의 SG 장치의 방향뿐 아니라 밥의 SG 장치의 방향에도 영향을 받는다고 가정하는 것이다. 그렇다면 앨리스와 밥은 표 2와 같은 별개의 표를 가질 수 없다. 물리학자들은 이런 상황을 비국소성이라는 용어로 표현한다. 그러나 내가 볼 때 이것은 말도 안 되는 이야기다. 전자가 SG 장치에 도착하기 바로 직전에 밥이 장치의 방향을 설정했다면 이 결정이 어떻게든 '즉각적으로' 앨리스에게 전달되어야 하는데, 이것은 아인슈타인이 극도로 혐오했던 원거리 작용과 동일하다.

비국소성은 그 자체만으로도 매우 미묘하다. 아인슈타인의 사고 실험에서 본 것처럼 앨리스가 밥에게 고전적 정보를 즉각적으로 보낼 방법은 없다. 양자적으로 얽힌 입자의 비국소성을 이용하면, 경마장에서 밥이 우승마를 확인한 후 그 결과를 초광속으로 앨리스에게 전해서 큰돈을 벌 수 있을 것 같지만 현실은 그렇지 않다. 만일 이런 속임수가 가능하다면 숨은 변수 이론은 '원인은 결과보다 먼저 일어난다'는 상대성 이론의 인과율에 위배된다.

이런 유형의 실험에서는 신호를 빛보다 빠르게 전송하는 것이 불가능하다. 그래서 대부분의 물리학자들은 저온 실험이나 양자 컴퓨터 때문에 골머리를 앓을 수는 있어도 벨의 실험 때문에 밤잠을 설치지는 않는다.

그러나 나는 이것이야말로 밤잠을 제대로 설쳐야 할 문제라고 생각한다. 양자적 비국소성이 정보의 초광속 전송을 허용하지 않는다고 하더라도 양자 정보가 즉각적으로 전달된다는 것은 상대성 이론의 기본 원리에 어긋나기 때문이다. 물리학자들이 양자역학과 일반 상대성 이론을 하나로 묶기 위해 애쓰는 주된 이유는 양자적 비국소성을 아직도 이해하지 못했기 때문일 것이다.(3부의 첫머리글에서 인용한 펜로즈의 글이 이런 내용이다.)

벨의 부등식이 실험을 통해 부정되었으니 현실에 대한 직관적 개념을 포기해야 할까? 아니면 유령 같은 원거리 작용을 사실로 받아들여야 할까? 물리학자를 찾아가 이런 식으로 윽박지르면 아마도 대부분은 "우리가 아직 이해하지 못한 무언가가 남아 있다"고 말하며 꼬리를 내릴 것이다. 벨의 실험(그림 26)과 순차적 SG 실험(그림 25-b)은 다른 방법으로 설명할 수도 있다. 11장에서 자세히 다룰 예정인데, 전체적인 윤곽은 '괴델과 튜링이 제기했던 결정 불가능성은 미래의 양자 중력 이론에서 핵심 역할을 하게 될 것'이라는 펜로즈의 예측과 일맥상통한다. 특히 새로운 설명에는 혼돈기하학이 등장한다. 이 설명이 옳다면(실험적으로 명확한 증거가 없어서 단언하기는 어렵다) 아인슈타인의 앙상블 해석을 이용하여 양자역학의 신비를 설명할 수 있다. 그러면 신이 더는 주사위 놀이를 하지 않고, 유령 같은 원거리 작용도 없을 것이며, 양자적 불확정성은 인식론의 우리 안에 봉인될 것이다. 간단히 말해서 명확한 현실이 원래의 자리를 찾게 된다는 뜻이다. 양자역학 이전의 고전물리학으로 되돌아가자는 이야기가 아니다. 이 장의 서두에서 강조했듯이 알고리듬적으로 결정 불가능한 혼돈기하학은 고전적 개념이 아니다.

그러나 이 아이디어를 발전시키기 전에 먼저 짚고 넘어가야 할 실용적 문제가 우리를 기다리고 있다.

2부

혼돈계 예측하기

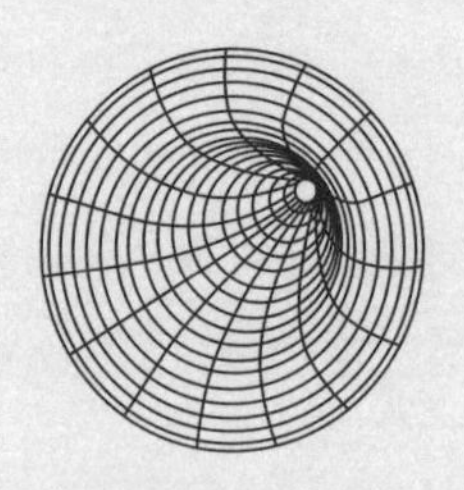

2부에서는 1부에서 논했던 아이디어를 적용하여 불확실한 계의 미래를 예측하는 실용적인 도구를 제시할 것이다. 핵심 아이디어는 불확실한 초기 조건과 방정식을 조금씩 바꿔가면서 모형을 반복적으로 실행하는 '앙상블 예측'이다. 신뢰할 만한 앙상블의 다양한 미래가 좁은 영역에 집중되어 있으면 미래를 매우 정확하게 예측할 수 있다. 그러나 앙상블이 넓게 퍼지면 확률의 언어를 도입해야 하고, 바로 이때 혼돈기하학이 모습을 드러낸다. 앙상블 예측법은 날씨와 기후(관련 기술이 많이 개발되어 있다), 질병, 경제, 갈등(관련 기술이 아직 미약하다) 등에 두루 적용된다. 우리가 다루는 계는 매우 복잡하며, 앙상블 예측에 사용될 최적의 모형은 1부에서 다뤘던 모형처럼 잡음이 많이 끼어 있다. 앞으로 우리는 '신뢰할 만하면서 잡음이 많이 끼어 있는' 앙상블의 예측값이 '더욱 정확하지만 신뢰도가 떨어지는' 결정론적 예측값보다 훨씬 가치 있다는 사실을 확인하게 될 것이다.

여기 부적을 하나 남긴다. 의심이 들거나 자아가 너무 강하다고 느껴질 때 다음의 테스트를 적용해보라. 당신이 알고 있는 가장 가난하고 나약한 사람의 얼굴을 떠올리고, 당신이 생각하는 조치가 그에게 어떤 도움이 될지 자문해보라. 그는 당신에게 무엇을 얻을 수 있는가? 그는 당신의 조치 덕분에 삶과 운명을 통제하는 능력을 회복할 수 있을 것인가?

— 마하트마 간디Mahatma Gandhi가 남긴 마지막 메모에서[1]

메이가 "내가 세상에 남긴 흔적 중 가장 중요한 것"이라고 칭했던 이 지침서에는 정부에 과학적 조언을 할 때 지켜야 할 세 가지 원칙이 명시되어 있다. 불확실성을 전적으로 인정할 것.("나는 모른다"는 대답을 주저하면 안 된다.) 가능한 한 많은 의견을 경청할 것.(과학을 비롯한 여타 집단이 주어진 증거에 완전히 동의하는 경우는 극히 드물다.) 조언의 과정과 결과에 대해 완전히 투명한 자세를 유지할 것. 간단한 원칙이지만 예나 지금이나 여전히 중요하다.

— 영국 정부 수석과학보좌관을 지냈던 혼돈 이론의 선구자,
로버트 메이에 대한 왕립학회의 회고록에서[2]

5장

몬테카를로에 닿는 두 가지 길

1~4장에서는 주변 세계의 불확실성에 대한 우리의 설명을 뒷받침하는 몇 가지 개념을 집중적으로 소개했다. 이제는 우리가 이해한 내용을 현실적인 문제(혼돈계 예측하기)에 적용할 차례다.

본론으로 들어가기 전에 한 가지 짚고 넘어갈 것이 있다. 이 책에서 다룬 일부 주제(질병, 경제, 갈등)는 나의 전문 분야가 아니다. 그러나 나는 예측과학 분야에서 그동안 쌓아온 경험과 전문 지식을 바탕으로 타 분야에 대한 견해를 자유롭게 피력했다. 물론 일부 전문가 중에는 이런 간섭을 불쾌하게 여기는 사람도 있을 것이다. 나 역시 다른 사람들로부터 기후과학에 대한 비평을 수시로 들어왔기에 그들의 입장을 충분히 이해한다. 그러나 한 가지 주제에 대하여 타 분야 전문가의 비평에 귀를 기울이면 다양하고 유연한 관점을 가질 수 있다. 그리고 과학의 역사를 돌아보면 한 분야의 아이디어를 다른 분야에 적용하여 커다란 진전을 이룬 사례가 의외로 많다. 적어도 내가 알기로는 그렇다.

* * *

과학혁명과 함께 태어난 현대과학은 비교적 짧은 시간 동안 비약적인 발전을 이룩했지만, 일기예보만은 마치 껄끄러운 흑마술을 대하듯 기피하는 분위기였다. 1886년에 출판된 토머스 하디Thomas Hardy의 소설《캐스터브리지의 시장》에는 20세기에 겪게 될 절망적 상황이 잘 묘사되어 있다. 소설의 주인공 마이클 헨처드는 건초와 곡물을 파는 상인인데, 한동안 어려운 시기를 겪다가 잃어버린 재산을 일부라도 되찾고 싶은 마음에 점쟁이를 찾아가 다가올 날씨를 물어보았다. 예언자를 자칭하는 그 점쟁이는 잠시 생각에 잠겼다가 장광설을 늘어놓는다.

> 태양과 달, 별, 바람과 구름, 나무와 풀, 촛불, 제비, 허브향, 고양이와 까마귀, 거머리, 거미, 온갖 배설물의 상태를 고려할 때… 8월의 마지막 2주 동안은 폭풍을 동반한 비가 내리겠소.

불행히도 예언자의 일기예보는 완전히 빗나갔고, 그 바람에 헨처드는 빈털터리가 된다.

하디의 책이 출판되기 불과 몇 년 전에 과학적 논리로 날씨를 예측하는 최초의 프로젝트가 발족되었다. 사실 이것은 순수한 과학적 사고思考의 발로가 아니라, 비극적인 사고事故를 겪은 후 급하게 내려진 사후 대책이었다. 1859년 10월 25일, 영국의 증기선 로열 차터호는 태평양을 건너 악명 높은 혼곶*을 통과한 후, 멜버른에서 리버풀로 가는 60일짜리 항해 일정을 거의 마무리하고 있었다. 배에는 490명의 승객이 타고 있었는데, 이 중 대다수는 호주에서 벌어들인 재산을 고국인 영국으로 가져가는 부자들이었다. 그러나 배가 앵글시**를 지나던 무렵부터 격렬한 폭풍이 몰아치기 시작했고, 선장과 선원들이 필사적으로 노력했음에도 로열 차터호는 해안 절벽에 충돌하고 말았다. 이 사고에서 살아남은 사람은 41명뿐이며 생존자 명단에 여자와 어린아이는 단 한 명도 없었다. 빅토리아시대에 전성기를 구가하던 대영제국은 비극적인 소식을 접하고 커다란 충격에 빠졌다.

정부 관리와 사고 관계자들이 하늘을 원망하고 있을 때, 로버트 피츠로이Robert Fitzroy는 유사한 사고가 재발하지 않으려면 무언가 대책을 세워야 한다고 생각했다. 해군 장교인 그는 비글호라는 배의 선장이었다. 어디선가 들어본 이름 같지 않은가? 그렇다. 진화론의 원조인 찰스 다윈Charles Darwin을 갈라파고스섬에 데려다주었던 바로 그 배다. 그 덕분에 자연선택을 기초로 한 진화론이 탄생했으니, 피츠로이는 현대생물학에도 (간접적으로나마) 적지 않은 기여를 한 셈이다.

로열 차터호 참사가 발생하기 4년 전에 피츠로이는 영국 기상청

* 칠레령 티에라델푸에고 남단의 혼섬Horn Island에 있는 곶이다.

** 영국 웨일스 서북부의 섬이다.

의 책임자로 임명되었다. 당시만 해도 날씨 분석은 기상청의 정식 업무가 아니었고, 예보forecast라는 단어는 아예 존재하지도 않았다.(이 단어는 나중에 피츠로이가 만들어낸 신조어다.) 그러나 이런 열악한 상황에서 피츠로이는 기발한 아이디어를 떠올렸다. 모든 해안관측소에서 수집한 날씨 정보를 몇 해 전에 발명된 전신telegraph 시스템을 이용하여 기상청 중앙사무실로 보내면, 전문 지식을 갖춘 자신이 정보를 분석하여 현재의 날씨 패턴을 삼차원 그림으로 재현하고, 이로부터 앞으로 다가올 날씨를 예측한다는 것이다.

1861년 2월 6일, 피츠로이는 최초의 태풍 경보를 발령했고 결과는 매우 성공적이었다. 영국의 대표 일간지인 《타임스The Times》도 관련 기사를 대서특필하며 피츠로이의 선구적인 업적을 축하해주었다. 그 후로 몇 년 동안은 모든 작업이 순조롭게 진행되어 난파선 수가 대폭 줄어들었으며, 언론과 대중도 피츠로이의 예측을 신뢰하는 분위기였다. 그러나 어느 순간부터 예측이 빗나가면서 사람들은 피츠로이가 소비하는 막대한 전신 비용을 문제 삼기 시작했다. 심지어 그의 동료들조차 피츠로이의 예측법에 과학적 근거가 부족하다며 불평을 늘어놓았다. 1865년 초부터 건강이 악화되면서 에너지와 열정을 상실한 피츠로이는 극심한 우울증에 시달리다가 1865년 4월 30일 일요일에 교회로 가기 전 갑자기 면도칼로 자신의 목을 그었다.

피츠로이의 삶은 비극적으로 막을 내렸지만, 그는 일기예보의 핵심을 꿰뚫은 최초의 과학자였다. 일기예보가 정확하려면 한 지역뿐 아니라 넓은 영역에 걸친 기상 데이터가 필요한데, 이것이 바로 모든 방정식의 출발점인 '초기 조건'이다. 그러나 피츠로이가 강조한 초기 조건은 문제 해결의 시작에 불과했다.

* * *

이와 비슷한 시기에 해안에서 멀리 떨어진 대영제국의 한 지역에서도 기상학이 커다란 도약을 준비하고 있었다.

겨울이 가고 봄이 오면 아시아 대륙, 특히 티베트고원에는 엄청난 양의 눈이 녹아내리고, 이로 인해 땅이 따뜻해지면서 지표면의 온도가 올라가기 시작한다. 남쪽의 인도양에서도 태양에너지의 변화가 감지되지만, 태양에너지가 해수면 근처의 수분을 증발시키기 때문에 육지만큼 따뜻해지지 않는다.[1] 그 결과로 인도양과 북쪽 대륙 사이에 커다란 온도 구배temperature gradient*가 발생하는데, 이 온도 구배는 일반적으로 저위도가 고위도보다 더 따뜻해지는 것과는 반대다. 이로 인해 습한 공기가 인도 대륙을 넘어 북쪽으로 흐르면서 엄청난 규모의 바닷바람이 발생하고, 이 공기가 인도의 서고츠산맥 위로 올라오면 차갑게 식으면서 습기(비)를 방출하기 시작한다. 이것이 바로 여름 몬순summer monsoon이다. 주민들을 괴롭히는 초여름의 답답한 더위를 날려주니 고마울 수밖에 없다. 이 시기에 내린 풍부한 비로 농작물이 자라고, 그 덕분에 인도 대륙의 주민들은 또 한 해를 버틸 수 있다.

* 단위 거리당 온도 차이. 온도가 같은 지점을 연결한 등온선 사이의 기울기다.

그러나 기후가 혼란스러워지면서 몬순의 강도가 해마다 변하고 있다. 심지어 어떤 해에는 몬순이 아예 오지 않아서 극심한 가뭄에 시달리기도 한다.

1870년대에도 여러 해 동안 '몬순 이변'이 닥쳤다. 게다가 대영제국의 정책이 사태를 더욱 악화시켜서 수많은 사람이 가뭄과 기근으로 죽어갔다. 영국 정부는 몬순 이변의 예측 가능성을 타진하기 위해 기상전문가를 소집했고, 인도 기상청의 초대 청장인 헨리 블랜포드Henry Blanford의 지휘하에 1882년부터 몬순을 예측하기 시작했다. 이것은 며칠 앞을 내다보는 단기예보와 달리 3개월간(6~9월)의 여름 강수량을 예측하는 작업이어서 몬순이 다가오기 전에 결론이 나와야 했다.

블랜포드는 몬순 예보의 정확도를 좌우하는 요인이 지난겨울 티베트고원에 내린 적설량이라고 확신했다. 겨울 적설량이 적을수록 봄에 녹는 눈의 양이 적어져서 태양이 고원을 더 따뜻하게 데우고, 이로 인해 대륙과 바다 사이의 온도 차가 커져서 아시아의 여름 몬순이 더욱 뚜렷하게 나타난다.

블랜포드는 적설량 측정 대상을 북쪽의 티베트고원이 아닌 히말라야산맥으로 정했고, 그의 예측은 초기 피츠로이의 예보 못지않게 커다란 성공을 거두었다. 그러나 몇 년 후부터 예측이 빗나가기 시작하자 무언가 다른 요인이 있음을 인정할 수밖에 없었다.

1904년에 길버트 워커Gilbert Walker가 인도 기상청의 세 번째 청장으로 부임하면서 일기예보는 커다란 전환점을 맞이하게 된다.

워커는 전 세계 기상관측소에서 수집한 대기압과 몬순 강도 데이터를 결합하여 장기예보의 정확도를 높였으며, 이 과정에서 인도 몬순의 강도가 타히티와 다윈* 등지의 몇 달 전 기압 차에 따라 민감하게 달라진다는 사실을 깨달았다.

기압계는 그 위를 내리누르는 공기 기둥의 질량을 측정하는 장치다. 그런데 공기의 질량이 위치에 따라 주기적으로 달라진다는 것은 대기가 커다란 규모로 순환한다는 것을 의미한다. 워커는 인도 몬순의 강도가 열대 태평양과 인도양의 대기순환과 밀접하게 연관되어 있음을 간파하고, 순환 관련 데이터를 예보에 적극적으로 활용했다. 훗날 이 대기순환은 워커 순환Walker circulation으로 불리게 된다.

워커는 타히티와 다윈 사이의 기압 차이가 변하는 현상을 남방진동Southern Oscillation으로 명명했고, 북대서양 관측소에서 발견된 또 다른 기압 진동은 북대서양진동North Atlantic Oscillation이라 불렀다. 그런데 이런 진동은 왜 생기는 것일까? 천하의 워커에게도 그 이유는 오리무중이었다.

피츠로이에서 워커에 이르기까지 빅토리아시대의 기상학자들은 일기예보의 정확도를 높이려면 기상 관측이 필수라는 사실을 확실히 깨달았으나, 관측만으로 모든 문제를 해결할 수는 없었다.

* 호주 노던 준주Northern Territory의 주도다.

* * *

20세기로 접어들 무렵에 푸앵카레의 제자였던 미국인 기상학자 클리블랜드 애비Cleveland Abbe와 노르웨이의 빌헬름 비에르크네스Vilhelm Bjerknes는 각자 독립적으로 연구를 수행한 후, 관측 데이터에 물리 법칙을 적용하면 더욱 정확한 예측을 할 수 있다는 동일한 결론에 도달했다. 특히 이들은 (이 책의 3장에서 언급했던) 나비에-스토크스방정식의 중요성을 강조하면서, 일기예보를 일종의 '초기값 문제'로 간주해야 한다고 주장했다. 초기값 문제란 방정식을 풀어서 일반해를 구한 후 주어진 초기 조건을 대입하여 단 하나의 해를 결정하는 수학적 풀이법의 통칭이다.

초기값 문제를 이용하여 최초로 날씨를 예측한 사람은 영국의 물리학자 리처드슨이었다.[2] 1881년에 독실한 퀘이커* 교도 집안에서 태어난 그는 전쟁을 혐오하는 평화주의자로서, 1903년에 케임브리지대학교를 졸업한 후 제1차 세계대전이 발발하기 직전까지 영국 기상청을 비롯한 몇몇 연구소에서 경력을 쌓았다. 그러나 제1차 세계대전이 발발하자 그는 기상청에 사표를 던지고 친구들의 구급대Friends' Ambulance Unit**에 자원하여 최전선으로 파견되었다. 여기까지만 해도 놀라운데, 리처드슨은 그 정신없는 와중에도 가끔 찾아오는 휴일마다 부지런히 계산을 수행하여 새로운 일기

* 개신교의 경건주의에서 파생된 기독교의 한 종파다.

** 제1차 세계대전 중 퀘이커 교도들이 결성한 민간 구급차 봉사단이다.

예보의 기초를 닦았다.

사실 리처드슨이 한 일은 일기예보가 아니었다. 당시만 해도 몇 시간 후의 날씨를 계산하는 데 수개월이 소요되었기 때문이다. 그러나 그가 개발한 나비에-스토크스방정식 풀이법은 거의 100년이 지난 지금도 사용될 정도로 탁월했다. 독자들은 3장에서 이 방법을 이미 접한 적이 있다. 대기를 여러 개의 격자로 분할하고 개개의 격자 내부에서는 대기가 변하지 않는다고 가정한 풀이법이 바로 그것이다. 리처드슨은 몇 주일에 걸쳐 지루한 계산을 수행한 끝에 드디어 격자 하나에 대한 6시간 후의 날씨를 예측할 수 있었다. 그러나 안타깝게도 그가 얻은 결과는 빗나간 정도가 아니라 거의 재앙 수준이었다. 그의 계산에 의하면 대기압이 6시간 사이에 963밀리바(압력의 단위, 1기압은 1013.25밀리바)에서 1108밀리바로 상승해야 하는데, 이 값이 지상에서 관측된 역대 최대 기압(1084밀리바)보다 높았던 것이다!

예측은 턱도 없이 빗나갔지만 사실 리처드슨의 오류는 예측 방식이 아니라 매우 미묘한 원인 때문에 생긴 것이다. 초기 조건(현재의 대기 상태)이 조금만 달라도 완전히 다른 해가 얻어지는데, 당시에는 관측 장비도 부실했고 데이터를 빠르게 업데이트할 수도 없었다. 최근 들어 아일랜드의 기상학자 피터 린치Peter Lynch는 입수 가능한 관측 데이터를 총동원하여 격자모형의 초기 조건을 지정하는 알고리듬을 개발했는데, 이것을 리처드슨의 예보 시스템에 적용했더니 놀랍도록 정확한 결과가 얻어졌다.[3]

리처드슨식 예보의 또 한 가지 문제는 날씨가 변하는 속도보다 계산 속도가 훨씬 느리다는 점이었다. 그러면 허구한 날 뒷북만 치게 될 테니 예보라는 단어 자체가 무색해진다. 리처드슨은 거대한 원형 극장의 객석에 계산원(인간 컴퓨터)들을 가득 앉혀놓고 중앙에 있는 높은 강단에서 관리자가 모든 계산을 진두지휘하는 초대형 기상예보 시스템을 상상했다. 컴퓨터가 없던 시절이었기에 이런 무지막지한 시스템 외에는 뒷북을 면할 방법이 떠오르지 않았을 것이다. 그러나 원형극장에 모인 '인간 계산기'를 회로소자로 바꾸면 리처드슨의 아이디어는 현대의 슈퍼컴퓨터와 놀라울 정도로 비슷하다.

리처드슨의 꿈은 제2차 세계대전이 끝난 후 최초의 전자식 디지털컴퓨터가 등장하면서 비로소 실현되었다. 그 후 프린스턴대학교의 천재 수학자이자 물리학자인 존 폰 노이만John von Neumann은 기상학자 줄 차니Jule Charney를 필두로 한 연구팀을 조직하여 본격적인 일기예보 시스템 개발에 착수했다. 이런 모형은 나비에-스토크스방정식과 같은 물리 법칙을 기반으로 한다. 이들을 피츠로이, 블랜포드, 워커가 제안했던 이전의 모형(경험과 통계에 기초한 모형, 데이터기반모형이라고도 한다)과 구별하기 위해 물리기반모형이라 부르기로 한다.

차니의 연구팀은 물리기반모형을 실행하기 위해 '프로그래밍 가능한 전자식 디지털컴퓨터'를 사용했는데, 이것이 바로 최초의 컴퓨터로 알려진 에니악electronic numerical integrator and computer, ENIAC이었다.

사실 에니악의 주 용도는 일기예보가 아니었다. 처음에는 포탄의 궤적을 계산하여 사표firing table[*]를 작성하는 데 사용되다가 얼마 후 수소폭탄 개발에 투입되었으며,[4] 에니악을 주로 사용한 사람은 노이만과 그의 동료인 스타니스와프 울람Stanisław Ulam이었다.

수소폭탄 관련 계산은 결코 쉬운 작업이 아니다. 그 안에는 고전물리학으로 설명되는 고전적 장치와 양자역학으로 설명되는 양자적 장치가 마구 섞여 있기 때문이다. 최종적으로 발휘되는 폭발력은 수소 원자가 핵융합을 일으킬 때 발생하는 에너지로부터 나온다. 4장에서 말했듯이 양자역학은 적절한 환경에서 확률로 해석 가능한 추상적인 양을 다루는 이론이다.

울람은 변수의 일부가 확률적이고 일부는 결정론적인 복합 문제를 푸는 것이 얼마나 어려운지 누구보다 잘 알고 있었다. 이 무렵에 그는 바이러스성 뇌염에 걸려 병원에 입원한 적이 있는데, 몸이 어느 정도 회복된 후에는 병원 침대에 앉아 온종일 솔리테어[**]를 하면서 시간을 보냈다. 이 게임을 해본 사람은 알겠지만 카드를 무작위로 배열하면 이기는 경우보다 지는 경우가 많다.[***] 연속되는 패배에 승부 근성이 발동한 울람은 문득 다음과 같은 질문을 떠올렸다. '솔리테어에서 이길 확률은 얼마나 될까?' 이것은 수소폭탄 못지않게 어려운 수학 문제지만(경우의 수가 끔찍하게 많다!) 의외로 간단한 풀이법이 있다. 그냥 게임을 여러 번 실행한 후, 이

[*] 다양한 발사 각도와 지형 조건에 따른 포탄의 궤적과 사거리를 정리한 차트다.

[**] 혼자 하는 카드 게임이다.

[***] 인터넷에 나도는 솔리테어는 난이도 조절이 가능한데, 이런 것은 진정한 무작위 게임이 아니다.

긴 횟수를 전체 횟수로 나누면 된다. 이것이 바로 게임에서 이길 확률이다.

이 사실을 깨닫는 순간, 울람은 유레카를 외쳤다. 그렇다. 자고로 확률이란 '특정 사건이 일어난 경우의 수와 일어날 수 있는 모든 가능한 경우의 수의 비율'이 아니던가. 그러므로 중성자neutron가 확산되는 과정을 굳이 확률적으로 다룰 필요 없이 PRNG를 이용하여 중성자의 가능한 경로로 이루어진 앙상블을 만든 후, 각각의 결정론적 경로를 에니악으로 계산하여 이들의 평균을 취하면 된다. 이렇게 하면 확률을 직접 다루는 것보다 계산이 훨씬 간단하다. 기본 아이디어는 중노동을 컴퓨터에게 떠넘긴다는 것인데, 다행히도 에니악은 중성자 확산과 관련된 계산을 아무리 여러 번 반복 실행해도 불평을 늘어놓지 않았다.

새로운 계산법에 부여된 암호명은 '몬테카를로'였다. 울람의 삼촌이 모나코 카지노의 단골 손님이었고, 노이만이 그의 두 번째이자 마지막 아내를 만난 곳도 몬테카를로였기 때문이다.

몬테카를로 계산법의 간단한 예로, $\pi/4$를 계산해보자. 단, 계산기를 사용하는 것은 반칙이다. 지름이 D인 원의 면적은 $(\pi/4)/D^2$이므로, 제일 먼저 할 일은 지름이 D인 원에 외접하는 정사각형을 그리는 것이다.(그림 27이고 이 정사각형의 면적은 D^2이다.) 준비되었는가? 이제 종이 위에 작은 씨앗을 무작위로 뿌린다. 이것이 바로 위에서 말한 '반복 작업'이며, 씨앗은 많을수록 좋다. 파종이 완료되면 사각형 내부로 떨어진 씨앗의 수 N_1과 원의 내부로 떨어진 씨앗의 수 N_2를 헤아린다. 종이 위에 씨앗이 무작위로

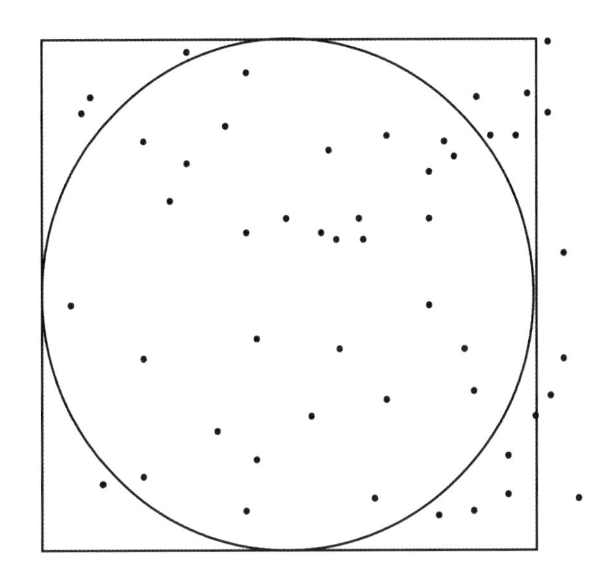

그림 27 $\pi/4$를 계산하기 위한 몬테카를로 시뮬레이션. 정사각형과 그 안에 내접하는 원을 그린 후 종이 위에 작은 씨앗을 무작위로 뿌린다. 파종이 끝난 후 '원의 내부에 떨어진 씨앗의 수'와 '정사각형 내부에 떨어진 씨앗의 수'의 비율을 계산하면 $\pi/4$의 대략적인 값을 알 수 있다. 계산 결과는 씨앗을 많이 뿌릴수록 정확해진다.

분포되었다면, 씨앗의 수가 많을수록 N_2 / N_1의 값은 $\pi/4$에 점점 가까워진다.

울람이 유레카를 외쳤던 상황은 위대한 발견을 이룩했던 다른 과학자들의 상황과 비슷하다. 이들의 공통점은 잠시 일에서 벗어나 휴식을 취하고 있었다는 점이다. 게다가 울람은 일과 아무 상관없는 솔리테어를 하고 있었다. 유레카를 외치는 순간은 왜 하필 휴식할 때 찾아오는 것일까? 이 점에 관해서는 나중에 따로 생각해보기로 하자.

울람과 노이만이 개발한 방법은 제2차 세계대전이 끝난 후 수소폭탄 개발에 참여한 미국의 물리학자 세실 엘던 리스Cecil Eldon Leith* 에게도 알려졌을 것이다. 그러나 리스는 1950년대에 연구 방향을 바꿔서 새롭게 떠오르는 날씨 모델링 분야로 옮겨갔고, 1974년에 몬테카를로 계산법을 일기예보에 적용할 것을 권하는 논문을 발표했다. 기본적인 아이디어는 조금씩 다른 다양한 초기 조건에 대하여 일기예보 시뮬레이션을 여러 번 실행한다는 것이다. 초기 조건의 정확도가 떨어진다 해도 비슷한 초기 조건으로 여러 번 실행하여 결과에 평균을 취하면 사실에 가까운 답을 얻을 수 있다. 폭탄 제조법을 가공하여 일기예보에 사용했으니 세계 평화에도 어느 정도 기여한 셈이다.

한 무리의 연구팀이 압력이 낮으면서 예측하기 어려운 물리계를 대상으로 몬테카를로 시뮬레이션을 실행한다고 가정해보자. 연구원 중 한 사람은 압력이 낮아진다는 결과를 얻었고, 다른 연구원은 높아진다고 예측했다. 이런 경우 두 사람의 예측값에 평균을 취하면 +와 −가 상쇄되어 압력은 변하지 않는다는 결과가 얻어진다. 즉, 다양한 결과에 평균을 취하면 예측하기 어려운 값은 서로 상쇄되어 사라지고 모든 연구원이 공통적으로 얻은 값(예측 가능한 값)만 살아남는 것이다. 리스는 몬테카를로 계산법으로 최대한의 이익을 얻으려면 약 10회의 시뮬레이션에 평균을 취해야 한다고 주장했다.

* 척 리스Chuck Leith라고도 부른다.

사실 여러 개의 불확실한 예측에 평균을 취하여 정확도를 높인다는 아이디어는 과거에도 있었다. 1906년에 영국의 통계학자 프랜시스 골턴Francis Galton이 발견한 군중의 지혜wisdom of crowd가 그 대표적 사례다. 어느 시골 마을의 박람회장에서 소의 무게를 알아맞히는 대회가 열렸는데, 800명이 참가자가 마구잡이로 추측한 800개 값의 평균을 내보니 실제 무게와 1퍼센트 이내로 일치했다. 또 1980년에 미국의 경제학자 잭 트레이너Jack Treynor가 55명의 학생에게 유리병 안에 들어 있는 젤리빈의 수를 맞춰보라고 했더니(정확한 수는 850개였다), 평균 추측값인 871(오차는 2퍼센트)보다 정확한 답을 적어낸 학생이 단 한 명밖에 없었다.

노이만과 울람이 프린스턴대학교의 차니 연구팀과 좀 더 많은 대화를 나눴다면 몬테카를로 계산법을 이용한 일기예보는 에니악에서 시작되었을지도 모른다. 그러나 당시 몬테카를로 계산법은 정부 기밀로 취급되었기에, 타 분야에 응용되려면 40년을 더 기다려야 했다.

초창기의 일기예보는 결정론에 기초한 단 하나의 모형으로 내일의 날씨를 예측하는 식이었기에, 기상통보관이 경험에 기초한 예측법을 완전히 포기하고 확률모형을 수용하기까지 거의 수십 년의 세월이 걸렸다.

물리기반모형이 컴퓨터의 도움을 받아 점점 더 정확해지자, 기상학자들은 며칠 후의 날씨까지 예측할 수 있을지 궁금해졌다. 1장에서 말한 대로 로렌즈의 1963년 논문에 의하면 예측 가능한 미래에는 분명한 한계가 있다. 그러나 1960년대 말에 이에 관한 연구가 활발히 진행되면서 일상적인 날씨 변화는 2주 후까지 예측 가능하다는 통념이 자리 잡게 된다.(3장의 분석과 일치한다!) 2주는 결정론적 예측의 한계로 알려져 있다.

1975년에 유럽 국가들은 전문 인력과 컴퓨터 자원을 하나로 모아 유럽중기예보센터ECMWF를 설립했다. 잉글랜드 남부 레딩에 자리 잡은 이 센터의 주목적은 결정론적 예측의 한계인 2주 후까지 날씨의 변화 추이를 가능한 한 상세하게 예측할 수 있는 기상예보 시스템을 구축하는 것이었다.

특정 지역(주로 미국)의 내일 날씨를 예측하는 데 집중했던 에니악 초기에는 열대지방이나 남반구의 날씨를 모델링할 필요가 없었기 때문에 물리기반모형에 명확한 경계선이 존재했다. 그러나 2주 후의 날씨를 예측할 때는 멀리 떨어진 곳(물리기반모형의 경계선을 벗어난 곳)의 대기가 이곳의 날씨에 영향을 미칠 수도 있다. 그러므로 2주짜리 일기예보를 실현하려면 넓은 영역을 포함하는 물리기반모형을 개발해야 한다.

유럽 국가들은 유럽중기예보센터를 설립할 때 한 국가가 독자적으로 개발한 글로벌모형은 별 도움이 안 된다는 사실을 확실하게 깨달았다. 그래서 모든 유럽인에게 도움이 되는 단일 글로벌 예측 시스템을 개발하는 데 총력을 기울였다. 유럽중기예보센터는 예보를 시작한 첫날부터 중거리 기상 예측 분야의 최고 기관으로 자리 잡았으며, 전 세계의 모든 사람, 특히 극단적인 날씨로 고통받는 사람들에게 최적의 날씨 정보를 제공하고 있다.

* * *

1960년대에 비에르크네스의 아들 제이콥Jacob Bjerknes은 남방진동지수Southern Oscillation index(타히티와 호주의 다윈 사이 기압 차)를 알면 인도 몬순의 강도를 예측할 수 있다는 워커의 연구 결과를 집중적으로 파고들었다. 1940년에 미국으로 이주하여 캘리포니아 대학교 로스앤젤레스UCLA에 기상학과를 설립할 정도로 날씨 연구에 적극적이었던 그는 워커의 남방진동을 연구하던 중 백만 불짜리 질문을 떠올렸다. '남방진동이 해마다 달라지는 이유는 무엇인가?' 그리고 얼마 지나지 않아 이 질문의 답이 페루 어부들 사이에 익히 알려진 특이한 해양 현상에 들어 있다는 사실을 알게 되었다.

정상적인 환경에서 적도 부근 태평양의 수온은 동쪽보다 서쪽이 높다. 태평양을 가로질러 동에서 서로 부는 무역풍 때문이다.* 남미 대륙의 해안 근처에서 바람이 불면 해저 깊은 곳의 차가운 물이 위로 상승하는데, 이 지역의 어부들 사이에는 이런 현상은 몇 년간 반복되다가 갑자기 돌변한다는 것이 상식처럼 통하고 있었다. 기후의 혼돈적 특성이 드러난 전형적 사례다. 규칙적으로 반복되던 변화에 혼돈이 발생하면 동태평양의 무역풍과 차가운 바닷물의 용승 현상upwelling** 이 미약해지면서 바닷물의 온도

* 무역풍이 부는 근본적 이유는 지구가 서쪽에서 동쪽으로 자전하기 때문이다.
** 해수면 아래의 차가운 바닷물이 위로 떠오르는 현상이다.

가 높아진다. 이것은 어부들에게 별로 좋은 소식이 아니다. 표면으로 떠오른 심해수에는 퇴적 유기물이 분해되면서 생긴 질산염과 인산염 등이 섞여 있어서 물고기들에게 영양분을 공급하는데, 이 현상이 약해지면 물고기들이 더 좋은 먹이를 찾아 다른 지역으로 이동하기 때문이다. 어획량이 눈에 띄게 줄어드는 현상은 크리스마스 무렵에 시작되는 경향이 있어서 어부들 사이에 엘니뇨El Niño('아기 예수'라는 뜻의 스페인어)로 알려져 있다.[5]

비에르크네스는 적도 부근 동태평양의 온도 교란이 워커의 남방진동과 밀접하게 관련되어 있음을 깨닫고, 엘니뇨와 남방진동을 하나의 논리로 설명하기 위해 '열대 태평양과 대기 사이에는 피드백*을 포함한 일련의 역학적 과정이 일어나고 있다'고 가정했다. 그의 선구적인 연구 덕분에 현대기상학에서는 대기와 바다를 묶어서 단일 역학계로 취급할 수 있게 되었으며, 엘니뇨와 남방진동을 하나로 묶은 ENSO(엘리뇨El Niño와 남방진동Southern Oscillation)라는 용어가 일상화되었다.

1970년대의 기상학자들은 ENSO 현상이 인도 몬순에 영향을 미칠 뿐 아니라 대기 원격 연결atmospheric teleconnection이라는 현상을 통해 전 세계로 퍼져나갈 수 있음을 알게 되었다.[6] 엘니뇨가 워커의 북대서양진동에 영향을 미쳐서 유럽의 날씨를 좌우하는 것도 대기 원격 연결 때문이다.[7]

이런 식으로 대기와 그 밑에 있는 바다(또는 육지) 사이의 상호

* 출력의 일부가 입력으로 전환되어 결과를 증폭시키는 현상이다.

작용을 고려하면 결정론적 일기예보의 한계인 2주보다 훨씬 먼 미래의 대기 상태를 예측할 수 있다.

그런데 장기예보가 가능하다는 주장은 3장에서 말한 나비효과와 상충되지 않을까? 그렇지 않다. ENSO는 한 계절 날씨의 통계적 특성만 예측할 뿐이다. 예를 들어 ENSO로부터 한 계절 동안 발생할 대서양 허리케인의 횟수를 비롯하여 대략적인 규모와 경로를 예측할 수는 있지만, 특정한 허리케인의 며칠 후 위력과 경로까지 예측할 수는 없다.

1970년대 말에 기상학은 물리기반모형과 통계-경험모형이라는 두 분야로 나뉘어 있었다. 한 무리의 기상학자는 물리기반모형을 사용하여 2주 후의 날씨를 결정론적 방법으로 예측하고, 다른 기상학자는 간단한 통계와 경험에 기초한 통계-경험모형을 사용하여 월 단위 또는 계절 단위로 장기예보를 하는 식이다. 물리기반모형은 비교적 정확하고 결정론적인 반면("내일 날씨는 맑겠습니다" "모레까지는 허리케인이 상륙하지 않겠습니다" 등), 통계-경험모형은 확률에 기초한 예측법이어서 태생적으로 불확실했다.

두 진영의 학자들은 접근법이 확연하게 달랐기 때문에 의견을 교환할 기회도 거의 없었다.

* * *

나는 일반 상대성 이론으로 박사학위를 받은 후 1970년대에 영국 기상청에 취직하여 몇 년 동안 성층권(대개의 상층부)에 적용되는 비선형역학을 연구하다가[8] 1982년에 장기예보를 담당하는 팀으로 자리를 옮겼다. 당시 나는 일기예보에 별 관심이 없었지만 과학 분야 공무원에게는 흔히 있는 일이다.(연구 과제를 본인이 선택하는 게 아니라, 주어진 일을 묵묵히 수행하는 수밖에 없었다.) 하지만 다시 돌이켜볼 때, 그것은 내 인생에서 일어난 가장 멋진 변화였다.

그 무렵 미국항공우주국NASA의 인도계 미국인 기상학자 자가디시 슈클라Jagadish Shukla와 프린스턴대학교의 일본계 미국인 기상학자 미야코다 기쿠로都田菊郎는 물리 기반의 대기모형에 기초하여 세계 최초로 월간예보를 시도하고 있었다. 슈클라의 연구 결과에 의하면 해수면의 온도 변화는 대기모형에 '하위 경계 조건'을 부여하고, 이 값은 모형 안에서 한 달 규모로 예측 가능한 대기순환을 만들어낸다.[9] 슈클라의 논문을 읽는 순간, 나는 통계-경험모형뿐 아니라 물리기반모형도 장기예보에 활용할 수 있다는 걸 깨달았다. 그 후 나는 연구 동료 폴란드, 파커와 함께 영국의 월평균 날씨를 예측하는 통계-경험모형을 만들어서 다양한 형태의 평균 대기순환 패턴을 예측하는 데 성공했고, 이 모형은 수도와 전기, 가스 등을 취급하는 공공기업에 판매되었다.

우리 연구팀은 좋은 평판을 듣고 기뻐하면서도 내심 궁금증을 떨칠 수 없었다. 물리기반모형을 이용하여 통계-경험모형의 예측 능력을 향상시킬 수 있을까? 가능할지도 모른다. 그러나 통계-경험모형과 물리기반모형을 하나로 합치려면 물리기반모형에 어떻게든 확률적 속성을 부여해야 한다.

결정론에 기초한 모형에 확률적 개념을 어떻게 주입할 수 있을까? 방법이 있긴 있다. 몇 해 전에 리스가 개발한 몬테카를로 계산법을 도입하면 된다. 단, 리스처럼 예측값의 평균을 취하는 대신에 앙상블 멤버로부터 다양한 날씨 패턴이 나타날 확률을 예측해야 한다. 1985년에 머피와 나는 세계 최초로 물리기반모형에 기초한 앙상블 예보 시스템을 구축하는 데 성공했다.(지금의 기준에서 보면 매우 초보적이고 미숙한 시스템이었다.)[10]

연구가 마무리되자 내 머릿속에 한 가지 의문이 떠올랐다. '앙상블 예측을 1개월 단위로 두루뭉술하게 실행할 이유가 어디 있는가? 결정론적 예측의 한계인 2주 이내의 날씨를 앙상블 예측으로 알아낼 수도 있지 않을까?' 나는 이 가능성을 타진하기 위해 1986년에 유럽중기예보센터로 자리를 옮겼다. 유럽중기예보센터가 추구하는 사업이 바로 2주 이내의 단기예보였기 때문이다. 머피와 함께 개발한 앙상블 시스템을 적용하면 가능할 것 같았다.

처음에는 연구 동료와 기상통보관(텔레비전에 출연하여 일기예보를 전하는 사람)들에게 별로 지지를 받지 못했다. 그들에게 2주라는 기간은 결정론적 예보와 확률적 예보를 구분 짓는 경계선이었기 때문이다. 특히 유럽중기예보센터의 동료들은 단기예보를 하려면 가장 정확한 모형에 가장 정확한 초기 조건을 적용하여 가장 정확한 결과를 얻어야 한다고 굳게 믿었기에, 새로운 컴퓨터가 도입되면(당시는 컴퓨터의 성능이 급속도로 발전하던 시기였다) 기존의 모형과 초기 상태의 정확도를 높이는 데 모든 계산 능력을 집중시켰다. 이런 분위기에서 확률에 기초한 다중 앙상블 시스템을 들이 믿었다간 금방 외톨이가 될 판이었다. 기상통보관들도 불확실성을 드러내놓고 계산한다는 것 자체가 일기예보의 정확성을 떨어뜨리고 전문성을 훼손한다고 느꼈다. 그들은 "비가 온다" "비가 안 온다" 둘 중 하나로 명확하게 밝히는 것이 자신의 임무이며, "비가 올 것 같다" "오지 않을 것 같다"는 표현은 전문적이지 않다고 생각하는 것 같았다.

그러나 나는 그들의 의견에 동의하지 않았다. 대기는 비선형적 물질이기 때문에 예측 가능성이 날마다 달라질 수밖에 없다. 이것은 단순한 혼돈모형에서도 분명하게 드러나는 사실이다(2장 그림 10의 로렌즈 끌개 참고). 대부분의 날은 대기가 충분히 예측 가능하여 결정론적 예측이 여러 날 동안 잘 맞아들어간다(그림 10의 왼쪽 위 그림). 그러나 대기가 불안정하여 혼돈적 특성이 부각되면 결정론적 예측은 며칠만 지나도 현실에서 크게 벗어난다(그림 10의 아래쪽 그림). 그런데도 기상통보관들은 대기의 현재 상태를 고려하지 않은 채 결정론적 예측으로 얻은 결과를 텔레비전과 라디오를 통해 전국으로 내보내고 있었다. 대기가 불안정할 때 일반 시민들이 결정론적 일기예보를 믿고 일을 벌였다간 최악의 사태를 맞이할 수도 있다. 정통과학과 유사과학의 차이점은 무엇인가? 유사과학자는 자신이 얻은 결과가 100퍼센트 옳다고 장담하지만, 정통과학자는 자신이 얻은 결과에 오차막대error bar* 를 달아놓는다.

* 계산값이나 실험값을 그래프에 점으로 표시할 때 오차의 범위를 보여주는 세로줄이다.

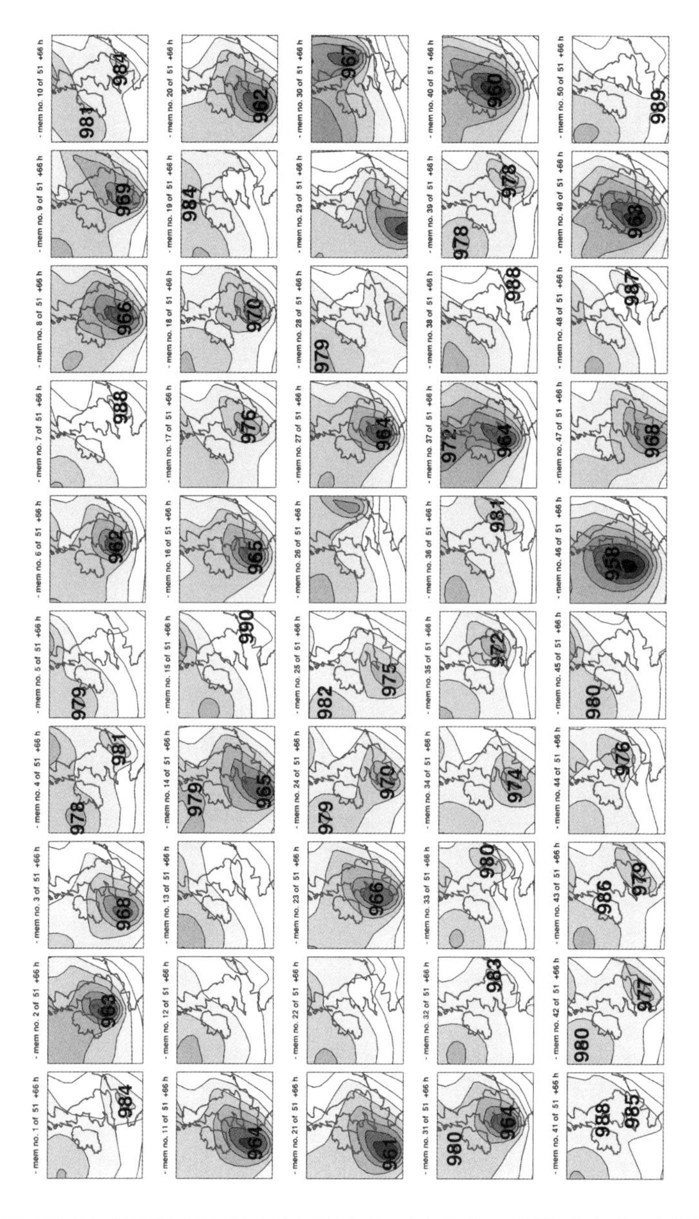

그림 28 1987년 10월 13일 정오의 날씨 데이터를 초기 조건의 기준으로 삼았을 때, 초기 조건에 약간의 변화를 준 50개의 멤버를 대상으로 앙상블 시스템을 실행해서 얻은 1987년 10월 16일 오전의 기상도. 초기 조건과 모형방정식에 내재한 불확실성 때문에 16일의 날씨가 각양각색이다. 그림에서 보다시피 일부 앙상블 멤버는 강력한 폭풍을 예견한 반면, 온화한 날씨가 예견된 경우도 많다.

그런데 결정론적 일기예보에는 오차막대의 길이(오차의 범위)를 산출하는 방법이 아예 존재하지 않는다.

일기예보에 오차막대를 추가하려면 앙상블 멤버의 수가 10보다 훨씬 많아야 하고(과거에 리스가 추정한 개수는 10개였다), 관련 계산을 수행하려면 연구소의 컴퓨터를 거의 독차지해야 한다. 결정론을 신봉하는 동료들에게는 민폐도 이런 민폐가 없다.

바로 이 무렵에 서문에서 언급했던 1987년 폭풍이 영국에 불어닥쳤고, 아이러니하게도 이 불행한 사건은 나에게 약간의 행운을 가져다주었다. 우리는 뉴스를 듣자마자 곧바로 문제의 폭풍이 불기 이틀 전 영국의 날씨 데이터를 수집하여 초기 조건으로 걸어놓고 컴퓨터로 앙상블 멤버 예측 시스템을 실행했다. 이때 사용된 50개의 앙상블 멤버는 '거의 똑같지만 완전히 같지 않은' 초기 조건에서 출발했는데(원한다면 나비의 날갯짓을 추가해도 좋다), 이틀 후의 날씨는 내가 생각했던 것보다 훨씬 큰 차이를 보였다(그림 28). 일부 앙상블 멤버에서는 강력한 폭풍우가 발생한 반면, 나머지는 대체로 온화한 날씨로 끝난 것이다. 이틀 동안의 날씨는 예측이 불가능할 정도로 유난히 혼란스러웠고, 나올 수 있는 결과도 매우 다양했다. 이것은 그림 10의 아래쪽 그림처럼 불확실성이 폭발적으로 증가한 경우에 해당한다.

이 50가지 결과를 놓고 어떤 후속 작업을 할 수 있을까? 리스가 했던 대로 50개 결과의 평균을 취할 수도 있을 것이다. 그러나 결과를 이런 식으로 해석하면 평균을 내는 과정에서 '예외적인 결과'들이 상쇄되어 허리케인급 폭풍이 다가오는 것을 예측할 수

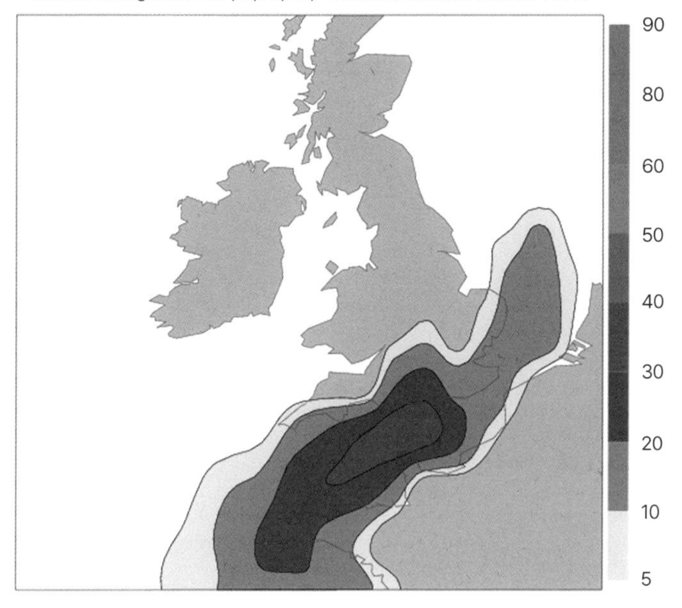

그림 29 그림 28의 앙상블 예측에 기초하여 1987년 10월 16일에 허리케인이 발생할 확률을 표현한 예상도.

없게 된다.

또 다른 후속 작업으로 강한 폭풍이 일어나는 예외적인 경우를 골라내서 각 지역마다 '폭풍이 발생할 확률'을 계산할 수도 있다. 이렇게 작성된 지도가 그림 29인데, 영국 남부 해안에 허리케인급 폭풍이 상륙할 확률이 약 30퍼센트임을 한눈에 알 수 있다. "허트퍼드와 헤리퍼드, 그리고 햄프셔에는 허리케인이 불어닥친

적이 거의 없다"는 유명한 대사를 생각할 때[11],* 30퍼센트의 확률은 엄청난 차이를 가져온다. 폭풍이 불어닥칠 확률을 알고 있으면 나무 밑에 세워둔 새로 산 자동차를 차고로 옮기는 등 최소한의 조치를 취할 수 있다.

이것은 앙상블 예측의 필요성을 보여주는 가장 분명한 사례로서, 논쟁이 필요 없을 만큼 명확하다. 여기에 설득된 유럽중기예보센터는 1992년 후반기부터 앙상블 예측 시스템을 사용하기 시작했다.[12] 또한 나의 연구 동료였던 에우헤니아 칼나이Eugenia Kalnay와 졸탄 토스Zoltan Toth는 미국 기상청으로 자리를 옮긴 후 이와 비슷한 예보 시스템을 구축했고, 그로부터 몇 년 안에 전 세계의 기상예보 센터들도 앙상블 예측 시스템을 도입하여 확률예보를 시작했다.

물론 이와 같은 앙상블 시스템으로 영국 전역의 폭풍 발생 확률을 매일같이 보도하는 것은 별 의미가 없다. 그림 30은 평범한 대기 상태에서 앙상블 멤버 50개를 대상으로 사흘 후의 날씨를 시뮬레이션한 결과인데, 그림 28과 비교하면 편차가 거의 없고 차가운 북쪽 기류가 서유럽 중앙부를 가로지를 확률이 높다는 것을 알 수 있다. 그러므로 영국에 폭풍이 발생할 가능성은 거의 없다고 봐도 무방하다.

* 원래 대사는 "in Hertford, Hereford and Hampshire, hurricanes hardly ever happen"으로, 영화 〈마이 페어 레이디〉에서 오드리 헵번Audrey Hepburn이 발음을 교정하려고 연습하며 읽는 원고의 일부다. 'h'로 시작하는 단어가 많아서 정확하게 읽기가 쉽지 않다.

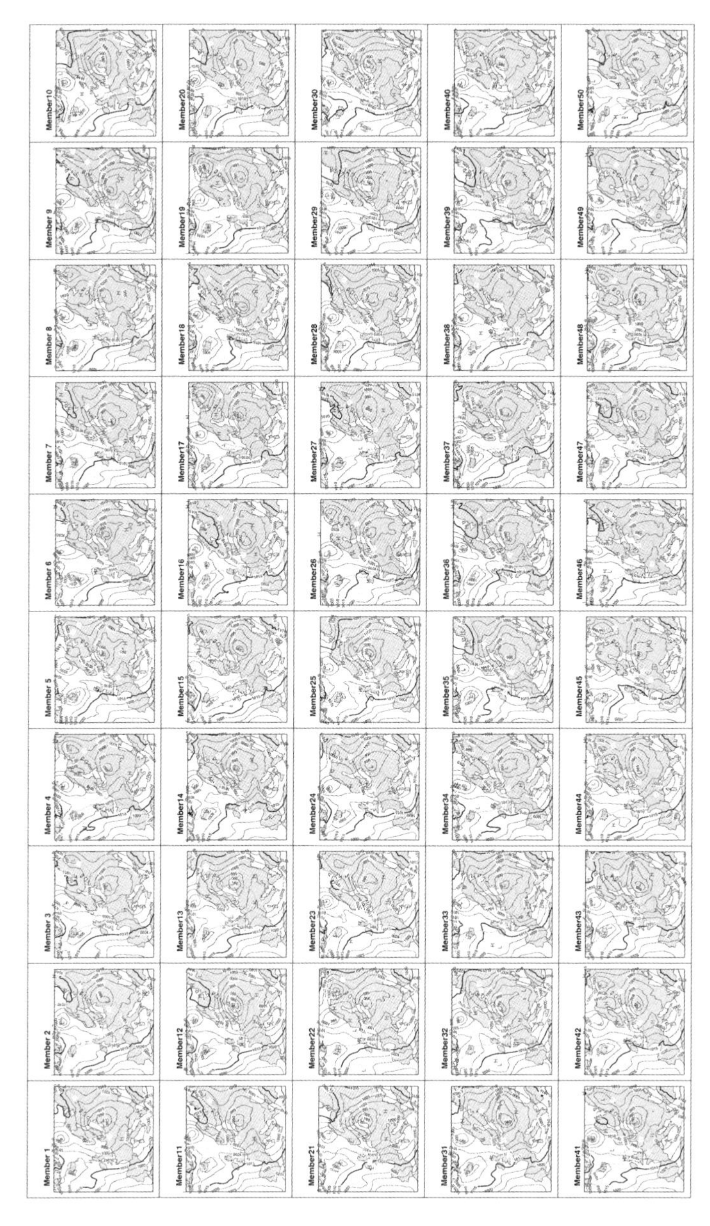

그림 30 2021년 11월 26일의 대기 상태를 초기 조건으로 삼아 50개의 앙상블 시스템으로 계산된 2021년 11월 29일 기압도. 그림 28보다 편차가 현저하게 작은데, 이것은 대부분의 일기예보에서 일반적으로 나타나는 현상이다.

물론 앙상블로 예측할 수 있는 것은 중위도의 폭풍만이 아니다. 그림 31은 세 종류의 열대성 저기압(또는 허리케인)의 일주일간 경로 변화를 앙상블 시스템으로 예측한 결과로서, 각 그림마다 50개의 가능한 경로가 가느다란 선으로 표시되어 있다. 상단의 그림은 2007년에 방글라데시를 강타한 사이클론 시드르인데, 50개의 경로가 거의 한 방향으로 집중되어 있어서 비교적 쉽게 예측할 수 있었다. 이때 방글라데시 당국은 국내 전 지역에 폭풍이 곧 상륙한다고 경고했고, 그 덕분에 피해를 최소화할 수 있었다. 중간 그림은 악명 높은 허리케인 카트리나가 뉴올리언스를 강타하기 5일 전에 얻었던 예상 경로인데, 보다시피 경로가 넓은 지역에 퍼져 있어서 예측하기가 훨씬 어려웠다. 실제로 카트리나가 상륙할 가능성이 가장 큰 곳은 플로리다였고, 멕시코만을 거쳐 뉴올리언스로 상륙하는 경로는 두 번째로 가능성이 컸다. 그러나 시간이 흐를수록 카트리나는 플로리다를 피해 뉴올리언스로 다가왔고, 이 지역 주민들은 미국 역사에 남을 대재앙의 희생양이 되었다. 이것은 '부분적으로 예측 가능한 변화'의 대표적 사례다. 그림 31의 아래쪽 지도는 2012년에 발생한 대서양 허리케인 나딘의 경로를 앙상블 시스템으로 계산한 결과인데, 방향이 워낙 중구난방이어서 예측 자체가 불가능했다.

요즘 널리 사용되는 날씨 애플리케이션은 앙상블 시스템을 이용하여 각 지역의 날씨를 확률적으로 예보하고 있다. 써본 사람은 알겠지만 우편번호가 다른 지역마다 조금씩 다른 예보가 뜨는데, 이 정도로 세분화된 예보를 제공하려면 물리기반모형에 축소된

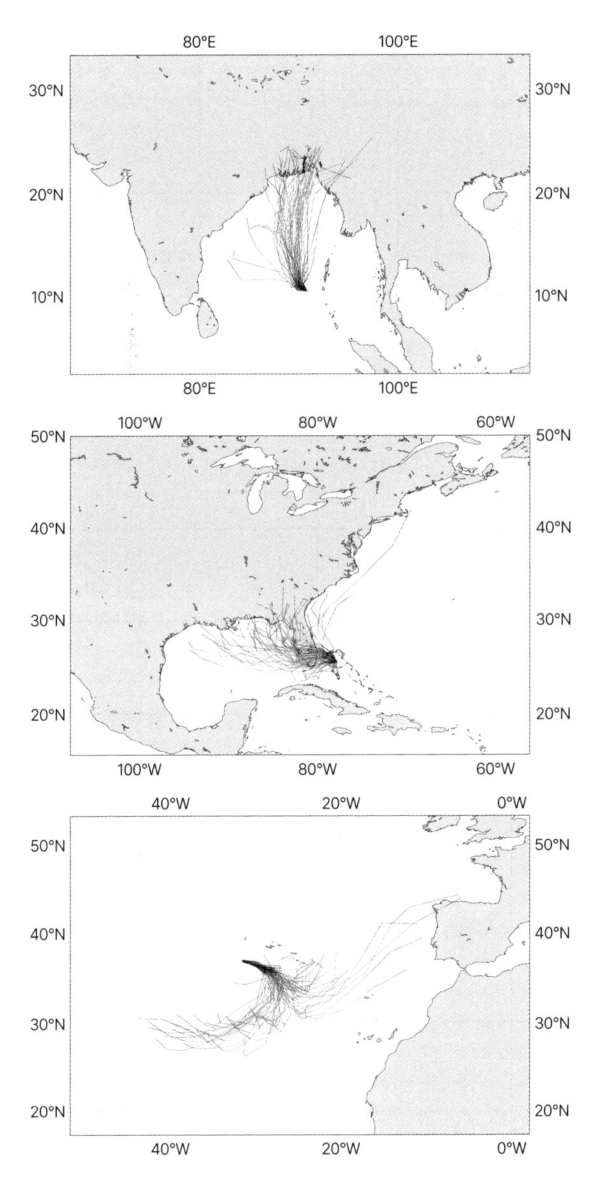

그림 31 유럽중기예보센터의 앙상블 예측 시스템으로 얻은 열대성 저기압(또는 허리케인)의 일주일간 예상 경로. 시드르(위)는 비교적 높은 확률로 예측할 수 있다. 카트리나(중간)는 예측하기 어렵다. 나딘(아래)은 예측 불가능하다!

규모의 소프트웨어를 적용해야 한다. 이 분야는 AI와 밀접하게 관련되어 있어서 하루가 다르게 발전하는 중이다.

이 시점에서 한 가지 짚고 넘어갈 것이 있다. 확률예보의 진정한 의미는 무엇인가? 하나의 원인이 여러 가지 결과를 낳을 수 있는 경우, 각각의 결과에 확률을 부여하는 것은 별로 어려운 일이 아니며 나중에 원망을 들을 일도 없을 것 같다. 텔레비전에서 기상캐스터가 "내일 비가 올 확률은 80퍼센트입니다"라고 했다면, 당신은 "내일 비가 올 가능성이 크니까 우산을 챙겨야겠다"고 말할 것이다. 그리고 정작 비가 오지 않았다면 "괜찮아. 반드시 비가 온다고 장담한 건 아니니까…"라고 하며 너그럽게 넘어갈 것이다. 그러므로 이런 예보에 값비싼 컴퓨터를 투입하기 전에 '80퍼센트의 강우 확률'이 무슨 의미이며, 이것이 얼마나 믿을 만한 값인지 확인할 필요가 있다.

스마트폰에 설치한 날씨 애플리케이션을 열었더니 "다가오는 화요일 오후 6~7시에 내가 사는 동네에 비가 내릴 확률은 80퍼센트"라는 문구가 떴다고 하자. 이것은 우리 동네 면적의 80퍼센트에 비가 온다는 뜻이 **아니다**. 오후 6~7시의 80퍼센트에 해당하는 시간(약 48분) 동안 동네 전체에 비가 온다는 뜻도 **아니다**. 물론 기상전문가의 80퍼센트가 오후 6~7시에 비가 온다는 데 동의했다는 뜻도 아니다. 그렇다면 80퍼센트는 대체 무슨 의미일까?

당신에게 유럽중기예보센터의 지난해 기상 정보에 접근할 수 있는 권한이 주어졌다고 가정해보자. 그곳에서는 앙상블 예측을 하루에 2회씩 실행하고 있으므로 1년이면 총 730개의 예측이 생성된다. 여기서 오후 6~7시에 우리 동네에 비가 온다고 예측한 경우가 전체의 80퍼센트였다고 하자. 즉, 50개의 앙상블 멤버 중 40개(80퍼센트)가 오후 6~7시에 우리 동네에 비가 온다고 예측했다는 뜻이다.

이제 작년도 예보일지에서 강우 확률이 80퍼센트였던 날이 총 35일이었다고 가정해보자. 이 확률예보가 믿을 만하다면 35일 중 실제로 비가 온 날은 35×0.8=28일일 것이다. 그런데 35일 중 실제로 비가 온 날이 달랑 사흘에 불과했다면 앙상블 예보 시스템의 신뢰도가 크게 떨어진다는 뜻이므로[13] 우리는 당장 연구실로 돌아가서 불확실성이 발생한 원인을 찾아야 한다.

일반적으로 믿을 만한 앙상블 시스템이 특정한 날씨(비, 눈, 안개, 바람 등)를 p퍼센트의 확률로 예측한 경우가 여러 번 있다면 이들 중 p퍼센트는 실제로 그런 날씨가 나타나야 한다. 그러므로 앙상블이 예측한 확률과 실제로 그런 날씨가 나타날 확률(과거의 날씨를 분석하면 쉽게 알 수 있다)을 비교하면 예측 시스템의 신뢰도를 평가할 수 있다. 위에서 앞의 p퍼센트는 '예측 확률'이고 뒤의 p퍼센트는 실제 '발생 빈도'인데, 두 값이 가까울수록 예측의 신뢰도가 높다는 뜻이다.

앙상블 예측 시스템이 제시하는 확률을 신뢰할 만한 수준으로 향상하는 건 결코 쉬운 일이 아니다. 특히 극단적인 날씨에 대해서는 신뢰도가 거의 바닥으로 떨어진다. 초기 조건에 섭동을 무작위로 추가해도 앙상블 멤버들의 미래 경로가 빠르게 갈라지지 않기 때문에 이런 식으로는 신뢰도를 높이기 어렵다. 그 결과 앙상블 예측법을 실행하는 사람들은 계산 과정에 포함된 불확실성을 과소평가하고, 자신이 내놓은 확률을 과신하는 경향이 있다. 신뢰도가 낮은 예보 시스템이 허리케인의 상륙을 예고했는데, 그 말만 믿고 대피할 시기를 결정한다면 처참한 재앙을 맞이할 수도 있다. 불확실성을 높은 신뢰도로 예측하려면 불확실성의 본질부터 **정확하게** 이해해야 한다. '의심의 중요성'이라는 제목을 떠올려보자.

앙상블 일기예보 시스템에 나비효과를 적절하게 표현하는 데에만 여러 해가 걸렸다. 초기 상태를 결정하는 과정에서 오류의 특성을 정량화하기가 매우 어렵기 때문이다.(예를 들어 관측 데이터를 격자모형에 입력할 때 얼마만큼의 정보가 손실되는지 판단하기 어렵다.) 우리는 이 '불확실성에 대한 불확실성'을 제거하기 위해 일반화된 불안정성 이론generalized instability theory을 개발했다. 기본 아이디어는 상태 공간에서 대기순환이 가장 불안정한 방향을 따라 초기 앙상블 섭동을 추적하는 것인데, 이런 섭동을 특이 벡터singular vector라 한다. 특이 벡터의 섭동이 없으면 앙상블 멤버가 조밀하게 뭉쳐서 근거가 부족한 확률을 과신하게 된다. 특이 벡터는 방금 말한 것보다 훨씬 일반적인 개념이어서, 뒤에서 앙상블 충돌 예측ensemble conflict prediction을 논할 때 자세히 다룰 것이다. 실전용 앙상블 예측 시스템에는 이처럼 특별한 형태의 섭동이 포함되어 있기 때문에 리스의 몬테카를로 시스템과 본질적으로 다르다. 그래서 지금부터는 '앙상블 예측'의 뜻을 일반화하여 이들을 모두 포함하는 의미로 사용할 것이다.

50개의 멤버로 이루어진 유럽중기예보센터의 앙상블 예보 시스템은 1992년부터 지금까지 단일 멤버, 최선의 추측을 추구하는 결정론적 예보와 함께 실행되어왔다. 결정론적 예측모형은 공간 해상도가 앙상블모형보다 2배나 높아서 더욱 자세한 정보를 제공할 수 있지만, 추가된 세부 정보의 신뢰도를 판별할 방법이 없다는 것이 문제다. 지금 이 글을 쓰는 동안 유럽중기예보센터에서 앙상블 예측 시스템의 수평 해상도를 결정론적 예측모형과 같은 9킬로미터 수준으로 높일 것이라고 발표했다. 일기예보에 앙상블 예측 기법을 도입하기 위해 오랫동안 쏟아부었던 노력이 드디어 결실을 맺은 셈이다. 2023년에는 앙상블 시스템이 유럽중기예보센터의 유일한 예측 수단으로 자리 잡게 될 것이다.

* * *

5장을 마무리하기 전에 2주 예보의 한계를 넘어 월-계절 단위로 이루어지는 장기예보를 다시 한번 생각해보자. 바다와 대기를 결합한 물리기반모형으로 ENSO를 예측하는 기술이 크게 향상된 것은 1980년대의 일이었다. 이 분야에서 가장 큰 업적을 남긴 컬럼비아대학교의 마크 케인Mark Cane과 스티브 제비악Steve Zebiak은 열대 태평양과 대기의 변화를 예측하는 물리기반모형을 개발했는데, 여기에는 비에르크네스가 1960년대에 개발한 해양-대기 결합 역학적 과정ocean-atmosphere dynamical process이 반영되어 있다. 케인과 제비악은 1986년에 개최된 왕립학회에 참석하여 ENSO는

1년 전에 예측할 수 있다고 주장했고,[14] 그 자리에 있던 나는 흥분을 감추지 못했다. 강연 말미에서 그는 1986년과 1987년에 나타났던 ENSO를 자신의 모형으로 재현했는데, 결과는 놀라울 정도로 정확했다. 개중에는 피츠로이와 블랜포드의 사례처럼 운 좋게 맞아떨어졌다고 생각하는 사람도 있었지만, 이번에는 분명히 경우가 달랐다.

결정론에 입각한 단일 예측 방식으로는 이 정도로 정확한 결과를 내놓을 수 없다. 현재 전 세계의 모든 계절 예측 시스템은 앙상블 예측에 크게 의존하고 있으며, 그 덕분에 일부 지역의 장기 가뭄과 불시에 발생하는 허리케인, 유난히 춥고 강설량이 많은 겨울 등 예외적인 날씨를 사전에 경고할 수 있게 되었다. 그러나 아직도 해양-대기모형의 해상도가 낮아서 불확실성이 크기 때문에(이 부분은 6장에서 논할 예정이다), 여러 기관의 다양한 예측 결과를 조합한 '다중모형 앙상블 시스템'이 대세로 떠오르는 중이다. 나는 다중모형 앙상블 계절 예측법을 개발하는 최초의 국가 간 프로젝트를 이끈 적이 있다.[15] 이때 개발한 계절 예측 프로그램 중 일부는 유럽의 작물 수확량과 아프리카의 말라리아 발생률을 확률적으로 예측하는 데 사용되었다.

다중모형 앙상블 예측법은 IPCC에서 기후변화를 예측할 때 사용되고 있으며(6장), 코로나-19의 확산 패턴을 예측할 때도 사용되었다(7장).

6장

기후변화: 재앙인가, 그저 작은 변화일 뿐인가

기상학자 중에는 기후변화가 곧 다가올 재앙의 전조라며 위기감을 조성하는 사람도 있고, 지구의 주기적인 기후 시스템에 약간의 변동이 온 것뿐이라고 주장하는 사람도 있다. 같은 기상학자인데 의견은 정반대다. 둘 중 어느 쪽이 옳은 것일까?

일단 두 진영에서 하는 말을 자세히 들어보자. 첫 번째 진영의 주장은 다음과 같다.

> 우리는 심각한 기후위기에 직면했다. 석탄과 석유, 천연가스 등 화석연료를 무분별하게 태우다가 이 지경에 이른 것이다. 이런 추세는 산업혁명과 함께 본격적으로 시작되어 지금도 계속되고 있다. 지난 200년 동안 우리는 수천억 톤에 달하는 탄소를 대기로 방출했는데, 그중 대부분은 지난 수억 년 동안 땅속에 묻혀 있던 것들이다. 그 바람에 대기 중 이산화탄소 농도가 전례를

찾아볼 수 없을 정도로 높아졌다.

화석연료 사용을 멈추지 않는 한 이산화탄소의 농도는 앞으로도 계속 증가할 것이다. 다들 알다시피 이산화탄소는 온실가스greenhouse gas이므로 대기의 온도를 높여서 초강력 폭풍과 폭염을 유발하고, 빙하를 녹여서 평균 해수면을 상승시킨다. 게다가 우리가 배출한 탄소는 (수천 년까지는 아니더라도) 향후 수백 년 동안 대기 중에 남아 있을 것이다. 사태가 더 심각해지기 전에 당장 탄소 배출을 중단해야 한다.

반대 진영의 주장도 들어보자.

탄소위기설은 지나치게 과장되었다. 대기 중 이산화탄소 농도는 0.04퍼센트(1백만 분의 1단위로 측정된다)에 불과하여 여전히 미량 가스trace gas로 분류된다. 산업혁명 이후 대기 중 이산화탄소 농도의 증가율은 1만 분의 1밖에 안 된다. 이 정도면 거의 무시할 수 있는 수준이다. 이산화탄소의 농도가 2배 증가한다고 해도 그로 인한 온도 상승폭은 섭씨 1도를 조금 넘는 정도다. 재앙은커녕 몸으로 느껴지지도 않는다. 1년 중 일교차가 섭씨 5도를 넘는 날이 대부분인데 이산화탄소 때문에 지구가 더워졌다는 건 어불성설이다.

로렌즈의 위대한 통찰을 떠올려보라. 혼돈계는 결코 같은 길을 두 번 가지 않는다. 기후도 일종의 혼돈계여서 항상 변하고 있으므로 대기의 비정상적인 온기가 (기록적으로 뜨겁긴 하지만) 내부 요인에서 비롯된 결과라고 단언할 수 없다. 어쨌거나 기후변화는 장기예측에 속하는데, 혼돈 이론에 의하면 장기예측은 원리적으로 불가능하다. 그러므로 이례적인 폭염이 찾아오고 해수면이 상승한다는 것은 완전히 틀린 예측이다.

게다가 기후모형은 결함이 많아서 신뢰도가 매우 떨어진다. 30년 전에 예측했던 기후변화를 지금의 기후와 비교하면 지나치게 과장되었다는 걸 금방 알 수 있다. 기후모형이 올바른 예측을 한 사례가 있긴 있었던가?

이산화탄소의 농도가 증가한 것은 오히려 우리에게 좋은 일이다. 대기 중에 흩어진 여분의 이산화탄소 분자는 식물의 성장을 촉진하여 지구를 더욱 푸르게 만들어준다.

이상은 두 진영의 주장을 아무런 편견 없이 공정한 마음으로 요약한 것이다. 일단은 양쪽 다 그럴듯하게 들린다.

기후변화를 설명하는 과학 이론으로 들어가기 전에 방금 서술한 두 가지 관점을 칭하는 용어를 미리 정해놓는 게 좋을 것 같다. 일각에서는 후자를 기후 회의론자climate sceptic라 부르기도 하는데, 사실 기후학자를 포함한 모든 과학자가 본질적으로는 회의론자이기 때문에 적절한 명칭이 아니다. 1장에서 소개했던 혼돈 이론의 선구자인 메이는 과학을 가리켜 '체계적인 회의론'이라고 했다. 탄소위기설을 부정하는 사람들을 기후 거부자climate denier로 칭하는 경우도 있지만, 이것은 또 홀로코스트 부정Holocaust denial을 연상시켜서 듣는 사람에게 불쾌감을 준다. 그래서 나는 중립을

지키기 위해 전자를 기후 극대주의자climate maximalist로, 후자를 기후 극소주의자climate minimalist로 부르기로 했다.[1] 자, 이제 중요한 질문을 제기할 차례다. 극대주의와 극소주의의 양극단 사이에서 과학은 어디쯤 자리 잡고 있을까? 한쪽 끝에 가까운 곳? 아니면 중간?

인류가 재앙을 향해 다가가고 있다는 극대주의자의 믿음은 '의심의 중요성'이라는 말에 부합되지 않는 것 같다. 이보다는 기후에 대한 이해 부족(불확실한 지식)을 강조하는 극소주의자의 주장이 더 그럴듯하게 들린다.

그러나 5장에서 강조한 바와 같이, 불확실성에 기초하여 판단을 내리려면(탄소를 계속 배출할 것인지, 다른 에너지원을 사용할 것인지) '불확실한 정도'를 정확하게 파악하고 있어야 한다. 불확실성을 과장하는 것은 과소평가하는 것 못지않게 위험하다. 피시가 **매일** 저녁 텔레비전에 출연하여 내일 폭풍이 올지도 모른다고 경고했다면, 사람들의 감각이 무뎌져서 진짜 폭풍이 상륙하기 전날에도 아무런 준비를 하지 않았을 것이다.

나오미 오레스케스Naomi Oreskes와 에릭 콘웨이Erik Conway가 2011년에 공동 집필한 《의혹을 팝니다》[2]에는 과학자와 자문가 집단이 불확실성을 교묘하게 이용하여 담배 연기에서 지구온난화에 이르는 다양한 이슈를 무마해온 과정이 적나라하게 드러나 있다. 제목만 놓고 보면 '의심의 중요성'을 계속 강조하는 내 의도가 무색해

* 나치의 유대인 학살이 날조되었거나 과장되었다고 주장하는 반유대주의 음모론이다.

질 지경이다! 그러나 오레스케스와 콘웨이는 이념적, 상업적 이유로 불확실성을 과장한 사례에 초점을 맞추었다. "이건 무조건 100퍼센트 확실하다"는 장담에 넘어가도 곤란하지만 "이건 불확실성이 너무 커서 신조차도 알 수 없다"는 식의 과장도 조심해야 한다.

간단히 말해서 기후변화가 우리에게 미치는 영향을 정확하게 파악하려면 주어진 정보의 불확실한 정도부터 정확하게 알아야 한다. 이 과제를 어떻게 달성할 수 있을까? 5장에서 날씨를 예측할 때 사용했던 앙상블 기법이 바로 불확실성을 가늠하는 전형적인 방법이다. 사실 앙상블의 세 가지 기능을 모르고서는 기후변화를 절대 과학적으로 이해할 수 없다. 방금 말한 세 가지 기능이란 첫 번째는 기후과학의 불확실한 피드백 효과를 추정하는 것, 두 번째는 기후변화에 대응하기 위해 수립된 정책의 효과를 평가하는 것, 세 번째는 자연적으로 발생한 혼돈과 인간이 유발한 혼돈을 구별하는 것이다.

앙상블의 첫 번째 기능을 이용하면 온실가스가 지구에 미치는 영향을 추정할 수 있고, 두 번째 기능을 이용하면 온실가스 제한 정책의 효과를 평가할 수 있다. 그리고 앙상블 세트의 세 번째 기능을 이용하면 관찰된 기후변화에서 자연적으로 발생한 부분을 골라낼 수 있을 뿐 아니라(기후는 항상 변하고 있다!), 특정한 기상 현상이 기후변화에 기인한 것인지 확률적으로 분석할 수 있다.

진도를 더 나가기 전에 용어의 뜻부터 확인해보자. 온실가스란 무엇인가? 태양에서 날아온 가시광선과 자외선은 대기에 섞여 있는 이산화탄소를 가뿐하게 통과하지만 차가운 지구에서 방출된 적외선은 상대적으로 에너지가 작기 때문에 대기 중 이산화탄소를 통과하지 못한다.[3] 그래서 이산화탄소를 온실가스라 부르는 것이다. 우주 공간에서 적외선 고글[4]을 착용하고 지구를 내려다보면 텔레비전에서 봤던 푸른색 대신 지표면 위 몇 킬로미터 지점에서 방출된 광자가 보일 것이다. 이들이 바로 온실가스에서 방출된 빛인데, 지구의 원래 모습이 보이지 않을 정도로 안개처럼 지표면을 덮고 있다.

이제 대기 중 이산화탄소의 양이 갑자기 2배로 증가했다고 가정해보자. 그러면 지구 표면은 더욱 흐려지고, 온실을 덮은 담요는 더욱 두꺼워진다. 이산화탄소는 이른바 '잘 섞이는 기체'다. 즉, 양이 2배로 증가하면 모든 곳에서 농도가 2배로 고르게 증가한다는 뜻이다. 이런 경우 적외선 고글로 보이는 광자는 **평균적으로** 조금 높은 곳에 있는 온실가스 분자에서 방출된 광자이며, 이전에 고글로 보았던 층은 새로 추가된 온실가스 분자층에 의해 부분적으로 가려진다. 그러나 새로운 층보다 높은 곳의 대기는 온도가 좀 더 낮으므로 우주로 방출된 광자는 이전보다 에너지가 작아지고, 결국 지구는 에너지 불균형 상태에 놓이게 된다. 다시 말해서 태양에서 지구로 전달된 에너지가 지구에서 방출된 에너지보다 많다는 뜻이다. 이런 상태에서 균형을 회복하는 유일한 방법은 지구 자체가 뜨거워지는 것이다. 광자는 에너지를 우주로 방출하고, 남은 에너지는 지표면을 데운다.[5] 현재 대기 중 이산화탄소 농도가 산업혁명 이전보다 2배 증가했다는 가정하에 약간의 계산을 수행하면 지표면의 온도가 과거보다 섭씨 1도 가량 높아졌다는 결과가 얻어지는데, 이 정도면 크게 걱정할 수준은 아닌 것 같다. 그렇다면 극소주의자들의 주장이 맞는 것일까?

속단은 금물이다. 대기에 섞여 있는 온실가스는 이산화탄소만이 아니다. 게다가 이산화탄소는 온실효과를 가장 강하게 유발하는 온실가스도 아니다. 19세기 아일랜드의 물리학자 존 틴들John Tyndall이 밝힌 대로, 가장 치명적인 온실가스는 물이 증발하면서 생긴 수증기다. 구름 한 점 없는 청명한 날에도 대기 중에는 다량의 수증기가 포함되어 있다. 이 수증기는 가시광선의 진로를 거의 방해하지 않기 때문에 우리 눈에 보이지 않는다.(수증기가 눈에 보이려면 빛이 수증기 입자에 의해 어떻게든 교란되어야 한다.) 그러나 수증기는 적외선을 통과시키지 않기 때문에 이산화탄소처럼 지구의 에너지를 가둬놓는다.

지구 생명체에게 물이 반드시 필요하다는 것은 삼척동자도 아는 사실이다. 그러나 틴들은 수증기의 온실효과를 유발하는 기능도 그 못지않게 중요하다는 사실을 간파하고 자신의 저서에 다음과 같이 적어놓았다.

> 수증기는 인간에게 옷이 필요한 것보다 더 절실하게 영국에 서식하는 식물에게 필요한 천연의 옷이다. 영국 하늘의 대기에 섞여 있는 수증기를 여름철 하룻밤 사이에 모두 제거한다면 모든 식물은 얼어 죽을 것이다. 들판과 정원의 온기는 아무런 대가도 받지 못한 채 우주로 날아가고, 서리로 덮인 차가운 지평선 위로 무심한 태양만이 떠오를 것이다.

수증기에 의한 온실효과가 이렇게 막대한데 그까짓 이산화탄소 농도가 조금 높아졌다고 걱정할 필요가 있을까? 이산화탄소보다 대기 중 수증기의 양이 더 큰 문제 아닌가?

맞다. 수증기는 지구의 온도를 높인다. 그러나 우리는 이산화탄소가 수증기에 미치는 도미노 효과를 걱정하면서도 직접 배출되는 수증기를 걱정하는 사람은 거의 없다. 대기의 온도가 이산화탄소 때문에 조금 높아지면 대기 중 수증기가 온도 상승폭을 높여서 온난화를 가속한다. 아마도 독자들은 이 반대 과정에 더 익숙할 것이다. 쌀쌀한 가을밤에는 낮 동안 따뜻하고 습했던 공기가 차가워지면서 수증기가 작은 물방울로 맺히는데, 이것이 바로 가사에 자주 등장하는 '밤안개'다.(또는 '하층 구름'이라고도 한다.) 그래서 밤에는 낮보다 대기 중 수증기 함량이 적다. 그러나 다음 날 아침이 되면 태양열로 인해 공기가 다시 따뜻해지고, 광학적으로 불투명했던 물방울은 증발 과정을 거치면서 투명한 수증기가 된다.

이산화탄소의 온실효과가 수증기로 인해 증폭되는 도미노 효과는 양성 피드백의 사례 중 하나다. 우리가 대기 중으로 이산화탄소를 방출하면 대기가 조금 따뜻해지는데, 바다와 지표면에서 증발한 물방울이 공기를 더욱 습하게 만들고 이때 대기 중에 추가된 수증기가 이산화탄소 때문에 뜨거워진 공기를 더욱 뜨겁게 데운다. 앞서 말한 대로 대기 중 이산화탄소 농도가 2배 증가하면 온도가 섭씨 1도 남짓 올라가지만, 여기에 수증기의 피드백 효과를 추가하면 온도 상승폭은 섭씨 2도가 조금 넘는다. 또한 지구가 따뜻해지면 태양열을 반사하는 얼음과 눈이 녹으면서 더 많은 태양 에너지가 지면에 흡수되어 온난화를 부추긴다. 이 효과까지 고려하면 대기의 온도 상승폭은 섭씨 2.5도 이상이다. 이쯤 되면 기후변화가 슬슬 걱정되기 시작한다.

이런 피드백 효과는 예전부터 잘 알려져 있었다. 그러나 자연에는 물과 관련하여 우리가 미처 알지 못했던 또 하나의 피드백이 존재한다. 이른바 구름 피드백 과정cloud feedback process이 바로 그것이다. 구름은 습한 공기 속 수증기가 작은 물방울이나 얼음 결정으로 응축된 것인데, 대기에 섞인 물(H_2O) 중에서 구름의 형태로 존재하는 것은 극히 일부에 불과하다.(100분의 1도 안 된다.)[6] 그럼에도 구름은 기후에 지대한 영향을 미치고 있다. 비유하자면 몸집은 경량급인데 펀치의 파괴력은 가히 헤비급이다.

여기서 두 가지 중요한 질문을 던져보자. 첫 번째, 구름은 이산화탄소의 증가에 어떤 식으로 대처하는가? 두 번째, 구름의 대처 방식은 온난화를 부추기거나 냉각 효과를 상쇄하는가? 꽤 어려운 질문이다. 구름은 종류에 따라 지표면을 덥힐 수도, 식힐 수도 있기 때문이다. 예컨대 지면 바로 위에 있는 구름층은 태양에서 날아온 광자를 다시 우주 공간으로 산란시키기 때문에 지면의 온도를 낮추는 역할을 한다. 반면에 높은 곳에 떠 있는 얇고 희미한 권운층cirrus은 햇빛을 그대로 통과시키지만, 아래층 구름에서 방출된 적외선 광자를 가둬놓기 때문에 지면 온도를 상승시킨다.

대기 중 이산화탄소 농도가 2배로 증가하면 구름은 어떤 식으로 반응할 것인가? 낮은 구름이 많아지고 높은 구름이 감소하면 이산화탄소 증가로 인한 온난화가 억제된다. 다가올 재앙을 구름이 막아줄 수도 있다는 이야기다.[7] 이 시나리오에서 구름은 기후변화에 음성 피드백으로 작용하지만 극소주의자를 옹호하는 쪽은 아니고 극대주의와 극소주의의 중간쯤 될 것이다. 이와 반대로 낮은 구름이 감소하고 높은 구름이 많아지면 구름은 이산화탄소에 의한 온난화를 가속할 것이다. 이 시나리오에서 구름은 기후변화에 양성 피드백으로 작용한다. 수증기 피드백 외에 또 하나의 양성 피드백(구름)이 겹쳤으니 인류에게는 매우 나쁜 소식이다. 이런 경우라면 극대주의자의 손을 들어줘야 할 것 같다.

그래서 결론이 뭐란 말인가? 구름의 피드백은 긍정인가, 부정인가? 안타깝게도 이 질문에는 명확한 답을 줄 수 없다. 나는 이것이야말로 기후과학이 풀어야 할 가장 중요한 문제라고 생각한다. 결론을 내리기 어려운 데에는 두 가지 이유가 있다.

첫 번째 이유는 구름에 함유된 작은 물방울과 얼음 결정을 물리학적으로 다루기가 매우 까다롭다는 것이다.(이 분야를 구름미세물리학cloud microphysics이라 한다.) 예를 들어 구름이 지면의 온도에 미치는 영향은 구름이 태양광을 반사하는 비율(반사율)에 따라 달라지고, 이 비율은 구름 속 물방울과 얼음의 비율에 의해 결정된다. 게다가 구름의 온도가 섭씨 0도 이하라고 해서 물방울이 모두 얼음으로 변하는 것도 아니다. 실제로 구름 속 물방울의 상당 부분은 섭씨 0도 이하의 과냉각된 액체 물방울로 이루어져 있다. 과냉각된 물방울이 얼음 결정으로 변하려면 온도가 충분히 낮아야 할 뿐 아니라, 공기 중에 적당한 양의 (천연 또는 인공) 불순물이 섞여 있어야 한다. 이것을 에어로졸aerosol이라 하는데, 이로부터 구름 속 수증기 중 물방울이나 얼음으로 변하는 양이 결정된다. 그리고 얼음 결정이 형성된 후에도 이들의 크기와 모양에 따라 구름 반사율이 달라진다. 그러므로 온난화에 따라 구름이 변하는 양상을 알아내려면 복잡하기 그지없는 구름미세물리학을 파고들어야 한다.

구름이 온난화에 미치는 영향을 파악하기 어려운 두 번째 이유는 구름에 변화를 초래하는 원인이 매우 넓은 영역에 걸쳐 퍼져 있기 때문이다. 대기에는 다양한 유형의 구름이 존재하기 때문에 이산화탄소 농도 증가에 따른 구름의 변화 패턴을 알아내기란 보통 어려운 일이 아니다. 예를 들어 열대 동태평양 상공의 워커 순환(남방진동과 관련된 대규모 대기순환) 하강 분기점에서 광범위하게 발생하는 해양 층적운marine stratocumulus의 생성 범위는 5장에서 언급한 워커 순환의 강도에 따라 달라진다.[8] 그리고 이와 대조적으로 열대 서태평양 상공의 워커 순환 상승 분기점에서 생성된 뇌운thumderstorm cloud은 인근 지역에 강한 비를 뿌리는데, 이 구름에서 수증기가 액체(물)로 변하는 양에 따라 워커 순환의 강도가 달라진다. 그러므로 기후변화가 해양 층적운에 미치는 영향을 알아내려면 동태평양 층적운의 미세물리학뿐 아니라 멀리 떨어진 서태평양의 뇌운에서 나타나는 변화까지 알아야 한다.[9] 게다가 이것은 구름 피드백 퍼즐의 작은 일부일 뿐이다. 머릿속이 꽤 복잡해졌겠지만, 이 모든 것은 3장에서 말한 고차원 혼돈계와 일맥상통하는 내용이다. 결론적으로 말해서 기후변화를 설명하는 과학은 정말 복잡하고, 그중에서도 제일 복잡한 것은 단연 구름이다!

지구를 덮고 있는 구름의 양이 규칙적으로 변한다는 증거는 아직 발견되지 않았지만 변하지 않는다는 증거도 없다. 기상학자들이 고해상도 관측을 시작한 것은 불과 몇 년 전의 일이었고, 우리가 찾는 변화는 구름의 자연적인 변화보다 작아서 찾아내기가 더욱 어렵다. 게다가 기상위성의 수명이 그다지 길지 않아서 새로운 위성으로 자주 교체해야 하는데, 기존의 장비가 하던 일을 후속 장비로 정교하고 매끄럽게 넘겨주는 작업 또한 만만치 않다. 구름의 변화를 추적하는 것은 그만큼 어려운 일이다. 그러나 미래의 어느 날 구름에서 규칙적인 변화가 감지되었는데 그 변화가 구름의 양이 줄어드는(또는 증가하는) 양성 피드백으로 판명된다면 인류의 앞날은 암울해질 것이다.

구름의 양을 체계적으로 관측하는 기술은 아직 개발되지 않았다. 그렇다고 지난 50년 동안 관측된 온난화의 정도를 단순히 미래에 대입하여 이번 세기에 찾아올 온난화를 예측할 수도 없다. 구름 피드백은 비선형적인 과정이기 때문이다.

이로써 우리는 심각한 문제에 직면했다. 물리 법칙(3장에서 언급한 나비에-스토크스방정식)으로 구름의 변화를 예측하기엔 기후모형의 그리드박스가 너무 크고, 컴퓨터의 성능도 한참 모자란다.(그리드박스의 크기를 줄일수록 컴퓨터의 부담이 커진다.) 이럴 때 동원할 수 있는 차선책은 구름을 간단한 매개변수로 표현하는 것인데, 그 값이 대략적이고 불확실하다는 것도 문제지만 더 큰 문제는 프랙털을 방불케 하는 다중구조 구름이 단순한 공식으로 압축된다는 것이다. 그 옛날 푸앵카레가 행성의 운동을 서술하는 간단한 공식이 존재하지 않는다는 것을 발견한 것처럼, 현대의 기후학자들은 구름의 구조를 서술하는 단순한 공식이 존재하지 않는다는 것을 깨달았다. 구름을 비롯한 소규모 난기류에 내재한 불확실성을 체계적으로 다루려면 3장에서 언급한 '확률적 잡음'을 도입해야 한다. 그래서 요즘은 잡음 매개변수를 적용한 기후모형이 점차 많아지는 추세다.

물리기반모형을 최초로 구축한 사람은 프린스턴고등연구소의 기상학자 노먼 필립스Norman Phillips였다. 그는 1950년대에 제트기류나 저기압성 교란 등 기후의 다양한 특성이 나비에-스토크스방정식을 비롯한 고전물리학의 운동방정식으로 자연스럽게 유도될 수 있음을 보여주었다. 그러나 필립스의 모형으로는 지구의 대륙적 특성이나 계절 변화를 예측할 수 없고, 구름이나 비에 대한 정보도 없었다. 결정적으로 그리드박스가 너무 컸다.

1958년, 기후학의 선구자이자 훗날 노벨상을 받게 될 마나베 슈쿠로眞鍋淑郎(미국 동료들 사이에선 '슈쿠'로 통했다)가[10] 도쿄대학교에서 박사과정을 마치고 프린스턴대학교의 지구물리유체역학연구소로 자리를 옮겼다. 당시 이 연구소를 이끌던 에니악 전문가 조셉 스마고린스키Joseph Smagorinsky는 마나베의 뛰어난 실력을 간파하고 전 세계의 지리적 특성 및 계절과 물의 순환, (매개변수로 표현된) 구름 등을 포괄하는 최초의 지구기후모형 개발에 착수했다.

이 모형은 지구의 기후를 물리 법칙으로 유도했다는 점에서 중요한 의미를 가진다. 그러나 마나베는 1960년대에 이미 심각한 문제로 대두된 온실가스의 영향을 자신이 개발한 모형으로 예측할 수 있음을 깨달았다. 그 후 1970년대 중반에 마나베는 연구 동료 리처드 웨더럴드Richard Wetherald와 함께 삼차원 기후모형에 기초한 최초의 기후변화 실험을 실행했다.[11] 두 사람은 이 모형을 이용하여 '산업혁명 이후 2배 증가한 이산화탄소 농도가 기후에 미치는 영향'을 분석했는데 그 결과는 그림 32와 같다.(가로축은 위도, 세로축은 고도, 그림 속의 곡선은 온도가 같은 지점을 연결한 등온선이다.)

지금부터 물리기반모형 시뮬레이션으로 얻은 기후변화 패턴을 자세히 살펴보자. 대기 중 이산화탄소 농도가 2배 증가했을 때 예측된 결과는 지면의 온도가 전반적으로 높아진다는 것 외에 두 가지가 더 있다. 첫째는 고도 15킬로미터의 성층권에서 기온이 오히려 내려간다는 것이고, 두 번째는 지면의 온난화가 북극권에서 두드러지게 나타난다는 것이다.

성층권에서는 세 개의 산소 원자로 이루어진 오존(O_3)이 태양광을 흡수하기 때문에 고도가 높을수록 온도가 올라간다. 특히 오존층은 자외선을 흡수하여 피부암 발병을 막아준다. 그런데 이산화탄소의 농도가 증가하면 왜 성층권의 온도가 내려가는 것일까? 제일 먼저 알아야 할 것은 이산화탄소가 '잘 섞이는 기체'라는 점이다. 그래서 대기 중으로 배출된 이산화탄소는 성층권을 포함한 대기 전체와 빠르게 혼합된다. 두 번째 요점은 성층권의 온도가 '오존층이 태양열을 흡수하면서 올라간 온도'와 '이산화탄소가 적외선을 우주로 방출하면서 내려간 온도'의 조합이라는 것

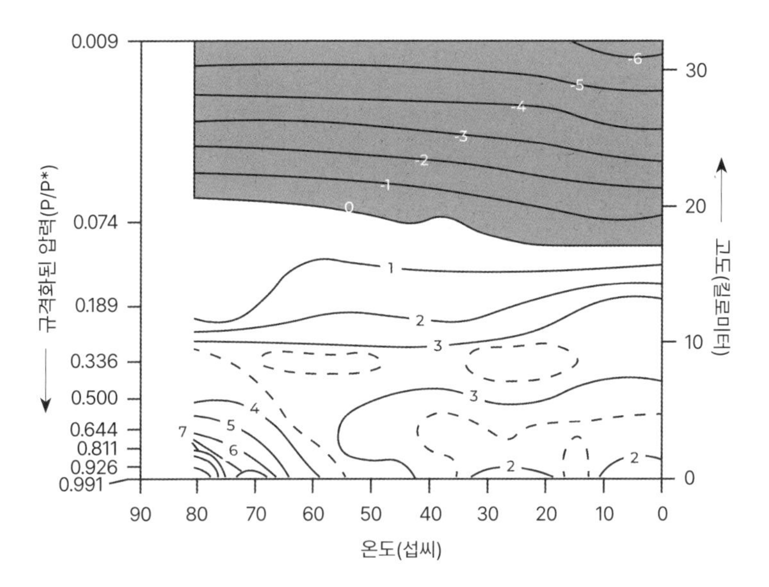

그림 32 마나베와 웨더럴드가 1975년에 발표한 기후변화 시뮬레이션. 그래프의 가로축은 위도로서(적도는 오른쪽 끝에, 북극은 왼쪽 끝에 있다), 북반구의 평균 온도가 위도와 고도의 함수로 표현되어 있다.(그래프의 곡선은 온도가 같은 지점을 연결한 등온선이다.) 두 사람은 성층권(고도 15킬로미터)의 온도가 내려가고 기후변화의 핫스팟* 인 북극점의 온도는 올라갈 것으로 예측했는데, 이것은 훗날 사실로 확인되었다. 〈일반 순환 모델에서 이산화탄소 농도가 2배 증가하는 것이 기후에 미치는 영향The Effects of Doubling the CO2 Concentration on the climate of a General Circulation Model〉을 참고했다.

이다. 그래서 성층권의 이산화탄소가 증가하면 우주로 방출된 열이 오존층에 흡수된 열보다 많아져서 성층권의 온도가 내려간다. 그리고 성층권의 온도가 내려가면 우주로 방출되는 적외선 복사량이 감소하면서 새로운 저온 평형점을 찾아간다.

* 기후변화가 가장 심하다는 뜻이다.

만일 태양에너지가 증가하여 지구온난화가 초래된 것이라면 지면은 뜨거워지고 성층권은 차가워지는 등 온도 변화가 들쭉날쭉하지 않았을 것이다. 이런 경우라면 성층권의 온도는 당연히 올라가야 한다. 그러나 지금까지 얻은 관측 데이터에 의하면 지표면은 따뜻해졌고, 성층권은 차가워지고 있다. 이것은 마나베와 웨더럴드의 예측이 옳았다는 걸 보여주는 확실한 증거다.

북극의 온난화가 유난히 두드러진다는 두 번째 예측도 그대로 실현되었다. 요즘 북극에 여름이 오면 대부분의 얼음이 자취를 감춘다. 주된 이유는 물과 관련된 양성 피드백 효과 때문이다.(다른 이유도 몇 가지 있다.) 북극의 해빙에 햇빛이 도달하면 곧장 우주로 반사되지만, 북극이 따뜻해지면 해빙이 녹으면서 그 밑의 어두운 바닷물이 노출되어 광자를 흡수하기 때문에 지구온난화가 더욱 가중된다.

마나베와 웨더럴드의 연구 결과가 알려지자 다른 기후과학자들도 자체적으로 모형을 개발하기 시작하여, 지금은 수백 명의 전문가가 기후변화를 시뮬레이션하고 있다. 처음 알려졌을 때는 획기적인 기술이었던 것이 반세기 만에 기상학자의 일상사로 변한 것이다. 요즘 사용되는 모형은 적절한 해상도에서 나비에-스토크스방정식의 해를 구한 후, 격자 내부에 세부 규칙(이것을 하위 그리드 규칙이라 한다)을 적용하는 식으로 진행된다. 여기에는 대기뿐 아니라 바다와 육지, 빙권cryosphere(얼음으로 덮인 지역) 등이 포함되며, 최근에는 생물권까지 포함한 모형도 등장했다.

이 다양한 모형을 하나로 묶으면 기후변화를 연구하는 '기회의 앙상블'이 자연스럽게 구축된다. 5장에서 언급한 다중모형 앙상블의 사례라 할 수 있다. 개개의 모형은 나비에-스토크스방정식을 푸는 자신만의 방법을 갖추고 있으며, 매개변수를 활용하는 방식도 조금씩 다르다. 세계기후연구프로그램World Climate Research Programme, WCRP은 유엔이 후원하는 단체로서, 기후변화 연구를 위해 조성된 다중모형 앙상블 세트를 몇 년에 한 번씩 신중하게 검토하고 있다. 여기서 내린 결론은 IPCC의 평가보고서에 반영된다.

말이 나온 김에 기회의 앙상블을 이용하여 이산화탄소 농도가 2배 증가했을 때 지구온난화가 얼마나 진행되는지 알아보자. 산업혁명 이전에 대기 중 이산화탄소 농도가 약 300피피엠ppm이었으니, 600피피엠이 되었다고 가정하면 된다.(금세기 말에 이 정도 수치에 도달할 것이다.)[12] 그림 33은 IPCC 5~6차 평가보고서의 기초가 되었던 여러 기후모형의 온도 예상 증가량을 막대그래프로 나타낸 것이다.[13] 보다시피 기온이 섭씨 5도 올라갈 것으로 예측한 모형도 적지 않지만 가장 가능성이 큰 온도 상승폭은 약 섭씨 3도이며, 상승폭을 섭씨 2도 미만으로 예측한 모형은 단 하나도 없다. 현재 지표면의 온도는 산업혁명 이전보다 섭씨 1도 이상 따뜻해진 상태다.

그림 33의 점선은 이론에서 예견한 온난화를 확률적으로 추정한 것이다. 곡선이 높을수록 가로축에 표시된 온도만큼 높아질 가능성이 크다.[14] 그래프의 분포 상태를 보면 확률이 가장 높은 온도를 중심으로 좌우대칭이 아니라 한쪽으로 편향되어 있다. 다시 말해서 온난화 변동폭이 큰 쪽(오른쪽)으로는 그래프의 꼬리가 굵

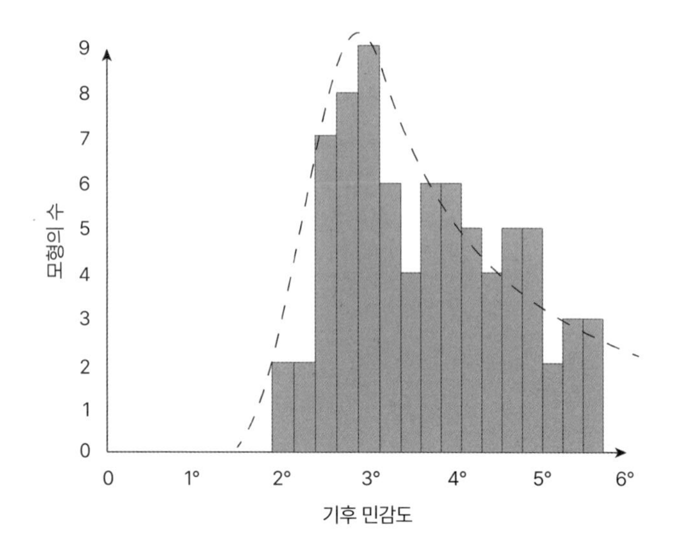

그림 33 IPCC 5~6차 평가보고서의 기초가 되었던 여러 기후모형의 온도 예상 증가량. (대기 중 이산화탄소의 농도가 산업혁명 이전보다 2배 증가했다는 가정하에 계산되었다.) 점선은 온난화를 확률적으로 추정한 값이다. 이론에서 예상했던 대로 온난화(온도 상승폭)가 큰 값 쪽으로 치우쳐 있다.

고 긴 반면,[15] 온난화 변동폭이 섭씨 1도 미만이면 그래프가 0으로 떨어진다.[16] 앞으로 전염병과 금융시장 붕괴를 논할 때도 이와 비슷하게 편향된 사례를 접하게 될 것이다. 어느 한쪽으로 편향되어 있으면서 길고 굵은 꼬리가 있으면 그 저변에 비선형적 특성이 존재한다는 뜻이다.[17]

편향된 분포에서 알 수 있는 한 가지 사실은 온난화의 정도가 단일모형의 예측보다 훨씬 심하다는 것이다. 이 점을 좀 더 정확히 이해하기 위해 한 가지 예를 들어보자. 한 시뮬레이터가 매개변수의 값이 각기 다른 10개의 모형으로 시뮬레이션을 실행하여 {1, 1, 1, 1, 1, 1, 1, 1, 1, 100000}이라는 편향된 예측값을 얻었다. 각 매개변수가 맞을 확률이 동일하다면 단일모형으로 예측했을 때 나올 가능성이 가장 큰 예측값은 당연히 1이다. 그러나 10개의 값에 평균을 취하면 거의 1만이 되어(지금의 사례에서 평균값은 100009/10=10000.9다) 단일모형 예측값과 비교가 안 될 만큼 커진다. 그림 33의 앙상블 데이터를 기초로 삼았을 때 단일모형으로 예측된 가장 확률이 높은 상승폭은 섭씨 2.5~3도지만, 앙상블로 예측된 상승폭은 섭씨 3.6도다. 둘 중 어느 값을 믿느냐에 따라 온난화에 대비하는 마음가짐과 비용도 달라질 것이다.

그림 33의 기후 민감도 그래프가 한쪽으로 편향된 이유는 앞서 언급한 피드백 효과를 이용하여 대부분 설명할 수 있다.[18] 기후변화가 이산화탄소 증가와 관련되어 있다면 지표면의 온도는 앞서 말한 대로 섭씨 1도 남짓 높아지고, 여기에 수증기의 피드백 효과를 고려하면 상승폭이 섭씨 2도를 조금 넘는다. 이처럼 예측값의 폭이 넓고 편향된 분포를 보이는 이유는 구름 피드백 효과가 불확실하기 때문이다.[19] 일부 모형은 음성 구름 피드백 효과를 보이는 반면 대부분의 모형은 양성 피드백 효과를 예견하고 있는데, 이것도 값이 모형마다 제각각이다.

대기 중 이산화탄소 농도가 2배 증가했다는 가정하에 실행되는 실험(그림 33)은 기후변화로 초래된 날씨를 정량화하는 데 유용하긴 하지만 지나치게 단순화된 이론이어서 곧바로 정책에 반영하기에는 다소 무리가 있다. 예를 들어 이런 실험으로는 이산화탄소의 농도가 2배 증가하는 시기를 알 수 없다. 만일 인류가 사태의 심각성을 깨닫고 이산화탄소 배출량을 획기적으로 줄인다면(물론 0으로 줄일 수는 없다) 농도가 2배 증가할 때까지 수백 년이 걸릴 수도 있다. 임기가 고작 몇 년에 불과한 정치인들이 과연 수백 년 후에 벌어질 일에 관심을 가질까?

바로 여기서 앙상블 기후 예측 시스템의 두 번째 용도가 부각된다. 예를 들어 서기 2100년의 기후를 예측하려면 21세기 100년 동안 이산화탄소 배출량의 시간에 따른 변화 추이를 알아야 하는데, 이것은 우리가 기후변화 시뮬레이션을 받아들이는 자세에 달려 있다. 이런 점에서 볼 때 기후모형은 경제모형과 비슷하다. 경제모형에서 예측된 결과가 경제에 영향을 미치는 것처럼, 기후모형도 미래의 기후에 영향을 미친다. 우리가 시뮬레이션의 경고를 무시하느냐 또는 심각하게 받아들이느냐에 따라 지구의 미래 기후는 판이하게 달라질 수 있다. 그렇다면 인류의 반응도 기후를 좌우하는 요인에 추가하여 인간-기후 앙상블모형을 만들 수 있지 않을까? 그렇다. 원리적으로는 얼마든지 가능하다. 어떤 앙상블 멤버에서는 인류가 예측 결과를 무시하고 다른 앙상블 멤버에서는 이산화탄소 배출량을 줄이는 식으로 모형을 설계하면 된다.

그러나 이런 식의 시도는 기후정책의 방향을 결정하는 데 별 도움이 되지 않는다. 정책 입안자들은 규제정책이 있든 없든 시뮬레이션에서 예견된 기후변화 추이를 알고 있어야 한다. 이런 정보가 없으면 규제법안의 가치를 정확하게 평가할 수 없다.

그러므로 주어진 상황에서 최선의 판단을 내리려면 이산화탄소 배출량을 다양하게 가정한 앙상블을 만들어서 시뮬레이션을 실행하는 것이 바람직하다. 전문가들은 각각의 경우를 하나의 '시나리오'라고 부른다. 물론 개중에는 아무 생각 없이 화석연료를 무한정 태우는 최악의 시나리오도 있다.[20] 지금 우리는 석탄을 이 정도로 많이 태우고 있지 않으므로 최악의 상황은 벗어난 듯하다. 또한 화석연료를 느긋하게 서서히 줄여나가는 시나리오도 있고, 탄소 제거 사업에 모든 국력을 쏟아부어서 화석연료 사용을 최대한 자제할 뿐 아니라 대기 중 이산화탄소를 다시 흡수하는 시나리오도 있다.(공학적인 해결법도 있고, 다량의 나무를 심어도 된다.)

대부분의 기후과학자들은 단순한 기후예측보다 기후추정climate projection에 집중하는 경향이 있다. 여기서 말하는 기후추정이란 이산화탄소가 특정한 양만큼 배출된다는 가정하에 내려지는 예측을 의미한다. 탄소 배출량을 다양하게 잡은 여러 개의 시나리오를 하나의 세트로 묶은 것이 기후추정 앙상블이다.*

지난 수십 년 동안 제시된 기후추정과 실제 기후를 비교해보면 시나리오별 예측이 얼마나 중요한지 알 수 있다. 가장 유명한 사례는 1988년에 미국항공우주국의 기후과학자 제임스 한센James Hansen이 제시한 추정치인데, 그는 세 가지 시나리오에 기초한 시

* 한글에서 '예측'과 '추정'은 의미상 별 차이가 없지만, 영어의 'prediction'과 'projection'을 구별하기 위해 어쩔 수 없이 다른 의미로 사용했다. 앞에서 '예측값'과 '추정값'을 같은 의미로 사용했으니 번역상 명백한 모순이다. 그러나 'projection'이라는 단어 하나 때문에 예측과 추정을 다른 의미로 정의하면 혼란스럽기만 할 테니 이 단락에서만 예외로 취급하고 넘어가기로 하자.

뮬레이션 결과를 미국 의회에 공개하여 커다란 반향을 불러일으켰다. 이제 와서 보면 그가 상정한 시나리오 A(위에서 언급한 최악의 시나리오)가 탄소 배출량을 지나치게 높게 잡았다는 느낌이 든다. 물론 그렇다고 해서 한센모형의 추정치가 틀렸다는 뜻은 아니다. 그는 탄소 배출량의 시간에 따른 변화 추이를 예측할 방법이 없었다. 사실 A보다 덜 과격한 시나리오 B가 현실에 더 가깝다. 일부 극소주의자들은 한센의 시나리오 A에 집중하여 지구온난화가 과대평가되었다고 주장했다. 그러나 시나리오 B에서 예측된 온난화는 실제 관측 결과와 거의 정확하게 일치한다. 좀 더 구체적으로 말하면 시나리오에서 추정한 탄소 배출량과 실제 배출량이 비슷한 경우에는 이론적으로 추정한 지표면의 평균 온도 상승폭이 실제 상승 폭과 거의 정확하게 일치했다.[21]

지금까지 우리는 지구의 평균 기온에 초점을 맞춰서 이야기를 진행해왔다. 과학자들이 기후변화를 논할 때 '평균 온도 상승폭'에 주안점을 두는 이유는 그것이 사회적으로 중요한 변수여서가 아니라, 기후의 혼돈적 특성이 한 지역의 온도보다 지구 전체의 평균 온도에 영향을 훨씬 덜 주기 때문이다.* 예를 들어 런던의 기온은 단 한 시간 사이에 섭씨 1도 이상 달라질 수도 있지만, 지표면 전체의 평균 온도는 거의 변하지 않는다. 전체 평균 온도는 섭씨 1도만 달라져도 엄청난 사건이다.

* 기후가 하도 혼돈스러워서 각 지역의 온도를 일일이 예측하는 건 불가능하니 전체적인 평균값을 다룰 수밖에 없다는 뜻이다.

그러나 기후변화를 설명할 때 지구의 평균 온도를 인용하면 현실적인 의미가 금방 와닿지 않는다. 우리가 느끼는 것은 평균 온도가 아니라 우리 동네의 온도기 때문이다. 영국의 작가이자 저널리스트인 마크 라이너스Mark Lynas가 쓴《최종 경고: 6도의 멸종》은 평균 온도가 섭씨 1도씩 상승할 때마다 닥쳐올 재난을 가장 실감나게 서술한 명저로 꼽힌다.

일단은 평균 온도의 상승폭을 섭씨 4도로 고정하고 이야기를 풀어내보자. 이 값은 이산화탄소가 2배로 증가했을 때 예상되는 상승폭보다 조금 크지만(그림 33 참고), 가까운 미래에 도달할 가능성이 매우 크다. 라이너스는 평균 온도가 섭씨 4도만큼 높아진 세상을 어떻게 표현했을까? 여기서 잠시 그의 글을 읽어보자.

> 평균 온도가 섭씨 4도 높아지면 완전히 새로운 국면으로 접어들어 지구의 상당 부분이 '거주 불가능 지역'으로 분류될 것이다. 오늘날 폭염으로 인한 사망자는 주로 노년층이나 어린이 같은 취약계층에서 주로 발생하지만 지구 전체의 평균 온도가 섭씨 4도 증가하면 건강한 사람도 폭염으로 사망할 수 있다. 이것은 열역학 법칙에 근거한 물리적 사실이다.

우리는 무더운 날 땀을 흘리면서 체온을 유지한다. 땀이 증발할 때 여분의 열을 빼앗아가기 때문이다.(이것을 증발냉각이라 한다.) 그러나 온도와 습도가 임계값을 넘으면 땀을 흘려도 증발하지 않기 때문에 올라간 체온이 다시 낮아지지 않는다. 이럴 때 에어컨

이 설치된 곳으로 들어가지 않으면 사망할 수도 있다. 그늘 밑으로 피하는 것은 별로 좋은 생각이 아니다. 사람의 경우 생존을 위협하는 임계값은 습구온도wet-bulb temperature(수은주의 끝을 젖은 천으로 감싼 것을 습구온도계로 측정한 온도)로 섭씨 35도다.

우리는 아직 이런 온도를 겪은 적이 없지만, 지난 2015년에 이란의 반다르에마쉬아르에서 습구온도가 섭씨 34.6도에 도달하여 전쟁을 방불케 하는 난리를 치른 적이 있다.[22] 라이너스는 온도가 섭씨 4도만큼 높아지면 중동의 대부분 지역과 인도, 중국을 포함한 남아시아 사람들이 살인적인 폭염을 피해 고위도 지역이나 고산 지역으로 이주할 가능성이 크다고 지적했다.

지중해 같은 아열대 지역은 중동만큼 뜨겁진 않겠지만 비를 머금은 폭풍이 극지방으로 이동하면서 점차 사막으로 변할 것이고,[23] 세계 주요 곡창지대에 동시다발적으로 극심한 가뭄이 들어 전례 없는 식량난이 닥칠 것이다.

더욱 안 좋은 것은 습도가 높을수록 폭풍의 위력이 강해진다는 점이다. 수증기가 액체(물)로 응결될 때 방출되는 잠열latent heat은 폭풍의 강도를 좌우하는 핵심 요인 중 하나로서, 당연히 대기 중에 수증기가 많을수록 잠열 방출량도 많아진다. 이렇게 강력해진 폭풍이 높아진 해수면(물의 열팽창과 붕괴되어 떨어져 나온 빙하의 조합으로 발생한다)을 타고 불어닥치면 전 세계 해안 도시는 막대한 피해를 입을 수밖에 없다.

라이너스에 의하면 온도가 섭씨 4도 이상 높아진 세상은 가히 지옥이라 할 만하다. 그래도 사람들은 과학기술과 임기응변을 총동원하여 어떻게든 살길을 모색하겠지만 이런 세상에서 살기를 원하는 사람은 없다.

라이너스의 섬뜩한 경고를 곧이곧대로 믿을 필요는 없다. 기후모형은 구조적으로 일기예보와 비슷하기 때문에(1950년대의 날씨모형을 개선한 것이다) 지구의 평균 기온뿐 아니라 국지적인 기상변화까지 시뮬레이션할 수 있다.

그 덕분에 우리는 기후모형을 이용하여 현재 관측된 기상 현상(캐나다의 폭염, 독일의 홍수 등)과 기후변화 사이의 인과관계를 추적할 수 있다. 극대주의자들은 최근에 관측된 극단적인 기상 현상을 어떻게든 기후변화와 연관 지으려 애를 쓰고, 극소주의자들은 그것이 기후의 혼돈적 특성 때문이라고 주장한다. 이들의 논쟁은 당분간 끝나지 않을 것 같다.

바로 이 대목에서 앙상블의 세 번째 기능이 부각된다. 일단 두 개의 물리기반모형이 주어졌다고 하자. 첫 번째 앙상블 모형은 산업혁명 직전의 이산화탄소 농도를 그대로 유지한 채 100년 동안 실행하고, 두 번째 앙상블은 100년 사이에 이산화탄소 농도가 2배 높아지도록 관련 변수를 조절하면서 실행한다. 그리고 또 한 가지, 시뮬레이션의 목적이 '기후변화가 캘리포니아에 폭염을 몰고 올 것인가?'라는 질문의 답을 구하는 것이라고 가정하자. 이런 경우 두 개의 앙상블에서 폭염이 발생하는 횟수를 비교하면 대략적인 답을 알 수 있다. 기후모형에 현실이 충실하게 반영되어 있다면 첫 번째 앙상블에서 캘리포니아의 폭염은 자발적으로 발생할 것이다. 유별난 더위는 기후변화의 자연스러운 결과이기 때문이다. 그리고 두 앙상블의 폭염 빈도수를 비교하면 캘리포니아 폭염에 탄소 배출이 기여하는 정도를 가늠할 수 있다.[24] 옥스퍼드대학교의 연구 동료인 마일스 앨런Myles Allen은 2003년에 실제 기상 현상을 기후변화와 연관 짓는 기술을 개발하여 IPCC의 보고서에서 좋은 평가를 받았다.[25]

혼돈계가 똑같은 길을 두 번 이상 가지 않는다는 것은 분명한 사실이다. 그러므로 실제 기상 현상이 탄소 배출로 인해 발생했다고 100퍼센트 확신할 수 없다. 하지만 핵심은 이게 아니다. 중요한 것은 기후변화로 인해 앞서 서술한 재앙이 초래될 확률이 1000년당 1회에서 10년당 1회로 무려 100배나 높아졌다는 것이다. 이런 통계자료를 활용하면 산림관리법을 강화하거나 홍수 방어 시설을 구축하는 등 급하게 보완해야 할 부분을 선별할 수 있다.

이런 식의 대처는 극단적인 기상 현상이 발생하지 않는 한 꽤 효율적이다. 그러나 극단적인 기상 현상이 발생하면 문제가 심각해진다. 2021년에 브리티시컬럼비아에 찾아온 지독한 폭염과 유럽, 중국(허난성), 뉴욕에 쏟아진 기록적 폭우는 지금의 기후모형으로 예측할 수 없는 재난이었다. 모형에 사용된 그리드박스가 극단적인 온도와 강우, 바람 등을 포함할 정도로 세분화되어 있지 않기 때문이다. 현재 사용되는 모형으로 시뮬레이션을 하면 산업혁명 이전이나 21세기에 이런 재난이 발생할 확률은 0이다. 그러므로 앞에서 설명한 분석법을 적용했을 때 기후변화가 우리에게 미치는 영향은 0/0, 즉 부정undetermined, 不定이다. 다시 말해서 어떤 영향도 미칠 수 있다는 뜻이다. 게다가 우리가 관심을 가지고 있는 것은 이런 극단적인 사건들이다. 따라서 현재의 기후모형으로 기온이 섭씨 4도 더 높은 지구의 극단적인 기후를 추정하면 실제보다 과소평가될 가능성이 크다.

극단적인 날씨는 전반적인 기후변화 때문에 초래된 기상 현상인가? 확답하긴 어렵지만 완전히 무관하진 않다. 진상을 규명하려면 그리드박스를 좀 더 세분해서 기후모형의 정확도를 높이는 수밖에 없다.[26] 이 점에 대해서는 나중에 다시 언급할 것이다.

* * *

극대주의와 극소주의, 어느 쪽이 과학적으로 옳은 것일까?

양측의 주장에서 틀린 것부터 지적해보자. 일단 기후변화는 파국적 결과를 가져온다는 극대주의자의 주장은 과학적으로 이치에 맞지 않는다. 가장 중요한 요인인 구름 피드백 자체가 불확실한데 '반드시 그렇게 된다'는 식으로 주장하는 것은 논리가 아니라 억지에 가깝다.

그러나 (앞에서 말한 바와 같이) 극소주의자의 주장도 여러 가지 면에서 과학적으로 옳지 않다. 예를 들어 결정론적 일기예보가 며칠 후의 날씨를 틀리게 예측했다고 해서 100년에 걸친 장기예보까지 무시할 수는 없다. 기후변화를 예측하는 것은 애비와 비에르크네스가 제안했던 초기 조건 문제(5장 참고)와 본질적으로 다르다. 며칠 단위로 이루어지는 일기예보에서는 미래의 특정 시점에 기상 상태가 기후 끌개climate attractor의 어느 위치에 있는지 알아내는 것이 핵심이지만, 기후 예측에서는 외부의 힘(탄소 배출 등)에 의해 기후 끌개의 형태 자체가 변하는 과정을 추적한다. 둘 사이의 차이는 2장 그림 11의 로렌즈모형에 잘 나와 있다. 주어진 끌개 안에서 미래의 기상 상태가 놓일 위치를 알아내는 것보다 끌개의 형태가 변해가는 과정을 알아내는 것이 훨씬 쉽다.

극소주의자의 두 번째 오류는 30년 전 모형으로 얻은 결과를 지나치게 신뢰한다는 점이다. 이 모형에서 예측된 온난화는 사실보다 크게 과장되었으며, 그 외에는 검증 가능한 예측을 하나도 내놓지 못했다. 앞에서도 말했듯이 초기의 날씨모형은 정확한 이산화탄소 배출 시나리오가 주어졌을 때 온난화 정도를 매우 정확하게 예측했다. 또한 최초의 기후모형은 성층권의 온도가 내려가는 것과 북극의 온난화가 가장 심하게 나타난다는 것을 정확하게 예측했다.

극소주의자가 주장하는 내용 중에는 사실이긴 하지만 오해의 소지가 다분한 것도 있다. 일단 재앙에 가까운 극단적인 기상 현상이 자연적인 기후변화의 결과가 아니라고 단언할 수 없다는 그들의 주장은 옳다.* 그러나 앞서 말한 대로 이런 주장은 사실을 호도하기 쉽다. 우리가 알고 싶은 것은 극단적인 날씨의 원인이 아니라, 그런 현상의 발생 빈도 및 기후변화에 따른 발생 빈도의 증감 여부다.

대기 중 이산화탄소가 많으면 지구를 푸르게 하는 데 도움이 된

* 극단적인 날씨는 기후가 자연스럽게 변하면서 나타난 결과일 수도 있다는 뜻이다.

다는 극소주의자의 주장도 오해의 소지가 다분하다. 틀린 말은 아니지만 이산화탄소가 이렇게 좋은 쪽으로 작용하려면 날씨의 전폭적인 지원을 받아야 한다. 강우량이 너무 많거나 적으면 식물이 자랄 수 없으므로 식물의 산소인 이산화탄소가 아무리 많아도 소용없다. 중독 성분이 함유된 진정제처럼 복용 초기에는 효과가 좋지만 계속 복용하다 보면 자신도 모르는 사이에 판단력이 흐려진다.

기후과학은 미래의 기후를 다양한 수준에서 확률적으로 예측하는 과학이다. 그러므로 우리가 극대주의나 극소주의, 또는 그 사이의 특정 지점을 향해 가고 있다고 주장하는 것은 전혀 과학적이지 않다.

독자들은 지금까지 이 책을 읽으면서 내가 극소주의보다 극대주의에 더 가깝다는 느낌을 받았을 것이다. 그러나 극소주의자들이 펼치는 논리 중에 도저히 무시할 수 없는 것이 하나 있다. '기후 모형은 부분적으로나마 신뢰도가 떨어진다'는 주장이다. 사실 지구온난화에 대한 확률적 예측이 완전히 틀린 건 아니다. 여기서 내놓은 결과가 대기 습도의 물리학과 정확하게 일치하기 때문이다. 게다가 상층 대기와 하층 대기에서 수십 년에 걸쳐 관찰된 온도 변화가 외부의 힘(변하는 태양)이나 대기 내부의 역학적 메커니즘 때문이라고 생각하기도 어렵다.

그러나 기상학자들이 계산한 구름 피드백 효과의 신뢰도가 떨어지는 데에는 그럴 만한 이유가 있다. 구름을 매개변수로 취급하는 그 어떤 모형도 이른바 중간규모mesoscale(개별 구름보다 크면서 모형의 격자보다 작은 규모)의 구조를 적절하게 표현하지 못한다.

예를 들어 층운stratus cloud에는 벌집처럼 곳곳에 구멍이 뚫려 있는데,[27] 현재 통용되는 모형은 그리드박스의 수평 길이가 100킬로미터나 되기 때문에 이런 세부 구조를 표현할 수 없다. 뇌운이 집결하여 초대형 폭풍이 형성되는 것도 기후모형으로 표현할 수 없는 또 다른 유형의 중간규모 현상이다. 뇌운이 모이면 주변 공기가 비교적 맑고 건조해지면서 지구의 복사열 균형에 변화를 초래한다. 구름의 중간규모 구조가 기후변화에 따라 진화한다면 구름 피드백도 이 점을 고려하여 수정되어야 한다.

지금의 기후모형은 이와 같은 단점이 있어서 계절에 따른 지역별 평균 강수량을 예측할 때마다 항상 비슷한 수준으로 벗어난다.(즉, 관측값을 기준으로 삼았을 때 항상 같은 방향으로 편향된다.)[28] 기후는 본질적으로 비선형계이기 때문에 국소적인 규모에서 신뢰도가 떨어질 수밖에 없다.

AI를 대상으로 기상학 버전의 '튜링 테스트'를 실행한다고 가정해보자. 튜링 테스트(또는 '이미테이션 게임'이라고도 한다[29])란 미지의 대상(주로 AI)에게 일련의 질문을 던졌을 때 돌아오는 답변을 분석하여 그 대상이 사람인지 또는 기계인지를 알아맞히는 게임이다. 현재의 AI 중에서는 이 테스트를 통과한 사례가 아직 없으므로 현재의 기후모형도 통과하지 못할 것이다. 즉, 답변을 분석하면 실제 관측 데이터가 아니라 컴퓨터모형으로 시뮬레이션한 값임을 쉽게 알 수 있다.[30]

기후모형은 이런 단점이 있지만 미래를 이해하고 평가하는 유일한 도구이기에 마냥 무시할 수도 없다. 게다가 기후모형은 다른 실험과학과 본질적으로 다르다. 실제 날씨를 재현할 수 있는 실험실은 이 세상에 존재하지 않기 때문이다.

기후모형은 탄소 배출에 관한 대책을 세울 때 핵심적 역할을 한다. 여기서 가장 중요한 키워드는 티핑 포인트tipping point다. 빙상*과 우림, 해류는 한 번 변하면 탄소 배출량을 아무리 줄여도 원래대로 되돌아가지 않는데, 이렇게 '되돌릴 수 없는 지점'을 티핑 포인트라 한다. 나무는 마음만 먹으면 얼마든지 심을 수 있지만 한 개 또는 여러 개의 티핑 포인트를 통과한 후에는 나무를 아무리 많이 심어도 이전 상태로 되돌아갈 수 없다. 문제는 기후모형의 해상도가 너무 낮아서(즉 그리드박스가 너무 커서) 티핑 포인트의 발생 여부를 정확하게 알 수 없다는 점이다.

기후모형으로 얻은 결과는 국소 규모에서 기후변화에 대한 사회적 취약점을 파악하고 회복을 위한 투자 여부를 판단할 때도 중요한 정보를 제공한다. 특히 극단적인 날씨가 더욱 극단적으로(습구온도 섭씨 35도 이상) 치달을 가능성이 큰 개발도상국에서는 기후모형이 국가의 운명을 좌우할 수도 있다. 이런 국가에서는 대응 전략의 우선순위를 결정하는 것이 중요한데, 이게 결코 쉬운 일이 아니다. 폭우보다 가뭄을 해결하는 데 더 큰 비용을 투자해야 하는가? 아니면 그 반대인가? 올바른 결정을 내리려면 고해상도 기후 시뮬레이션이 반드시 필요하다.

기후모형은 에어로졸(불순물)을 성층권에 살포하여 태양광을

* 육지를 덮은 얼음층을 말한다.

다시 우주로 반사시키는 등 사람들이 기후조절에 적극적으로 임하는 시나리오 B에서도 중요한 역할을 한다.[31] 선불리 에어로졸을 뿌렸다가 우기가 바뀌거나 열대우림에 수분 공급이 차단되는 등 의외의 부작용이 생길 수도 있기 때문이다. 이런 가능성을 정확하게 판단하려면 위험한 정도를 수치로 환산해야 하고, 이 작업을 실행할 수 있는 도구는 기후모형밖에 없다.

그래서 나는 현재 통용되는 기후모형이 별로 만족스럽지 않다. IPCC에서도 해상도가 낮은 다중모형 앙상블을 사용한다. IPCC는 기후변화의 위험성을 전 세계에 경고해왔지만 국소 지역 수준에서 발생할 수 있는 극단적인 변화를 예측하는 능력은 아직 한참 모자란다. 문제는 대부분의 연구소에 인력과 전산 자원이 태부족하다는 것이다. 이런 환경에서는 고해상도의 모형을 시뮬레이션할 수 없으므로 고해상도 앙상블 예측도 할 수 없다.

기후변화의 불확실성을 조금이라도 줄이려면 기후모형을 집중적으로 개발하는 새로운 조직체계가 필요하다. 군소 규모의 연구소들이 당면한 문제를 한두 개씩 해결하는 것보다, 입자물리학 분야의 세른(힉스 보손Higgs boson을 발견한 곳이기도 하다)처럼 '기후변화를 연구하는 세른'을 조직하여 모든 인력과 자원을 집중해야 한다.[32] 전 세계 과학자들이 모든 자원을 공유하면서 긴밀하게 협력해야 고해상도의 기후모형을 개발할 수 있다. 아프리카에는 이런 속담이 있다. "빨리 가고 싶으면 혼자 가고, 멀리 가고 싶으면 함께 가라." 자선단체의 도움을 받는 것도 한 가지 방법이다. 장담하건대, 통합된 형태의 기후연구소 연간 운영비는 우주선 몇 대를 발사하는 것보다 비싸지 않을 것이다.

이런 연구소(또는 전 세계 기후연구소의 허브)가 설립되면, 5장에서 언급했던 일기예보와 관련하여 앙상블 예측의 네 번째 기능이 빛을 발휘한다. 앞에서도 지적했듯이 미래의 기후를 예측할 때 변덕스러운 날씨는 별 문제가 되지 않는다. 그래서 일기예보와 달라 정확한 초기 조건을 찾으려고 애쓸 필요가 없다. 반면에 바다의 움직임은 10년 단위로 부분적 예측이 가능하다. 서문에서 언급한 대로 아프리카 사헬 지대에 10년 단위로 찾아오는 가뭄은 대서양의 순환과 관련되어 있으며, 이 순환은 본질적으로 예측 가능하다. 즉, 꾸준한 관측을 통해 해양 순환이 정확하게 초기화되는 순간을 여러 번 포착하여 데이터를 수집한 후에 일련의 앙상블 예측을 실행하면 된다. 여기에 탄소 배출 시나리오까지 포함한 앙상블을 실행하면 지역 기후를 수십 년 단위로 추정할 수 있다.[33] 물론 여기에도 고해상도 기후 앙상블이 필수적으로 요구된다. 아마도 이것은 인력과 전산 자원을 통합한 국제 연합 기관의 이상적인 목표가 될 것이다.

여러 가지 기후모형을 하나의 단일기후모형으로 통합하자는 뜻이 아니다. 그러나 튜링 테스트를 통과할 정도로 높은 해상도를 갖춘 몇 개의 모형(대륙당 한두 개)을 개발하는 것은 나름대로 의미가 있다. 나는 극대주의자들과 극소주의자들이 여기에 모두 동의해주기를 바란다. 기후 시스템이 기초물리학의 법칙으로 더 많이 표현될수록 결과에 대한 신뢰도는 더욱 높아진다.

지금까지 언급된 내용을 요약해보자. 극대주의와 극소주의, 둘 중 한쪽을 일방적으로 지지하는 것은 전혀 과학적이지 않다. 이 장의 핵심은 기후변화를 대하는 태도가 일기예보의 경우처럼 '위험 예방'이라는 취지에서 결정되어야 한다는 것이다. 기후의 불길한 변화 조짐이 지금 당장 예방조치를 취해야 할 정도로 심각한가? 만일 그렇다면 논쟁은 시간 낭비일 뿐이다. 1장에서 말한 것처럼 지구가 무한 나선 궤적을 그리며 움직일 가능성을 생각해보자. 만일 이런 일이 실제로 일어난다면, 인류는 곧바로 멸종할 것이므로 모든 자원을 총동원해서 화성 이주 프로젝트를 밀어붙여야 한다.(화성은 정상 궤도를 유지한다고 가정하자.) 그러나 지구가 나선 궤적을 그릴 확률은 무시할 수 있을 정도로 작기 때문에(태양계의 앙상블 멤버 중 지구가 현재의 궤도를 벗어난다고 예측한 사례는 단 하나도 없다) 지구를 떠나겠다고 난리 치는 것은 명백한 낭비다. 그렇다면 평균 기온이 섭씨 4도 높아지는 사태도 무시할 수 있을까? 천만의 말씀이다. 섭씨 4도면 대기 중 이산화탄소 농도가 2배로 증가하는 경우와 10분의 몇 도밖에 차이 나지 않는다.

다수의 전문가와 대중들이 천문학적 비용을 들여서라도 예방할 가치가 충분히 있다고 결정했을 때, 이 장에서 논한 불확실성 운운하며 딴지를 거는 것은 매우 무책임한 행동이다. 불확실성 때문에 예방조치를 취하지 않는 불상사는 절대로 없어야 한다. 그러나 일단 행동을 취하기로 결정했다면 불확실성을 줄이거나 불확실한 추정의 신뢰도를 높이기 위해 지속적인 투자가 이루어져야 한다. 그렇다면 위험도와 비용의 경중은 어떻게 결정해야 할까? 이 문제는 잠시 놔뒀다가 10장에서 다루기로 하자.

7장

팬데믹: 바이러스와 정치인 사이에서

코로나-19는 전 세계 수백만 명의 목숨을 앗아간 최악의 재난이었다. 그러나 부정적인 면을 잠시 제쳐두고 생각하면 앙상블 예측의 역할을 입증한 흥미로운 사례이기도 했다. 또한 코로나-19는 여러 가지 면에서 기후 문제와 매우 비슷하다. 이로부터 우리는 무엇을 배울 수 있을까?

코로나 팬데믹 초기에는 많은 국가가 사전 경험이 전무한 상태에서 중대 결정을 내려야 하는 난감한 상황에 직면했다. 영국을 비롯한 일부 국가에서는 감염자 수의 증가 추세를 예측하고 대규모 구제 계획을 세웠으나 인구의 대다수가 무증상 보균자였기에 실효를 거두지 못했다. 어쨌거나 전 세계 국가들은 하루속히 결단을 내려야 했다. 바이러스가 널리 퍼져서 의료 서비스가 마비되는 사태를 미연에 방지하려면 국경을 봉쇄할 수밖에 없는데, 그러면 국제 교역이 중단되어 경제에 심각한 타격을 입게 된다. 국민의 건

강과 경제적 부 가운데 어느 쪽이 더 중요한가? 당장 결단을 내리기 어렵다면 차선책도 있다. 경제가 심하게 침체되지 않는 수준에서 교역량을 조금 줄이고, 약간의 환자 발생을 감수하면서 집단면역이 형성될 때까지 기다리는 것이다. 일부 국가는 좀 더 자유방임적인 후자를 선택했지만 대부분은 국경을 봉쇄하는 쪽으로 가닥을 잡았다.

이것은 기후정책과 놀라울 정도로 비슷하다. 이 분야에서도 탄소 배출량을 가능한 한 빨리 0으로 줄이는 강경책과 경제 성장을 지속하기 위해 완급을 조절하는 차선책이 있다. 내가 보기에 팬데믹 기간 동안 경제 성장을 위해 규제를 최소화해야 한다고 주장했던 사람은 환경 분야에서도 화석연료 규제를 최소화해야 한다고 생각하는 경향이 있었다.

영국의 정치인들은 전염병에 대처할 때 최대한 과학을 따라야 한다고 주장했다. 그러나 기후변화 문제에서도 그랬듯이 과학 자체는 특정 정책을 옹호하지 않는다. 기후변화에 따른 위험을 줄이고 싶을 때 기후과학은 '탄소 배출량을 줄이는 게 유리하다'고 **권할 뿐**, '탄소 배출량을 반드시 줄여야 한다'고 **강요하지 않는다**. 이런 것을 의무 사항으로 여기는 주체는 과학이 아니라 인간이다. 마찬가지로 의료 서비스가 마비되는 사태를 방지하고 싶을 때 코로나 관련 과학 이론은 '대인접촉을 줄이는 쪽이 유리하다'고 권할 뿐, '대인접촉을 완전 차단해야 한다'고 강요하지 않는다. 이것도 인간의 판단에 따라 가중치가 달라질 수 있다.

환자 과잉으로 의료 서비스가 마비되는 사태를 최소화하려면 여러 가지 정책에 따른 예상 환자 수를 알아야 한다. 수학적으로 말해서 환자 수를 다양한 정책의 함수로 표현하는 방법을 개발해야 한다는 뜻이다. 그러므로 예상되는 환자의 수는 정책에 따라 달라지는데 이것도 기후정책과 빼다 박았다. 그래서 팬데믹모형 개발자들은 기후모형 개발자들과 동일한 용어를 사용한다. 특정한 정책에서 얻은 예측값을 추정치projection라고 부르는 것도 그중 하나로서 여러 가지 정책 중 하나를 선택할 때 중요한 정보를 제공한다. 예를 들어 정부가 대인접촉을 최대한 제한하는 정책을 시행 중일 때, 일상적인 접촉을 허용한다는 가정하에 추정된 환자 수와 실제 환자 수를 비교하는 것은 별로 좋은 생각이 아니다. 이것은 마치 탄소를 실제보다 많이 배출한다는 가정하에 얻은 온난화 추정값과 실제 관측된 온도를 비교하는 것과 같다.

전형적인 코로나예측모형은 매우 단순하다. 이 모형에서 모든 사람은 다음과 같은 세 가지 부류로 나뉜다. 첫 번째는 아직 바이러스와 접촉하지 않았지만 감염되기 쉬운 사람, 두 번째는 이미 바이러스에 감염되어 타인에게 옮길 수 있는 사람, 세 번째는 바이러스에 감염되었다가 회복되었거나 사망하여 타인에게 전염시킬 가능성이 없는 사람. 이것을 흔히 SIR모형이라 한다.(SIR은 감염되기 쉬움susceptible, 감염됨infected, 제거됨removed의 약자다.)

효과적인 백신이 개발된 후에도 SIR모형은 여전히 유용하다. 전국 규모로 예방접종을 실시하면 첫 번째에 속한 사람들은 감염에 덜 취약해지고, 입원 치료가 필요한 환자와 사망자 수도 감소하여 SIR모형에서 R(제거됨) 값이 커진다.

전염병의 확산 추이를 예측하기 어려운 이유는 위에 언급한 1~3단계 분류법이 불확실해서가 아니라, 사람들끼리 접촉하는 방식 자체가 불확실하기 때문이다. 즉, 한 개인이 1~3단계 중 어디에 속하게 될지 예측하기가 어렵기 때문에 미래의 확산 추이를 예측하기도 어려운 것이다. 가장 이상적인 사례로 모든 개인의 상호작용 빈도가 똑같아서 타인에게 전염병을 옮길 가능성도 완전히 똑같은 가상의 집단을 상상해보자. R_0는 이 집단의 특성을 나타내는 매개변수로서 한 사람의 감염자가 감염시키는 인원의 평균값을 의미한다. 예를 들어 R_0가 2라면 한 사람이 평균 2명을 감염시키고, R_0가 4라면 한 사람이 평균 4명, R_0가 8이라면 한 사람이 평균 8명을 감염시킨다는 뜻이다. R_0가 1보다 작으면 시간이 흐를수록 질병이 점차 잦아들다가 사라지지만, R_0가 1보다 크면 감염자 수는 지수함수에 따라 증가한다.**

물론 우리는 각자 다른 도시, 다른 지역에 거주하고 있으므로 감염 확률이 모두 같을 수는 없다. 잉글랜드 남부에 살고 있는 나는 스코틀랜드 사람보다 런던 시민과 접촉할 확률이 훨씬 높다. 이런 차이를 감안하려면 R_0값을 지역마다 다르게 설정해야 한다. 게다가 아주 작은 동네마다 R_0값이 다르면(얼마든지 그럴 수 있다!) R_0가 단순한 매개변수가 아니라 지역에 따라, 그리고 시간에 따라

* 사망자 수는 감소하지만 타인에게 전염시킬 가능성이 없는 생존자의 증가폭이 훨씬 크기 때문에 결과적으로 R값이 증가하는 효과를 가져온다.

** n단계의 감염을 거치면 감염자 수가 R_0^n이 되므로 감염 단계와 감염자 수는 지수함수의 관계다.

달라지는 동적 변수dynamical variable가 된다.

R_0값이 균일한 지역(이것을 동형homogeneous 집단이라 하고, 그 반대를 이형heterogeneous 집단이라고 하자)에서 가장 크게 벗어난 사례는, 유난히 많은 사람을 감염시키는 슈퍼 전파자superspreader와 유난히 감염자가 많이 발생하는 사건 슈퍼 전파자 사건superspreader event이다. 단 몇 건의 슈퍼 전파자 사건 때문에 전체 감염률이 높아질 수도 있을까? 이 중요한 질문에 답하려면 균일 전파 가정을 폐기하고 개인 간 상호작용을 연령대와 지리적 위치 등의 함수로 간주해야 한다.(단, 다루기 어려울 정도로 복잡할 필요는 없다.)

이형 사회를 모형으로 구현하는 한 가지 방법은 집단 전체를 하나의 네트워크로 간주하는 것이다.[1] 네트워크를 수학적으로 표현하면 노드node라 부르는 점들과 이들을 연결하는 링크link(선)로 이루어진 집합이다. 그림 34는 네트워크의 간단한 사례로서 모든 개인은 노드에 해당하고 이들이 새로운 사람과 상호작용(물리적 접촉)을 할 때마다 링크로 연결된다.

칵테일파티가 한창 열리고 있는 무도회장을 떠올려보자, 여기 참석한 사람들은 모두 처음 보는 사람들이다. 이 경우 파티 참석자들은 네트워크의 노드가 되고, 두 사람이 대화를 나눌 때마다 새로운 링크가 생성된다. 이런 파티에서는 누가 누구에게 말을 걸지 예측할 수 없으므로, 확률적인 방법으로(즉 난수를 사용하여) 모형을 만들어야 한다. 한 개인이 타인과 상호작용할 확률을 p라 하자. 파티 참가자들이 한결같이 내성적이라면 p는 0에 가깝고, 외향적이라면 1에 가까울 것이다. 그리고 노드는 확률 p에 따라

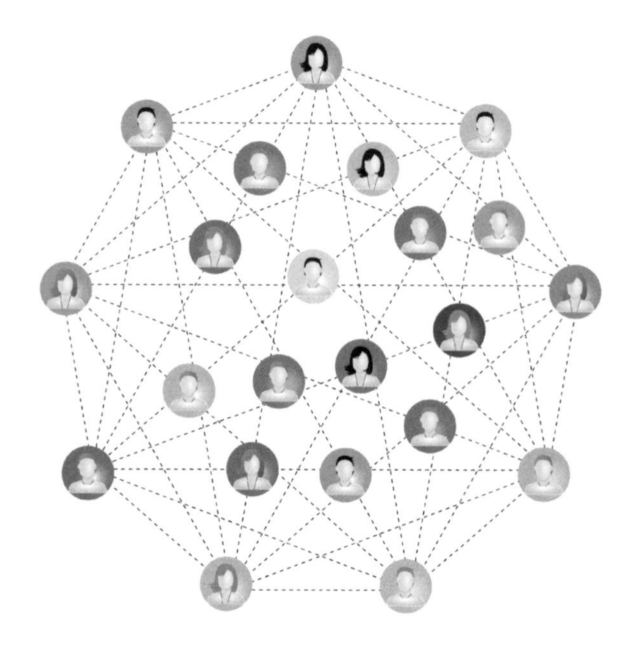

그림 34 인간 네트워크의 사례. 각 개인은 네트워크의 노드에 해당하고 특정인과 상호작용을 교환하면 링크로 연결된다.

무작위로 연결된다.

이런 네트워크를 '무작위 네트워크'라 부르기로 하자. 무작위 네트워크의 흥미로운 특성 중 하나는 이 세상이 얼마나 좁은지 실감 나게 보여준다는 점이다. 전 세계 80억 인구 중 두 사람 A와 B를 임의로 골랐을 때, A가 아는 사람의 아는 사람의 아는 사람의 아는 사람의 아는 사람의 아는 사람은 B를 알고 있다. 즉, 당신으로부터 시작해서 '중간 연결자' 여섯 명을 거치면 이 세상 모든 사람과 연결된다는 뜻이다. 네트워크 이론이 개발된 후 여러 해

동안 전문가들은 사회적 상호작용을 포함한 여러 가지 유형의 상호작용을 무작위 네트워크로 매우 정확하게 설명할 수 있다고 생각했다.

무작위 네트워크에서 p가 작으면 노드를 연결하는 링크의 수도 작다. 즉, 이런 네트워크에서는 링크가 여러 개인 노드가 존재할 가능성이 매우 작다. 예를 들어 노드가 100개이고 p가 0.02일 때, 각 노드에서 뻗어 나온 링크의 평균 개수는 약 두 개이며, 이 네트워크에 링크가 여덟 개인 노드가 존재할 확률은 거의 0에 가깝다. A가 B와 상호작용할 확률이 p이면 A가 B, C와 모두 상호작용할 확률은 $p \times p = p^2$이기 때문이다.* p가 0.02처럼 작은 수이면 p^2은 0.0004로 더 작아진다. 그러므로 링크가 k개 달린 노드의 수는 k가 클수록 지수함수적으로 감소한다. 증가나 감소 앞에 '지수함수적'이라는 말이 붙으면 증가하거나 감소하는 속도가 엄청나게 빠르다는 뜻이다.

그러나 현실 세계에서는 이런 가정이 통하지 않는 경우가 종종 있다. 칵테일파티에 저명인사 몇 명이 참석했다고 가정해보자. 그러면 많은 사람이 그들과 대화를 나누려 모여들 것이므로 일반인의 노드보다 저명인사의 노드에 더 많은 링크가 연결될 것이다. 월드와이드웹에서 개개의 URL(웹사이트 주소)을 노드로 간주하면 대부분은 링크가 적은 노드들이고, 링크가 유난히 많은 노드

* 따라서 p가 0.02인 경우 A가 여덟 명과 상호작용할 확률은 $p^8 = (0.02)^8 = 2.56 \times 10^{-14} \approx 0$이다.

가 드물게 존재한다.(후자를 흔히 허브hub라고 부른다.) 항공교통망에서도 대부분의 공항(노드)은 링크가 몇 개 안 되지만 링크가 압도적으로 많은 허브 공항이 간간이 눈에 띈다. 이런 공항은 코로나-19 팬데믹 기간 동안 바이러스를 실어 나르는 슈퍼 전파자 역할을 했다.

허브가 존재하는 네트워크에서 링크가 k개인 노드의 수는 k가 커져도 빠르게 감소하지 않는다. 이런 경우 임의의 노드에 k개의 링크가 연결될 확률은 멱법칙power-law*을 따른다. 간단히 말해서 k가 클수록 확률이 감소하지만, 지수함수만큼 빠르게 감소하진 않는다는 뜻이다.

유체의 운동에서 난기류의 에너지가 소용돌이 크기에 따라 변하는 양상도 멱법칙으로 설명되며, 프랙털기하학도 멱함수 분포와 밀접하게 관련되어 있다. 폴란드 태생의 수학자 망델브로(프랙털이라는 용어를 최초로 사용했다)는 이 연관성을 간파하고, 그의 저서 《프랙털 이론과 금융시장》에서 멱함수 분포 법칙을 따르는 모형에서는 금융붕괴와 같이 일어날 가능성이 지극히 작은 사건도 얼마든지 일어날 수 있다고 경고했다.[2] 실제로 멱법칙은 거의 모든 다중규모 시스템(질병 확산, 경제, 날씨, 심지어 우주 전체!)의 비선형적 특성을 설명해준다.

'감염되기 쉬운 사람' '이미 감염된 사람' '감염되었다가 회복한 사람'이라는 세 종류의 노드 1만 개로 이루어진 네트워크를 생각

* 한 수가 다른 수의 거듭제곱으로 표현되는 두 수의 함수적 관계다.

해보자. 이 네트워크가 멱법칙을 따른다면, 감염 확산을 억제하는 최선책은 슈퍼 전파자인 허브를 집중적으로 단속하는 것이다. 즉, 허브의 링크를 최소한으로 줄이면 전체적인 감염률이 가장 큰 폭으로 줄어든다.[3] 100개의 링크를 임의로 골라서 자르는 것보다는 허브에서 나온 링크 100개를 집중적으로 자르는 것이 전파를 막는 데 훨씬 효과적이다.

이런 네트워크모형은 이형 집단의 비균질성이 어떤 결과를 낳는지 뚜렷하게 보여주지만, 감염자 수(또는 입원 대기 환자의 수)를 추정하기에는 지나치게 단순화되어 있다. 영국 같은 나라에서 이와 유사한 네트워크를 사용하여 감염자 수를 추정하려면, 노드의 수를 1만 개에서 영국의 인구에 해당하는 6700만 개로 늘려야 한다.(또한 모든 개인이 상호작용하는 방식도 모형화해야 한다.) 게다가 여기에는 해외입국자들에 의한 감염이 누락되어 있다. 나중에 다시 논의하겠지만 이런 모형으로는 슈퍼컴퓨터를 동원해도 믿을 만한 결과를 얻을 수 없다.

첨단 역학모형은 작동 방식이 근본적으로 다르다. 예를 들어 2020년 3월에 영국 정부가 국경 폐쇄령을 내릴 때 핵심적인 정보를 제공했던 코비드심COVIDSim(임페리얼칼리지런던에서 개발한 역학모형)[4]에서는 지구를 그리드박스로 분할한 기후모형처럼 국가 전체를 작은 사각형으로 분할한다. 개개의 사각형 그리드 안에는 인구 밀도를 비롯하여 연령 분포, 가구 구조, 초등학교와 중고등학교, 대학교, 직장 등에 대한 정보가 들어 있고, 이 정보는 모형이 작동하는 동안 값이 고정된 매개변수(총 940개)로 취급된다.

여기서 핵심적인 질문은 다음과 같다. 코비드심으로 얻은 추정값은 얼마나 믿을 만한가? 당연히 매개변수의 정확도에 따라 다르다. 코비드심에 사용된 매개변수는 약 60개인데, 모두 조금씩 부정확하지만 그중 19개가 결과에 큰 영향을 주는 것으로 나타났다.

그렇다면 매개변수가 얼마나 불확실한지 꼭 알아야 할까? 코로나-19의 위세가 절정에 달했을 때, 방역 당국의 입장에서 가장 중요한 정보는 예상 입원자 수와 사망자 수였으니 이 두 가지 수치에 집중해보자. 이런 경우 우리가 할 일은 가장 가능성이 큰 매개변수값을 취해서 모형을 실행하는 것이므로 매개변수의 불확실성은 별로 중요하지 않은 것 같다.

그러나 이것은 모형이 선형일 때만 통하는 이야기다. 멱법칙이 등장했다는 것은 우리가 다루는 모형이 비선형이라는 사실을 시사한다. 그렇다면 혹시 비선형의 기후변화 예측모형으로부터 몇 가지 힌트를 얻을 수 있지 않을까? 6장의 그림 33에서 보았듯이 기후모형에서 불확실한 하위 그리드 매개변수를 변경하면, 이산화탄소 농도가 2배로 증가했을 때 예상되는 온난화는 대칭에서 벗어나 더운 쪽으로 편향된 확률분포를 보이게 된다.(온도가 높은 쪽으로는 굵고 긴 꼬리가 이어지고, 낮은 쪽으로는 꼬리 없이 확률이 급격하게 0으로 사라진다.) 이런 경우 모형이 예측한 온난화(매개변수가 각기 다른 앙상블 멤버들의 평균)는 매개변수값을 가능성이 가장 큰 값으로 고정한 채 실행한 단일모형의 온난화보다 크다. 여기서 중요한 것은 역학모형에서도 이와 동일한 현상이 나타난다는 점이다.

2021년에 일단의 과학자들이 불확실한 매개변수를 확률에 따라 변형한 코비드심 앙상블 예측을 발표했다.[5] 여기서 매개변수값은 전문가 요청expert solicitation을 통해 결정된 것이다. 쉽게 말해서 전문가들에게 "매개변수값에 오차가 얼마나 있다고 생각하십니까? 10퍼센트? 20퍼센트? 아니면 50퍼센트?"라는 식으로 질문을 던져서 다양한 답을 수집했다는 뜻이다. 연구원들은 이 값을 무작위로 입력하여 앙상블을 실행했는데, 그 결과 중 하나가 그림 35에 제시되어 있다. 그림 속 그래프는 두 개의 서로 다른 코로나-19 방역 대책을 실행했을 때 예상되는 사망자의 확률분포를 보여준다.

흥미롭게도 첫 번째 방역 대책을 선택했을 때 앙상블에 기초한 예상 사망자 수의 확률분포에 길고 굵은 꼬리가 나타나는 것이, 이산화탄소 농도를 2배로 증가시켰을 때 나타나는 지구온난화 확률분포와 매우 비슷하다.

이는 곧 지구온난화의 경우와 마찬가지로 불확실한 매개변수의 가장 가능성 큰 값으로 시뮬레이션을 실행하여 얻은 예상 사망자 수는 신뢰도가 떨어진다는 것을 의미한다. 그림 35에서 보는 바와 같이 예상 사망자 수(실선)는 가장 그럴듯한 매개변수를 선택하여 예측한 값(점선)보다 크다. 그림 35의 아래쪽 그래프는 친목 모임을 금지하지 않은 경우인데, 가장 가능성이 큰 매개변수값을 선택했을 때(점선) 300일 후 예상되는 누적 사망자 수는 약 2만 5000명이지만 앙상블 전체의 평균(실선)은 4만 명으로 무려 60퍼센트나 많다.

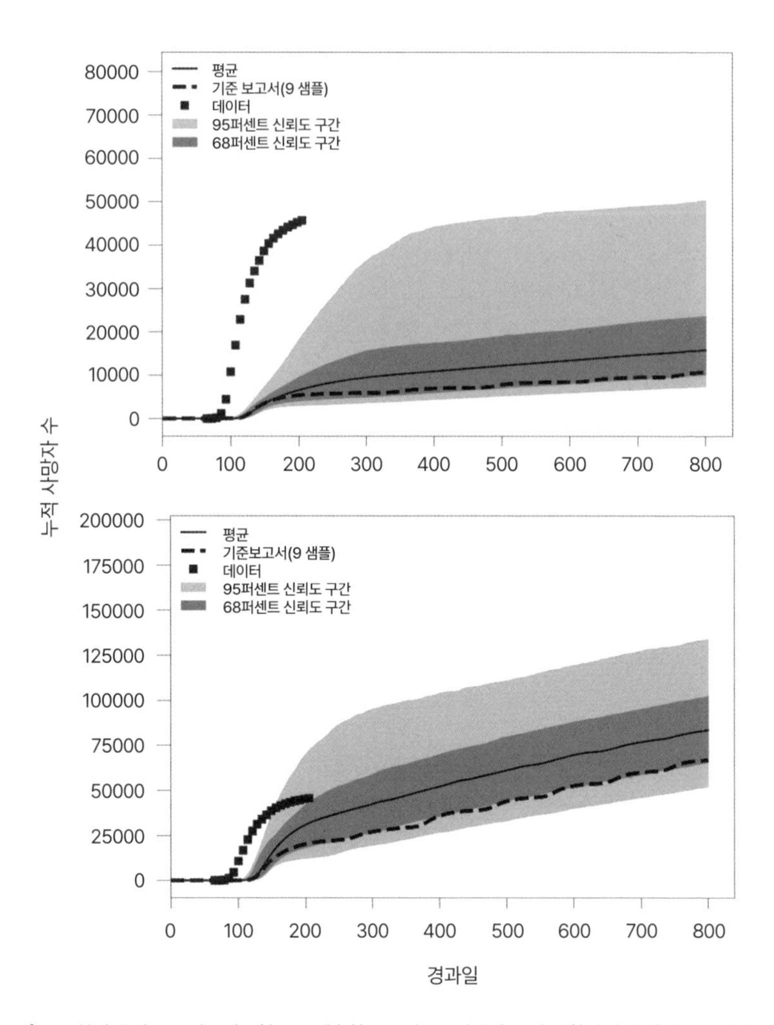

그림 35 회색 음영은 코비스심모형으로 예측한 코로나-19 사망자 수의 불확정성 추정치로서, 색이 어두울수록 사망자 수가 많을 가능성이 크다는 뜻이다. 두 그래프는 각기 다른 정책을 실행한 결과다(예를 들어 친목 모임을 허용한 경우와 금지한 경우). 그림에서 가느다란 실선은 앙상블 분포의 평균이고, 점선은 매개변수를 가장 그럴듯한 값으로 고정했을 때 예측된 값이다. 보다시피 실선이 점선보다 높게 나왔으므로, 매개변수를 고정하지 않고 앙상블로 예측하는 것이 안전하다.(즉, 사망자 수를 과소평가할 염려가 줄어든다.) 검은 사각형은 실제 사망자 수 데이터다. 실제 사망자 수가 앙상블 예측 범위의 바깥에 있다는 것은 앙상블모형이 현실 세계의 불확실성(특히 초기 감염자)을 완전히 반영하지 못했다는 뜻이다. 〈코비드심 역학 코드 예측에 대한 불확실성의 영향The impact of uncertainty on predictions of the COVIDSim epidemiological code〉을 참고했다.

사망자 및 입원 환자의 예상 수치는 정책 결정에 있어서 최우선 정보가 아닐 수도 있다. 방역 당국의 가장 큰 걱정거리는 새로 유입된 환자가 병원의 수용 능력을 초과하여 의료 시스템이 마비되는 경우다. 그러므로 '최악의 경우'는 이론적으로 예측된 결과 못지않게 중요할 수도 있다. 일기예보에서도 평균값으로 날씨를 통보하면 예외적인 최악의 사태에 대비할 수 없게 된다. 그림 35의 아래쪽 그래프에서 발생 가능한 최악의 경우로 진한 음영이 칠해진 영역의 최대값을 취하면(앙상블에 의하면 이런 결과가 초래될 확률은 3분의 2다) 300일차 사망자 수는 6만 명에 가깝다. 가장 그럴듯한 매개변수값으로 계산된 사망자 수(2만 5000명)의 두 배가 넘는다.

그러나 그림 35에는 여전히 문제점이 남아 있다. 앞서 말한 대로 앙상블 예측은 그로부터 얻은 확률을 신뢰할 수 있는 경우에만 유용하다. 그래서 나는 과거에 날씨 및 기후에 관한 앙상블 예측을 개발할 때, 초기 조건을 보완하고 모형의 세부 사항을 다듬는 등 확률의 신뢰도를 높이는 데 가장 많은 시간을 할애했다. 그림 35에서 처음 100여 일 동안은 실제 사망자 수(검은 사각형)가 앙상블로 예측된 사망자 수(실선)보다 훨씬 빠르게 증가하는데, 이는 앙상블 확률의 신뢰도가 그만큼 떨어진다는 것을 의미한다. 물론 불확실성을 낳는 다른 요인도 중요하다. 그림 35의 경우, 일부 불확실성이 누락된 원인 중 하나는 전염병이 처음 퍼지기 시작한 날짜와 관련되어 있다. 아마도 코로나-19는 연구진이 생각했던 것보다 이른 시기에 활동을 개시했을 것이다. 간단히 말해서 초기 조건이 틀렸다는 뜻이다. 이것은 초기 조건의 정확도가 매개변수의 정확도보다 중요하게 취급되는 일기예보의 경우와 일치한다.

그러나 여기에는 단순한 매개변수 섭동으로 잘 드러나지 않는 두 번째 유형의 불확실성이 존재한다. 코비드심을 적용하려면 국토를 일정한 구획으로 분할해야 하는데, 어떤 식으로 분할해도 항상 문제가 발생한다. 한 구획 안의 거주민을 동형 집단으로 간주할 수 있는가? 동형 집단으로 간주하려면 구획은 얼마나 작아야 하는가? 일반적으로 예측모형에는 매개변수의 불확실성보다 훨씬 불확실한 가정이 여러 개 포함되어 있는데, 이런 것을 흔히 '구조적 불확실성'이라 한다.

2002년, 미국이 이라크 침공을 앞두고 있을 때 당시 국방부 장관이었던 도널드 럼즈펠드Donald Rumsfeld는 이라크에 대량 살상 무기가 있다는 증거가 부족하다는 보고서를 접하고 다음과 같이 말했다.[6]

> 아직 일어나지 않은 일에 대한 보고서는 항상 흥미롭다. 이 세상에는 알려진 기지known knowns뿐 아니라 알려진 미지known unknowns도 있기 때문이다.* 그러나 우리 주변에는 알려지지 않은 미지unknown unknowns, 즉 모른다는 사실 자체를 모르는 경우도 분명히 있다. 미국을 비롯한 민주 국가들의 역사를 돌아보면

* 자신이 '모른다'는 사실을 알고 있다는 뜻이다.

바로 이 알려지지 않은 미지가 존재할 때마다 커다란 시련을 겪었다.

모형의 관점에서 볼 때 럼즈펠드가 말했던 '알려지지 않은 미지'는 코로나-19모형에도 존재한다. 기후(날씨)모형에서 이것은 중력 상수값이나 지구로 유입되는 태양에너지일 수도 있고, 코비드심에서는 인구와 관련된 통계 자료의 일부일 수도 있다. 또한 '알려진 미지'는 매개변수값의 불확실한 정도를 정량화하는 또 다른 매개변수에 해당한다. 기후(날씨)모형에서 구름의 미세물리학적 특성과 관련된 매개변수값은 불확실하지만 오차의 범위를 수치로 나타낼 수는 있다.

이런 점에서 보면 럼즈펠드의 알려지지 않은 미지는 모형의 구조적 불확실성에 대응된다. 즉, 계산에 사용된 방정식 자체에 불확실성이 내재해 있으면 그것이 곧 알려지지 않은 미지인 셈이다. 매개변수의 불확실한 정도를 정량화하기 어려운 이유는 계산 과정이 고정된 매개변수로 표현되지 않을 수도 있기 때문이다. 기후(날씨)모형에서 구름과 같은 미해결 과정을 매개변수로 바꾸는 공식은 불확실할 수밖에 없다. 이런 공식으로 구름을 정확하게 표현했다고 주장하는 건 어불성설이다.[**] 4장에서 언급했던 철학 용어를 빌리면, 매개변수화parameterization 과정을 거쳐 만들어진 매개변수는 인식론적 불확실성보다 존재론적 불확실성에 가깝다. 또한

** 특정 논문을 거론하진 않았지만 저자가 누군가의 연구 논문을 지적하는 듯하다.

코비드심의 경우도, 모든 인간은 상호작용하면서 정부의 규제 정책에 협조한다는 가정은 존재론적으로 불확실하다.

진정으로 신뢰할 수 있는 예측과 추정을 내놓으려면 모형의 구조적 불확실성을 제거하는 방법을 찾아야 한다. 그러나 이것은 가장 어려운 문제 중 하나여서 표현하기 어렵고 정량화하기도 쉽지 않다. 영국 웨일스 지역에 "사람만큼 이상한queer 건 없다!"는 속담이 있는데, 사실 이 말은 '사람만큼 불확실한uncertain 것도 없다'는 뜻으로 이해해도 무방하다. 우리는 3장에서 무작위 잡음을 사용하여 난기류모형의 미해결 문제를 표현하는 방법에 대해 논한 적이 있다. 이런 잡음은 본질적으로 구조적 모형의 오차와 관련된 불확실성을 나타낼 수도 있다.(사람 때문에 생기는 오차도 포함된다.) 코비드심의 방정식은 태생적으로 확률적 특성을 가지고 있지만, 이와 관련된 잡음 처리 과정은 앙상블의 퍼짐 현상spread*에 크게 기여하지 않는다.[7] 그러므로 코로나-19모형의 불확실성을 표현하기 위해 확률을 도입하는 것은 섣부른 판단일 수도 있다. 앙상블에서 얻은 결과들이 너무 넓은 범위에 존재하여 어떤 값을 취해야 할지 갈피를 못 잡는 경우가 태반이다. 그러나 이것이 바로 앙상블의 핵심이다! 1987년 10월처럼 앙상블이 정말로 넓게 퍼지면, 이번에는 어떤 예측도 믿지 말고 극단적인 상황에 대비하라는 경고의 의미로 받아들여야 한다. 이럴 때 반올림을 하듯 강제로 범위를 좁히는 것은 그야말로 최악의 선택이다.

* 결과가 넓은 범위에 걸쳐 들쭉날쭉하게 나오는 현상이다.

5장에서 나는 구조적 모형의 오차를 극복하는 또 하나의 방법으로 다중모형 앙상블을 소개했다. 계절에 따른 ENSO의 거동을 예측할 때는 단일모형 앙상블보다 다중모형 앙상블이 더 유용하다. '구조적 모형의 존재론적 불확실성'이라는 다소 어려운 문제는 여러 기관에서 개발한 모형을 종합한 다중모형을 사용함으로써 해결할 수 있다. 어떤 면에서 보면 이것은 5장에서 말한 '군중의 지혜'와 비슷하다. 단, 지금의 경우 군중은 사람이 아니라 여러 기관에서 개발된 다양한 기후모형을 의미한다.

영국의 비상사태 과학자문단Scientific Advisory Group for Emergencies, SAGE은 코로나-19의 전염 규모를 예측할 때, 약간 제한된 형태의 다중모형 앙상블을 사용했다.[8] 그러나 다중모형 앙상블 접근법을 더욱 다양하게, 그리고 광범위하게 사용한 나라는 코로나-19모형 연구팀이 압도적으로 많은 미국이었다. 특히 미국 질병통제예방센터CDC에서 매사추세츠앰허스트대학교의 연구진과 공동개발한 '코로나-19 예측 허브'를 2020년 4월부터 현장에 적용하여 향후 1~2개월 동안 바이러스의 전염 패턴을 예측했는데, 덕분에 의료진과 의료용품을 적절하게 공급하고 학교 폐쇄 시기를 미리 결정할 수 있었다. 당시 미국의 방역 당국은 데이터를 지정된 형식에 맞추고 예측 방법을 명시하기만 하면 어떤 연구팀이 개발한 모형이든 거국적인 다중모형 앙상블 예측에 포함시켰다. 이 기술을 설명한 논문에 의하면[9] 총 23개의 모형이 당국의 기준을 충족하여 다중모형 앙상블 시스템에 사용되었으며, 이로부터 50개 주의 개별적인 동향과 미국 전체의 동향을 예측할 수 있었다고 한다.

여기서 흥미로운 것은 계절 단위의 기후 예측과 완전히 똑같은 현상이 나타났다는 점이다. 즉, 개별모형 중에는 앙상블보다 정확한 것도 있었으나 평균과 확률의 예측에서는 앙상블이 어떤 모형보다 정확했다. 무언가를 결정할 때는 관련 기술을 일관성 있게 적용하는 것이 중요한데, 다중모형 앙상블이 개별모형보다 좋은 결과를 내놓은 것도 이런 맥락에서 이해할 수 있다.

미국에서 코로나-19 예측 허브가 가동되자 유럽에서도 이와 비슷한 다중모형 앙상블 시스템을 개발하기 시작했다. 물론 바람직한 현상이지만 아직은 개선의 여지가 남아 있다. 가장 이상적인 것은 전 세계 모든 국가가 자체적으로 개발한 모형을 하나의 다중모형으로 통일하여 범지구적 통합 시스템을 구축하는 것이다. 사실 과거에도 이런 선례가 있었다.

1990년대 중반에 기후과학자들로 구성된 국제 연구 단체인 세계기후연구프로그램은 유엔 산하기관인 세계기상기구WMO와 정부 간 해양학 위원회Intergovernmental Oceanographic Commission, IOC, 국제과학위원회International Science Council, ISC의 후원을 받아 이른바 결합모형 상호비교 프로젝트Coupled Model Intercomparison Project, CMIP에 착수했다. 이들의 주목적은 IPCC의 보고서에 반영될 다중모형 앙상블을 실험하는 것이었는데, 첫 실험은 대기 중 이산화탄소 농도가 매년 1퍼센트씩 증가한다는 가정하에 실행되었다. 몇 년 전부터는 이산화탄소 농도의 연간 증가율을 2050년까지 0으로 줄이는 시나리오에 기초하여 30개의 모형을 결합한 다중모형 앙상블 실험을 계속 실행하고 있다.

전염병의 확산추세를 범지구적 규모에서 예측하려면 이처럼 전 세계가 긴밀하게 협력해야 한다. 코로나-19뿐 아니라 말라리아, 뎅기열, 독감, 에볼라 바이러스 등도 마찬가지다. 유엔 산하기관인 세계보건기구가 앞장선다면 불가능할 것도 없다.

하지만 다중모형 앙상블에도 단점은 있다. 군중의 지혜가 정상적으로 발휘되려면 개개의 구성원들이 다른 구성원의 영향을 받지 않고 자신만의 예측을 내놓아야 한다. 예를 들어 한 무리의 사람들이 단지 속에 들어 있는 사탕의 수를 알아맞히는 게임을 하고 있는데 똑똑하기로 소문난 프레드가 "500개!"를 외쳤다면, 그 후에 도전하는 사람들은 그의 영향을 받아 500개에 가까운 답을 제시할 가능성이 커질 것이다. 이런 식으로 개개의 예측 결과가 특정한 값에 편중되면 앙상블만의 장점이 완전히 사라지게 된다.

실제로 한 연구팀이 개발한 모형은 다른 연구팀이 세운 가정에 영향을 받기 때문에 각기 독립적인 모형으로 간주하기 어렵다. 완전한 복사본은 아니겠지만, 다른 모형에 채택된 그럴듯한 가정의 일부를 가져다 쓰는 것은 지극히 자연스러운 관행이어서 어딘가는 연결되어 있기 마련이다. 과거에 기후모형이 이런 식으로 개발되었으므로 질병관리모형도 비슷한 과정을 거치고 있을 것이다. 한 연구팀이 모형을 개발할 때, 일반적인 표현법과 매개변수의 유형은 리더 한 사람의 의견에 크게 좌우된다. 즉, 다중모형 앙상블에서 개개의 모형들은 외부인이 생각하는 것보다 독립성이 떨어져서 기대만큼 좋은 성과를 올리지 못할 수도 있다.

또 다른 문제도 있다. 모형을 개발하는 개개의 연구팀은 인원이 그리 많지 않다. 커다란 연구실에 100명에 가까운 전문가가 분주하게 돌아다니면서 데이터를 분석하고 의견을 교환하는 장면을 떠올렸다면 이 기회에 바로잡아주기 바란다. 대부분의 연구팀은 대여섯 명이 고작이고 단 한 명뿐인 경우도 있다. 그렇다면 여기서 중요한 질문이 떠오른다. 주어진 인력과 전산 자원을 가장 효율적으로 활용하는 방법은 무엇인가? 독립적이지 않은 다수의 모형 개발팀에 연구 기금을 집중적으로 지원해야 할까? 아니면 확률적 모형을 개발하는 훨씬 적은 수의 소규모 연구팀을 지원해야 할까? 기후모형의 경우에는 후자가 더 바람직하다. 물론 나는 전염병 전문가가 아니므로 연구 지원책에 왈가왈부할 자격은 없다. 그러나 이것은 반드시 짚고 넘어가야 할 중요한 문제다.

코로나-19 앙상블에는 아직 거론되지 않은 특성이 하나 있다. 예를 들어 다양한 초기 조건을 적용하여 1~2개월짜리 다중모형 앙상블을 연구하는 경우, 최종 결과가 초기 조건만큼 넓은 범위에 걸쳐 분포한다는 증거가 있는가?(2장 그림 10을 참고하라.) 그런 증거가 있다면 앙상블의 확산을 이용하여 앙상블 평균 예측에 적용 가능한 기술을 개발할 수 있을까? 예를 들어 앙상블의 확산 범위가 유별나게 좁으면 각 앙상블 멤버들은 사실에 가까울 것이고, 확산 범위가 유난히 넓으면 멤버 중 상당수는 신뢰도가 떨어지는 모형일 가능성이 크다. 이것은 이제 막 연구되기 시작한 주제여서, 이 책의 재판이 인쇄될 때쯤 결과가 나올 것으로 예상된다.

코로나-19는 아직 끝나지 않았다.* 요즘은 전염성이 강한 오미크론 변이 바이러스가 기하급수적으로 퍼져나가는 중이다. 오미크론 변이가 처음 발견되었을 때 전문가들이 가장 궁금했던 것은 바이러스의 병독성verulence[**]이었다. 새로 등장한 변종은 얼마나 많은 입원 환자와 사망자를 낳을 것인가? 다행히도 오미크론 변이 바이러스는 이전에 나타났던 변종만큼 병독성이 강한 것 같지는 않다. 영국에서 중도우파 성향의 일부 정치인들은 과학자들이 오미크론 변이 바이러스의 병독성을 심하게 과장하는 바람에 정치인들에게 최악의 시나리오만 주어질 수밖에 없었다며 전문가들을 비난했다.[10] 사실은 그렇지 않다. 앞에서도 말했지만 과학자는 최선 및 최악의 경우를 포함한 모든 가능한 시나리오를 대중에게 알릴 의무가 있다. 모형 개발 초기에는 알려진 내용이 거의 없었기에 예상 결과가 광범위할 수밖에 없었다. 기후변화 문제에서도 그랬던 것처럼 정보를 알려주는 건 전문가들이고, 그로부터 정책(사회적 거리 두기와 국경 폐쇄 등의 강화 또는 완화)을 결정하는 건 정치인들의 몫이다. 물론 예측이 불확실할수록 정책을 결정하기가 더욱 어려워지겠지만, 그렇다고 정책을 결정하기 쉬우면서 신뢰도는 떨어지는 예측을 내놓는 것은 과학자의 도리가 아니다. 혹여 그랬다가 정책이 실패로 돌아가면 정치인들은 과학자 중에서 희생양을 찾을 것이다.

그러므로 당장 필요한 것은 SIR모형과 연계하여 코로나-19의

* 이 책의 원서는 2022년에 출간되었다.
** 병원균이 숙주를 감염시키거나 피해를 입히는 정도다.

확산을 확률적으로 예측할 수 있는 차세대 앙상블 시스템인데, 다행히도 이 작업은 이미 시작되었다. 지금 과학자들은 수백만 개에 달하는 코로나바이러스(정확하게는 SARS-CoV-2 바이러스)의 유전자 서열을 사용하여 모형을 훈련시키는 중이다. 한 논문에 의하면[11] 팬데믹의 여러 단계에 걸쳐 돌연변이 바이러스를 예측하는 모형이 개발되었다고 한다. 이 연구의 핵심은 특정 돌연변이(또는 변종)의 확산 패턴을 분석하고, 이들이 다른 바이러스의 아류에 나타날 수 있는 가능성을 확인하는 것이다.(생물학에서는 이것을 수렴convergence이라 한다.) 논문의 저자는 이 모형으로 향후 4개월간 전염 패턴을 예측할 수 있다고 주장했다.

그렇다면 바이러스의 유전자 구조로부터 악성 돌연변이의 출현을 예측할 수 있을까? 아쉽게도 돌연변이의 종류가 너무 많아서 지금의 컴퓨터 기술로는 불가능하다. 이 책의 뒷부분에서 논의하겠지만 이 문제는 차세대 컴퓨터로 떠오르는 양자컴퓨터를 이용하여 해결될 가능성이 있다.

8장

금융붕괴:
기상학자가 경제를 예측한다면?

2017년, 영란은행의 수석 경제학자 홀데인은 2008년에 세계 금융시장이 예고도 없이 붕괴되었던 사건을 '마이클 피시 사건'에 비유했다.[1][*] 경제모형은 세상이 발칵 뒤집어졌을 때 제대로 작동하지 못했다.

나는 홀데인의 기사를 읽다가 피시를 언급한 부분에서 오래전부터 품어왔던 의문을 떠올렸다. 기후(날씨)예보의 역사를 바꿨던 앙상블 기법을 경제에도 적용할 수 있을까? 만일 이것이 가능하다면 2008년의 금융붕괴 사태는 정확한 (경제적) 초기 조건과 모형방정식으로부터 유도되는 필연적 결과였을까? 아니면 피시를 당혹스럽게 만들었던 허리케인처럼 오직 확률적으로만 예측 가능

[*] 피시가 단 한 번의 실수로 기나긴 세월 동안 사방에서 뭇매를 맞는 것이 너무 심하다는 생각이 든다.

한 예외적 사건이었을까? 후자의 경우라 해도 확률적 앙상블 예측 기법은 여전히 유용하다. 1987년 10월의 허리케인을 확률적으로나마 미리 예보했다면 영국 정부는 몇 가지 간단한 결정을 사전에 내릴 수 있었을 것이다. 붕괴를 코앞에 둔 금융 시스템도 확률적 예측이 가능하다면, 몇 가지 중요한 조치를 내려서 대형 사고를 막을 수 있었을 것이다.

그러나 앙상블 예측 시스템을 바라보는 경제학자들의 눈길은 냉담하기 짝이 없었다. 개인마다 약간의 차이는 있었지만 전체적으로는 부정적인 의견이 지배적이었다. 대부분의 경제학자들은 경제학이라는 분야가 기후 예측과 달리 '원인을 도저히 알 수 없는' 불확실성이 존재한다고 믿었기 때문이다. 전문가들은 이것을 근본적 불확실성radical uncertainty이라 부르는데,[2] 7장에서 말한 존재론적 불확실성과 관련되어 있다. 예를 들어 맨해튼의 세계무역센터가 공격당한 9·11 테러는 아무도 예측하지 못했다. 이 사건은 경제를 비롯한 세계 정세에 커다란 영향을 미쳤고, 그 여파는 지금도 계속되는 중이다. 경제학자들은 테러 행위가 근본적 불확실성에 속하기 때문에 경제 붕괴를 미리 예측하는 것이 불가능하다고 생각했다.

경제학자들이 앙상블 예측을 믿지 않는 또 하나의 이유는 인위적 행위(경제 활동)를 방정식으로 표현하는 것이 부자연스럽다고 생각했기 때문이다. 날씨는 나비에-스토크스방정식을 따르지만 경제 상황을 지배하는 방정식은 존재하지 않는다는 것이다. 이처럼 경제학자들은 미래를 내다볼 수 없는 컴컴한 어둠 속에서 살아왔기에 경제 붕괴나 위기 상황을 좌우하는 방정식의 존재 여부를 놓고 오랜 세월 동안 갑론을박을 벌여왔다.

경제의 자기 참조적 특성도 미래를 예측하기 어려운 원인으로 꼽힌다. 일기예보는 날씨를 예측할 뿐 날씨 자체를 바꿀 수 없지만 경제예보는 경제의 판도를 바꿀 수 있다. 이렇게 날씨와 경제는 완전히 다른 분야여서 상대방으로부터 배울 것이 별로 없을 것 같다. 지금까지 내가 만났던 경제학자들은 나의 설명에 부분적으로 수긍하긴 했지만 기상학자가 일기예보에 사용하는 모형처럼 수학적으로 정형화된 경제모형을 만드는 것은 무리라고 주장했다.

반복되는 부정적 반응에 지친 나는 어느 순간부터 설득을 포기했다가 이 책을 준비하면서 다시 투지를 불태우기 시작했다. 혹시 그사이에 분위기가 달라지지 않았을까? 일말의 기대를 걸고 경제학자들에게 편지를 보냈지만 예외 없이 부정적인 답이 돌아왔다. 그들의 생각이 맞을까? 앙상블 시스템으로 경제 위기를 예측한다는 아이디어가 애초부터 무리수였을까? 물론 나는 경제 분야 전문가가 아니므로 경제학자가 틀렸다고 단언할 수는 없지만 그들의 부정적인 의견에는 동의하지 않는다. 예를 들어 근본적인 단계에서 존재론적 불확실성은 분명히 날씨와 기후를 예측하는 데 중요한 역할을 한다. 나는 지금 당장이라도 향후 6개월에 걸친 계절별 날씨를 확률적으로 예측할 수 있지만, 예기치 않은 화산 폭발로 인해 에어로졸이 대기 중에 퍼져 나가 태양광을 가린다면 나의 예보는 완전히 빗나갈 것이다. 앙상블 멤버에 화산 몇 개를 포함할 수도 있지만, 원래 이런 것은 기상학자가 아닌 지질학자가 할 일이다. 우리는 그저 화산이라는 불확실성 때문에 확률적 예측이 빗나갈 수도 있음을 받아들일 뿐이다. 그러나 이런 것 때문에 엘니뇨의 확률적 예측이 무의미해지지는 않는다.

3장에서 말한 대로 나비에-스토크스방정식의 약식 버전에 잡음을 도입한다는 것은 날씨모형에 근본적인 불확실성을 허용한다는 뜻이다. 나비에-스토크스방정식은 날씨가 변해가는 대략적인 가이드라인만 제공할 뿐, 빠르고 정확한 예보를 낳는 '도깨비 방망이'가 아니다. 경제모형을 구축할 때 근본적인 불확실성을 고려하려면 확률적 잡음의 크기가 날씨모형의 경우보다 훨씬 커야 할 수도 있다. 현실에 맞게 잡음을 삽입했는데 앙상블의 예측값이 너무 넓은 영역에 걸쳐 있어도 어쩔 수 없다. 그러나 일기예보와 마찬가지로 경제모형의 확산폭이 별로 크지 않을 수도 있다. 경제 상태가 근본적 불확실성을 흡수할 수도 있기 때문이다. 또 어떤 경우에는 앙상블로부터 '경제 상태가 너무 위태로워서 못 하나 때문에 망할 수도 있다'는 결과가 나올지도 모른다.

경제만이 가지고 있다는 자기 참조적 특성도 다시 생각해보자. 일기예보는 날씨 자체를 바꿀 수 없지만 6장과 7장에서 살펴본 것과 같이 기후예측은 기후에 영향을 미칠 수 있다. 기후과학자들은 자신이 기후를 **예측**prediction하는 것이 아니라 단순히 **추정**projection할 뿐이라는 것을 잘 알고 있다. 그들은 다양한 온실가스 배출 시나리오에 기후가 어떤 식으로 반응하는지 추정하고 있으며, 시나리오가 현실이 되었을 때 비로소 추정값을 현실과 비교하여 문제를 보완해나간다. 이런 점에서 볼 때 기후와 경제 사이에 근본적인 차이가 있다는 보장은 없다.

경제학자는 물가상승률이나 GDP(국내총생산)를 불확실한 추정값으로나마 예측하기 위해 애쓰고 있다. 예를 들어 영란은행의 추정값을 팬차트fan chart[3]라고 하는데, 여기에는 1990년대 기상학 논문의 그래프처럼 오차막대가 그려져 있다. 팬차트라는 이름이 붙은 이유는 예측 시점이 멀어질수록 불확실성이 눈에 띄게 커지기 때문이다. 팬차트는 앙상블이 아닌 통계적 분석에 기초한 것이지만(과거에 내려진 잘못된 예측을 통계적으로 분석하여 정확도를 높였다), 결과가 불확실하다고 판단되면 다음 예측의 범위를 넓히거나 좁히기 위해 특정 전문가의 사견을 반영하는 경우도 있었다.

나는 이것이 매우 의심스러웠다. 경제란 원래 비선형 시스템이기 때문에 당연히 가변적이어야 한다. 아마도 2장 그림 10에 제시된 로렌즈모형과 비슷할 것이다. 로렌즈 끌개의 두 날개를 맑은 날씨와 악천후로 간주하는 대신에 호경기와 불경기에 대응시켜보자. 그러면 그림 10의 첫 번째 그림처럼 한쪽 날개에서 다른 쪽 날개로 옮겨가는 과정이 어느 정도 예측 가능하여 '불가피한 상황'이 도래할 수도 있고, 두 번째와 세 번째 그림처럼 앞날을 예측하기가 매우 어려워서 '피해갈 수 있는 상황'이 도래할 수도 있다. 이런 식으로 호황과 불황 사이를 오락가락하는 자본주의 경제 시스템을 예측하는 방법이 과연 존재할 것인가?

경제의 예측 가능성을 정량화하려면 좋은 모형이 필요하다. 그런데 '좋은 경제모형'이란 무엇일까? 2008년에 프랑스의 경제학자 그자비에 가베Xavier Gabaix와 그의 동료들은 여러 경제학자와 토론을 거친 후 〈좋은 모형이 갖춰야 할 일곱가지 속성The Seven Properties of Good Models〉이라는 논문을 발표했다.[4] 이들이 최종적으로 제시한 항목은 간결함, 다루기 쉬움, 개념적 통찰, 일반화 가능성, 반증 가능성, 경험과의 일치, 예측의 정확성이었다. 그러나 다수의 경제학자들은 처음 네 개 항목만 인정하고 나머지 세 개에 대해서는 다소 부정적인 반응을 보였다고 한다.

나는 경제학자들을 이해할 수 없었다. 만일 내가 동료 기상학자들에게 일기예보와 관련하여 좋은 모형과 나쁜 모형의 차이를 묻는다면, 당연히 '정확하면 좋은 모형이고, 부정확하면 나쁜 모형'이라는 답이 돌아왔을 것이다. 일기예보의 정확성을 판단하는 기준을 문제 삼을 수도 있지만(예컨대 평범한 날씨와 극단적인 날씨 중 어느 쪽을 더 잘 맞추는지) 이런 것은 세부적 문제일 뿐이다.

다시 말해서 경제학자들에게 가장 낮은 점수를 받은 항목(반증 가능성, 경험과의 일치, 예측의 정확성)이 기상학자에게 가장 높은 점수를 받았고, 그 반대도 마찬가지였다. 게다가 나는 일기예보가 갖춰야 할 조건으로 '간결함'을 꼽는 기상학자를 단 한 번도 본 적이 없다. 물론 목성의 날씨처럼 지구와 무관한 요소를 굳이 모형에 끼워 넣을 필요는 없지만, 모형의 구조를 최소한으로 줄이려고 애쓸 필요도 없다. 오히려 주어진 자원 안에서 세부 사항을 가능한 한 많이 추가하는 것이 모형의 기본 철학이다.

경제학자들이 높은 점수를 주었던 간결함과 다루기 쉬움, 그리고 개념적 통찰이 날씨모형에서 중요한 경우가 **있기는 하다**. 기상학자들은 '계층적으로' 모형을 개발한다. 계층의 한쪽 끝에는 날

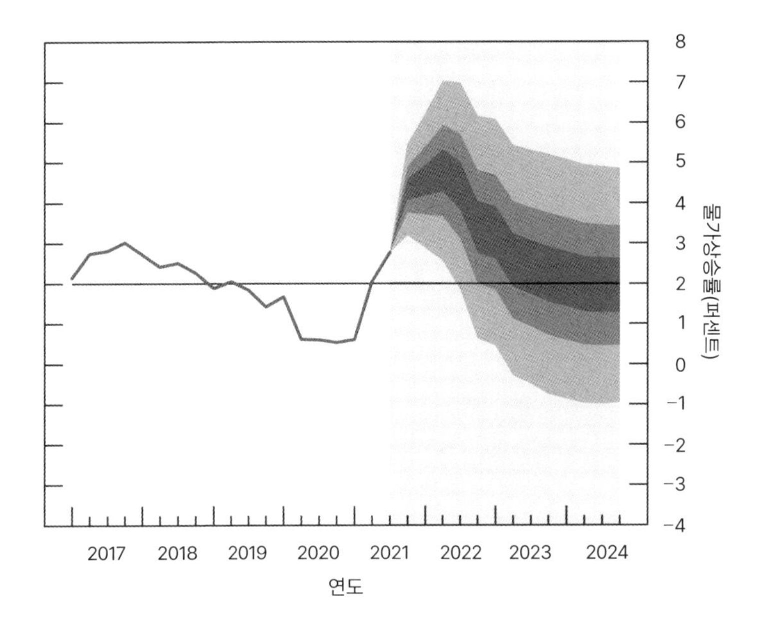

그림 36 영란은행이 2019년 11월에 공개한 전년도 대비 물가상승률. 음영의 색상은 실제 물가가 해당 예상치 안에 들어올 확률을 나타내며 음영이 진할수록 확률이 높다는 뜻이다. 그러나 이 팬차트는 앙상블 예측이 아니라, 과거의 오류를 통계적으로 분석하고 미래의 불확실성을 주관적으로 판단하여 만들어진 것이다.

씨를 예측하는 모형이 있는데, 이것은 코드가 수백만 줄이나 되고 변수도 수십억 개에 달하여 경제학자들이 요구하는 단순함이나 일반화와 거리가 멀다. 그러나 계층의 반대쪽 끝에는 로렌즈의 혼돈계처럼 단순하고 개념적인 모형이 존재한다. 개념적 모형은 특정 날씨가 나타나는 이유를 이해할 때는 도움이 되지만 실제로 날씨를 예측할 때는 거의 무용지물이다.

내가 기상학 분야에 몸담은 이유는 대기의 상태를 서술하는 단순한 모형에 더할 나위 없는 매력을 느꼈기 때문이다. 그 모형은 열역학의 최대 엔트로피 생성 원리를 이용하여 날씨를 이해할 수 있다는 가정에 기초한 것이었는데, 엔트로피 원리라는 것이 다소 추상적이어서 대규모 날씨예측 시스템에 적용할 수 있을 정도로 엄밀하게 표현하기가 쉽지 않았다. 그러나 개념 자체는 정말로 흥미로웠기에, 그로부터 어떤 날씨가 생성될 수 있는지 일일이 확인하면서 기상학이라는 학문에 완전히 빠져들었다. 엔트로피의 관점에서 볼 때 중위도 지역의 날씨는 회전하는 행성에서 열대 위도(저위도)의 뜨거운 열기를 차가운 극지방으로 이동시키면서 엔트로피의 증가량을 극대화하는 자연의 '고효율 섭리'인 셈이다. 이런 모형을 이용하면 지구의 온도는 물론이고 구름의 평균적인 양과 적도에서 극지방을 향한 열의 평균적인 흐름을 나타내는 복잡한 변수까지 예측할 수 있다.

이 모형은 지구의 날씨와 무관한 복잡성을 완전히 제거하고 연필과 종이만으로(가끔은 노트북컴퓨터로) 해결할 수 있다는 점에서 확실히 간결하고 절약적이다. 게다가 다루기 쉬우면서 개념적 통찰도 담겨 있다. 습도가 100퍼센트에 육박하고 바람이 세차게 부는 날, 지구의 대기가 열역학적 초고효율 기계임을 떠올리면 왠지 마음이 놓인다. 그렇지 않으면 저위도 지역은 견딜 수 없을 정도로 뜨거워지고, 고위도 지역은 꽁꽁 얼어붙을 것이기 때문이다. 이곳 영국에 폭풍우가 몰아치면 지구상 어딘가는 맑은 하늘에 햇빛이 내리쬐면서 '날씨의 평등'이 구현된다. 유난히 을씨년스러운 날에 이런 생각을 떠올리면 조금이나마 위로가 될 것이다!

그러나 개념적 통찰이 담겨 있으면서 구조적으로 단순한 날씨 모형은 뚜렷한 한계를 가지고 있다. 일단 이런 모형은 일기예보에 별 도움이 되지 않고, 1987년 10월에 영국 남부 지역에 찾아왔던 극단적 날씨를 예측하는 데에는 완전히 무용지물이다. 최대 엔트로피 생성 원리를 이용하여 10월 폭풍을 예견할 수 있을까? 적어도 내가 아는 한 불가능하다.

이로부터 어떤 결론을 내릴 수 있을까? 경제학자들이 자신만의 밥그릇을 지키기 위해 괜한 딴지를 거는 건 아닐까? 그들은 경제의 작동 원리를 설명하는 간결한 모형을 가질 수도 있고, 현실적으로 경제를 정확하게 예측하는 모형을 가질 수도 있다. 그러나 둘 중 하나로 모든 것을 커버하기란 원리적으로 불가능하다.

그렇다면 어떤 것이 바람직한 경제모형인가? 홀데인이 2008년 금융붕괴 사태를 언급하면서 전문가의 예측 능력에 인색한 점수를 준 이유는 무엇인가? 일단 전통적인 경제모형은 크게 두 가지 종류로 나눌 수 있다.

첫 번째는 계량경제학모형econometric model으로 로렌즈와 그의 동료들이 '몇 주 또는 몇 달 후의 일기예보에 사용될 수 있다'고 장담했던 통계-경험모형과 비슷하다. 간단히 말해서 과거 데이터의 패턴에 기초하여 미래를 예측하는 경제모형이다. 우리는 현재의 경제 상태에서 유사점을 찾고, 여기에 기초하여 향후 몇 달 또는 계절 단위로 미래의 경제를 예측한다. 요즘은 정교한 AI가 미래 경제를 예측하고 있지만 기본적인 원리는 동일하다.

그러나 로렌즈는 이 방법이 날씨 같은 비선형계에 통하지 않는다는 것을 증명했다. 그러므로 경제변동이 극심한 시기에 계량경제학모형이 제대로 작동하지 않는 것은 별로 놀라운 일이 아니다.

경제학자들이 전통적으로 사용해온 두 번째 모형은 소위 말하는 신고전파경제학에 뿌리를 두고 있다. 신고전파경제학의 기본 개념은 '판매자 극대화 문제'에서 발생하는 균형인데, 생소한 용어는 자제하고 간단한 예를 들어보자. 자동차를 파는 사람은 가격을 높게 매길수록 더 많은 이익을 얻을 수 있다. 그러나 가격이 높으면 잠재적 구매자들의 구매 욕구가 줄어든다. 이런 경우, 판매자의 욕구(이익을 최대화하기)와 구매자의 욕구(최소의 비용으로 구입하기)가 상호최적값으로 설정되었을 때 균형에 도달하게 된다.

모형에 등장하는 모든 값은 효용함수로 표현된다. 이것은 19세기 영국의 철학자 제레미 벤담Jeremy Bentham과 존 스튜어트 밀John Stewart Mill이 공리주의적 관점에서 쾌락이나 행복을 수치로 나타내기 위해 도입한 개념으로, 여러 개의 선택 사항을 놓고 우선순위를 정할 때 매우 유용하다. 예컨대 나는 딸기 아이스크림보다 초콜릿 아이스크림을 좋아하기 때문에, 초콜릿 아이스크림을 구입할 때 다른 아이스크림보다 좀 더 큰 비용을 지불하더라도 불만스럽지 않다.

신고전파경제학에서 행위자agent는 효용함수를 극대화하는 쪽으로 항상 합리적 결정을 내리는 존재로 간주한다. 여기서 행위자란 여러 개인이나 기업 집단을 대표하는 이상적인 대리인이며, 각 개인과 기업도 대리인과 마찬가지로 항상 합리적 결정을 내린다고 가정한다. 그러나 앞에서 확인한 바와 같이 비선형 시스템(기후,

전염병 등)에서는 이 가정이 성립하지 않을 수도 있다. 또한 가장 그럴듯한 매개변수 세트를 사용한 '대표적 예측'은 불확실성에 따라 매개변수를 변경하여 얻은 예측과 크게 다를 수 있다.

경제는 왜 가끔 총체적으로 붕괴되는 것일까? 신고전파의 표준 관점에 의하면, 효율이 항상 극대화되는 세상의 '바깥'으로부터 의외의 요소가 개입하기 때문이다. 이것은 충격(외부에서 유입되어 시스템을 비결정론적으로 만드는 잡음)일 수도 있고, 외부성 externality(자본주의의 가격 결정 과정에 고려되지 않은 외부 요인)일 수도 있다. 예를 들어 신고전파의 경제학자들은 환경오염이나 환경 파괴를 외부성으로 간주한다. 환경을 망가뜨리는 인간이 내부에 있음에도 불구하고 이런 관점을 고수해왔다. 환경경제학자들이 외부성을 내부로 끌어들여야 한다고 주장하는 것은 바로 이런 이유 때문이다.(상품을 생산지에서 소비자에게 전달하려면 기차나 배, 비행기 같은 운송 수단을 이용해야 하므로 환경에 나쁜 영향을 미칠 수밖에 없다. 그래서 환경경제학자들은 상품의 가격을 정할 때 환경파괴의 대가를 반영해야 한다고 주장한다.)

생각하면 할수록 신고전파경제학에서 말하는 '효용성의 극대화'가 기상학의 '엔트로피 극대화'와 점점 더 비슷하게 느껴진다. 두 경우 모두 우리는 특별한 상황에서 어느 정도 관련성이 있는 원리를 취한 후, 그 원리가 더는 엄밀하게 성립하지 않는 규모에 적용하고 있다. 예를 들어 최대 엔트로피 생성 원리는 열역학적 평형에 거의 도달한 계에만 적용되는데, 기후 시스템은 이 조건을 만족하지 않는다. 대기에는 매일매일 태양에너지가 유입되고 있으므로 열역학적 평형과는 거리가 멀다. 이와 마찬가지로 특정한 효용함수를 극대화하는 대표 행위자의 행동에 기초하여 경제모형을 만드는 것은 별로 좋은 생각이 아닐 수도 있다. 경제란 별의별 희한한 개인들이 이형 집단을 이루어 저마다 다른 방식으로 이익을 추구하는 비선형계이기 때문이다. 날씨와 경제는 경험에 의한 최적화 원리를 통해 어느 정도 이해할 수 있지만, 평형 상태에서 벗어난 계의 미래를 예측할 때는 모형의 단점도 충분히 숙지하고 있어야 한다.

일기예보에 최대 엔트로피 생성 원리가 사용되지 않는다는 점을 고려할 때, 경제모형에도 대표 행위자가 최대한의 이익을 추구한다는 효용 극대화 원리를 대신할 만한 다른 원리가 있어야 할 것 같다. 과연 어떤 원리일까? 7장에서 우리는 개인을 노드에 대응시킨 네트워크를 이용하여 질병 확산 추세를 모델링하는 방법에 대해 논한 적이 있다. 혹시 이것을 경제모형에 적용할 수 있지 않을까? 왠지 가능할 것 같다. 금융붕괴가 세계시장을 강타한 다음 해인 2009년에 미국의 경제학자 도인 파머Doyne Farmer와 덩컨 폴리Duncan Foley는 신고전파경제모형의 치명적 결함을 지적하는 논문을 《네이처》에 발표했다. 특히 이들은 향후 금융붕괴가 또다시 찾아온다면 신고전파모형보다 행위자기반모형이 대형 사고를 예측할 가능성이 훨씬 크다고 주장하여 학계의 이목을 끌었다.

나는 이 논문이 출판되기 전부터 파머라는 이름을 알고 있었다. 그는 글릭이 출간한 《카오스》[5]에서 인상 깊게 소개된 인물 중 하나다. 이 책에서 새로운 세대의 복잡성 이론가complexity theorist

(혼돈 이론의 개념과 방법론에 심취한 과학자)로 소개된 파머는 젊은 시절에 특수 제작한 소형컴퓨터를 신발 밑창에 장착하여 카지노의 룰렛 게임에서 큰돈을 벌어들였다. 룰렛 볼이 원판을 돌다가 특정 숫자에 안착할 때마다 발을 두드려서 데이터를 입력하는 식이다. 자료가 충분히 쌓이면 컴퓨터는 특정 신호가 들어왔을 때 룰렛 볼이 안착하게 될 숫자를 순식간에 계산하여 주인에게 알려준다. 파머는 한동안 이 방법으로 정신없이 돈을 땄고, 속임수를 눈치챈 카지노 측은 그 얄미운 '디지털 타짜'에게 출입금지령을 내렸다. 그 후 파머는 프리딕션컴퍼니Prediction Company를 차려서 사업 수완을 발휘하다가 지금은 전문 분야인 복잡성 이론을 이용하여 거시경제의 순환 사이클과 붕괴를 연구하는 중이다. 현재 그는 옥스퍼드대학교 부설 신경제적사고연구소Institute of New Economic Thinking의 소장이면서 나의 가까운 친구이기도 하다.

파머는 정교한 수학으로 서술되는 경제의 사회학에 대해 언급한 적이 있는데 대충 요약하면 다음과 같다.[6] '만일 당신이 개발 중인 경제모형이 (대표 행위자가 효용함수를 극대화한다는) 표준 지침을 따르지 않은 채 우아한 수학으로 도배되어 있다면 당신의 논문은 일류 경제학술지에 절대로 실리지 않을 것이다. 당신이 대학교에서 종신 교수 자리를 노리는 젊은 학자라면 기존의 지침을 따르는 것이 좋다. 그렇지 않으면 종신 교수는커녕 낙동강 오리알 신세가 될 것이다.' 이 글을 처음 읽었을 때 나는 내용이 과장되었거나 이미 지나간 이야기라고 생각했다. 그러나 그의 주장은 완전히 틀린 말이 아니었다.(잠시 후면 독자들도 알게 될 것이다.)

행위자기반모형에서 행위자는 실질적인 경제 단위를 나타낸다. 그것은 개인일 수도 있고 기업이나 은행일 수도 있다. 행위자기반모형에서 이런 미시경제 행위자는 수천, 또는 수백만에 달한다.(이제 곧 보게 되겠지만 수십억까지 많아질 수도 있다.) 행위자는 외부에서 볼 때 하나의 기본 단위로 작동하며, 외부 자극에 반응하고, 상호작용을 교환할 수 있다. 여기서 중요한 질문은 다음과 같다. '다수의 미시경제 행위자들이 각자 자신의 이익을 추구할 때 어떤 형태의 거시적 거동이 나타나는가?' 경제학과 직접적인 관련은 없지만 도로의 교통 상황에서 힌트를 얻을 수 있다.[7] 도로 위를 달리는 모든 승용차와 트럭을 행위자로 간주하고, 모든 행위자는 자신의 바로 앞에 있는 행위자의 행동에만 반응을 보인다고 가정하자. 차량의 밀도가 낮으면(즉 차량의 수가 적으면) 모든 이동이 순조롭게 진행된다. 그러나 밀도가 높아지면 도로가 혼잡해지면서 우리에게 친숙한 충격파가 보이기 시작하는데, 이것이 바로 거시적 거동의 전형적인 사례다.*

간단한 행위자기반모형을 이용하면 2008년도 금융붕괴 사태의 핵심 중 일부를 설명할 수 있다.[8] 이 모형에는 세 가지 행위자가 존재하는데, 첫 번째는 잡음 거래자noise trader다. 이들은 쓸 만한 채권과 주식을 엄선해서 거래한다고 믿고 있지만 정보가 워낙 부정확해서 실질적으로는 무작위로 거래하는 것이나 다름없다. 행위자의 두 번째 유형은 헤지펀드로서, (헤지)펀드매니저들이 저

* 여기서 말하는 충격파란 간단히 말해서 차의 주행 속도가 느려지는 현상이다.

평가되었다고 생각하는 주식이나 현금을 보유하는 사람들이다. 세 번째 유형은 은행이다. 헤지펀드에 더 많은 돈을 투자하여 다량의 주식을 매입하게 만드는 행위자라고 볼 수 있다.

정상적인 상황에서 헤지펀드는 주식 고유의 가치에 맞춰서 움직이기 때문에 주식시장의 변동성을 둔화시킨다. 그러나 여기에는 문제가 있다. 은행은 위험을 줄이기 위해 헤지펀드에 대출할 액수를 제한한다. 전문 용어로 말하자면 은행은 헤지펀드의 재산을 기준으로 사전에 결정한 최대 가치에 근거하여 레버리지leverage** 를 제한한다. 그런데 헤지펀드의 대출 비율이 최대치에 달했을 때 주식 가치가 떨어져서 하락폭이 레버리지를 초과하면 당장 문제가 발생한다. 이런 경우 헤지펀드는 대출금의 일부를 갚기 위해 보유한 주식을 팔기 시작하고, 이런 추세가 계속되면 주식의 가치가 더욱 떨어져서 헤지펀드는 물론이고 은행까지 끔찍한 재앙을 맞이하는 것이다. 물론 이것은 행위자기반모형의 간단한 사례에 불과하지만 비교적 쉽게 생각을 확장할 수 있기 때문에 꽤 현실적인 시나리오다. 예를 들어 은행 자체가 돈을 빌리는 경우에도 대출 한도의 제한을 받는다.

이쯤 되면 우리의 논리는 어딘가에 도달한 것 같다. 기상학자들이 '사후약방문' 하듯 뒤늦게 앙상블 예측법을 사용하여 1987년 10월 폭풍을 재현한 것처럼, 2008년 금융붕괴 사태도 앙상블 예측으로 재현할 수 있을까? 이 작업을 수행하면 2장 그림 10의 하

** 남의 돈을 빌려서 투자하는 행위의 통칭. 여기서는 은행 대출금을 의미한다.

단 그림처럼 예외적인 퍼짐 현상이 나타날 것인가? 아니면 상단 왼쪽 그림처럼 예측 가능한 재앙으로 판명될 것인가? 후자의 경우라면 2008년 금융붕괴는 수많은 개인 투자자와 헤지펀드의 과도한 대출, 서브프라임 모기지를 남발했던 은행 때문에 초래된 필연적 결과인 셈이다.

나는 전 세계를 돌아다니면서 행위자기반모형을 연구하는 사람들을 만나보았는데, 그들의 반응은 다소 실망스러웠다. 근본적으로 내 생각이 틀린 것 같지는 않다. 다만 행위자기반모형이 위와 같은 질문에 답할 수 있을 만큼 정교하지 않았을 뿐이다. 그러던 중 옥스퍼드대학교의 박사후연구원 후안 사부코Juan Sabuco로부터 현재 행위자기반모형을 연구 중이며 여기에 앙상블 기능을 추가하고 싶다는 내용을 담은 뜻밖의 이메일이 날아왔다. 나는 그 즉시 사부코와 공동 연구에 착수했다.

우리는 사부코의 극도로 이상화한 행위자기반모형에서 기업과 실업자로 이루어진 10만 명의 행위자를 대상으로 삼았다. 행위자는 가상의 노동시장을 시뮬레이션하는 이차원 공간에서 특별한 규칙 없이 무작위로 이동한다. 모든 시간단계time step(실제 시간이 아니라 모형에서만 사용되는 가상의 시간 단위)에서 실업자는 일자리를 찾아 돌아다니고, 기업은 새로운 직원을 찾기 위해 같은 공간을 돌아다닌다. 그러다 둘이 만나서 기업이 실업자를 고용하면 그는 실업자 명단에서 제외된다. 기업은 다양한 이유로 직원을 잃고 있으므로 기업이 생존하려면 새로운 인력을 찾아서 빈자리를 메꿔야 한다. 기업이 미리 정해놓은 시간 단위 안에 새로운 인력을

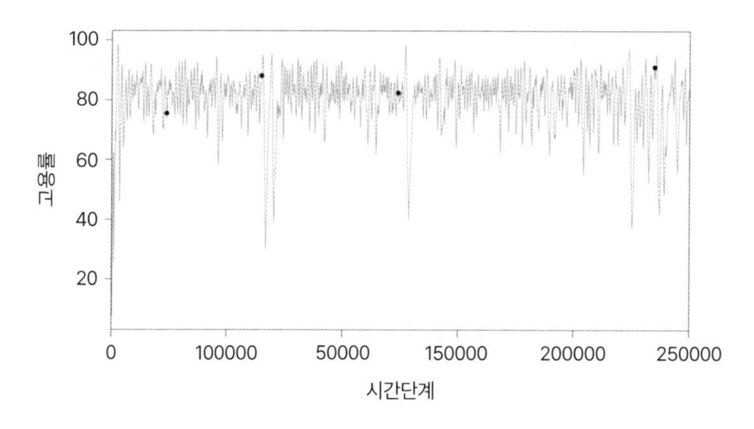

그림 37 사부코의 행위자기반모형을 장시간 동안 진실 실행을 하여 얻은 고용률의 변화 추이. 그림에 표시된 네 개 지점을 출발점으로 삼아 실행한 앙상블 예측은 그림 38에 제시되어 있다.

유치하지 못하면 폐업하는 것으로 가정하고, 해고된 근로자나 갓 학교를 졸업한 신규 근로자가 노동시장에 꾸준히 유입되면서 시간단계마다 실업자가 새로 유입된다고 가정한다. 새로운 근로자는 노동시장에 무작위로 배치되지만 시뮬레이션에 원래 존재했던 실업자와 가까운 곳에 있다. 또한 시간단계마다 시장에는 새로운 기업이 탄생하고 신생 기업은 기존의 기업과 가까운 곳에 있다고 가정한다.[9] 그림 37은 사부코의 행위자기반모형을 25만 시간단계에 걸쳐 실행한 결과다. 여기서 세로축은 근로자의 고용률인데 이 값이 100퍼센트면 실업자가 한 명도 없이 완전고용이 달성되었다는 뜻이다. 그림에서 보다시피 행위자기반모형은 내부 변동이 매우 심하고 가끔은 고용시장 붕괴라고 할 정도로 고용률이 크게 떨어질 때도 있다. 경제학자들은 외부성에 의한 강제적 변동을 외생변수라 하고 내부 요인에 의한 자발적 변동을 내생변수라 부른다. 그러나 우리는 후자를 진실 실행truth run이라 부르기로 했다. 다시 말해서 이것을 사부코의 행위자기반모형에서 실제로 발생하는 일이라고 가정한다는 뜻이다. 그렇다면 앙상블을 통해 내생적 변동을 예측할 수 있을까?

일기예보나 코로나-19모형과 마찬가지로, 사부코의 행위자기반모형에도 다양한 자유 매개변수가 존재하고 이들 중 일부는 확률적 공식으로 표현된다.(따라서 난수가 필연적으로 포함된다.) PRNG를 이용하면 행위자기반모형으로 이루어진 대규모 앙상블을 어렵지 않게 생성할 수 있는데, 그 결과 중 일부가 그림 38에 제시되어 있다. 상단 왼쪽 그림의 진실 실행(실선)은 고용률이 예측 기간 내내 안정적으로 높게 유지되어 경제적으로 건전한 상태임을 보여준다. 일부 앙상블 멤버는 고용률이 감소할 것으로 예측하고 있지만 대부분은 실행 기간 동안 고용시장에 큰 변화가 나타나지 않는다. 상단 오른쪽 그림에서 진실 실행은 예측 기간 후반부에 고용률이 급격하게 감소하는데, 앙상블 멤버 중 일부는 진실 실행과 거의 일치하지만(고용률이 급락할 확률이 0이 아니다) 대부분은 안정한 상태를 유지하는 것으로 나타났다. 그러므로 현실 세계에서 이 기간에 실제로 고용률이 급락한다 해도 앙상블 기법으로는 예측할 수 없다. 그림 38의 아래에 있는 두 그래프는 예측 초기부터 고용률이 심각하게 하락하는 것이 어느 정도 예측 가능할 것 같다. 앙상블에 의하면 하단 왼쪽 그래프의 하락은 예측 가능

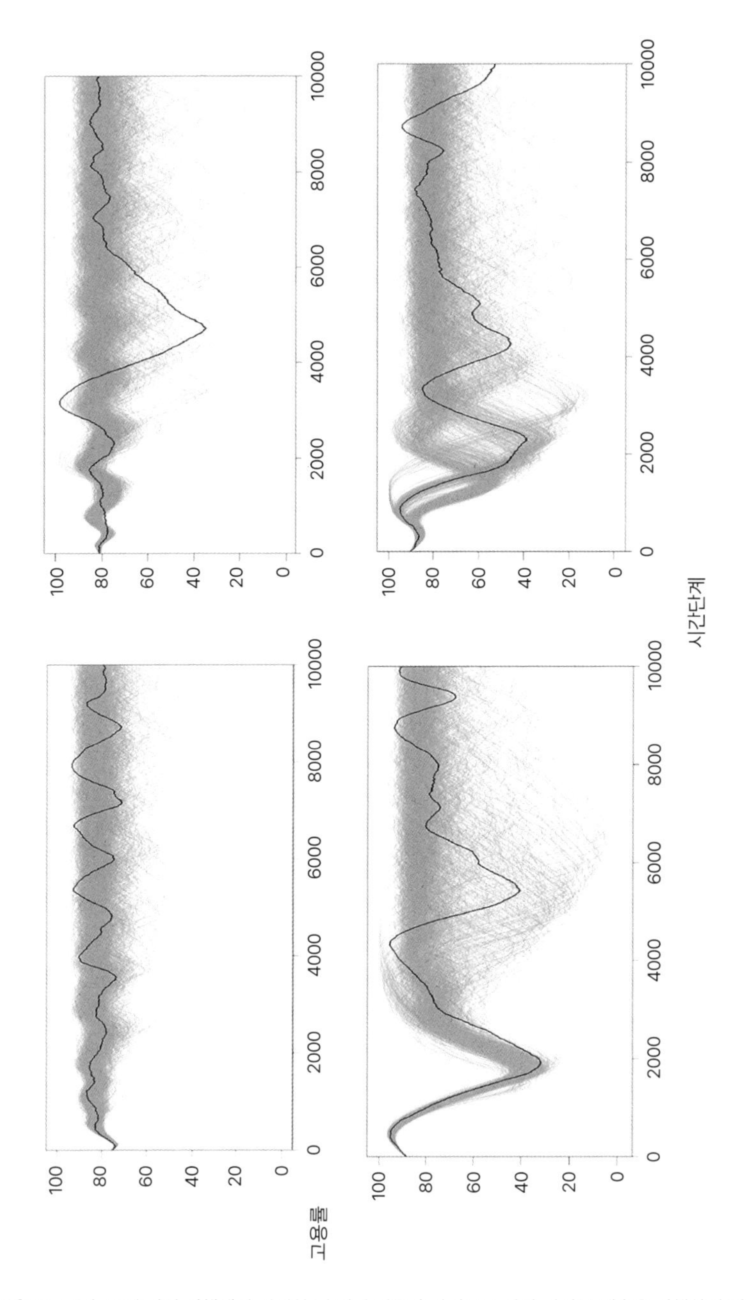

그림 38 그림 37의 진실 실행에서 선택한 네 개의 점을 출발점으로 삼아 앙상블 예측을 실행하여 얻은 향후 1만 시간단계에 걸친 고용률 변화 추이. 진한 실선은 진실 실행의 결과다.

성이 높은 반면, 하단 오른쪽의 하락은 앙상블의 결과가 중구난방이어서 예측하기가 쉽지 않다. 후자의 경우에 단 한 번의 결정론적 예측을 시도한다면, 고용시장이 위축되는 정도를 과소평가할 가능성이 크다.(고용시장이 회복되는 속도도 실제보다 빠르게 나온다.) 그러나 동일한 조건에서 앙상블을 시도하면 고용시장 위축이 더욱 심하고 오래간다는 것을 예측할 수 있다. 실제로 이런 일이 발생했는데 앙상블 예측을 미리 알고 있었다면 충격을 크게 완화할 수 있을 것이다.

이 정도면 꽤 괜찮은 결과다. 그러나 우리가 사용한 모형은 극단적으로 이상화되어 있어서 현실에 적용하는 건 적절치 않았다.

내가 행위자기반모형을 거의 포기했을 무렵, 파머로부터 흥미로운 소식을 들었다. 오스트리아의 경제학자 제바스티안 폴드나Sebastian Poledna가 이끄는 연구팀이 행위자기반모형을 사용하여 오스트리아의 과거 경제 상황을 재현하는 논문을 발표했다는 것이다.[10] 이 연구팀은 이미 확보된 경제 관련 데이터를 모형에 입력하기 위해 간단한 데이터 동화 시스템data assimilation system을 개발했다. 논문 공동 저자 중 두 명이 오스트리아 연구소 소속이었지만, 이 점을 제외하면 오스트리아 경제라고 해서 다른 나라와 특별히 다를 것이 없으므로 이들이 사용한 모형은 미국이나 영국의 경제에도 적용할 수 있다.

전문 수학자가 폴드나의 논문을 읽었다면 별 흥미를 느끼지 못했을 것이다. 수학과 관련된 부분이 기후모형에 주로 사용되는 공학용 수학으로 도배되어 있기 때문이다. 그러나 나는 바로 이것

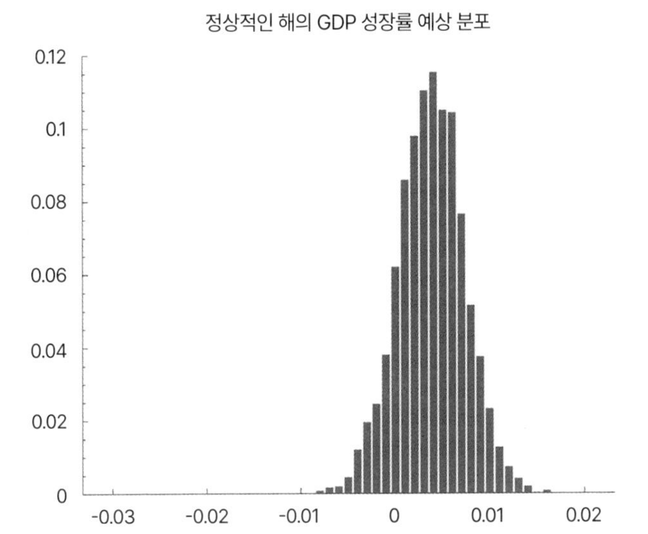

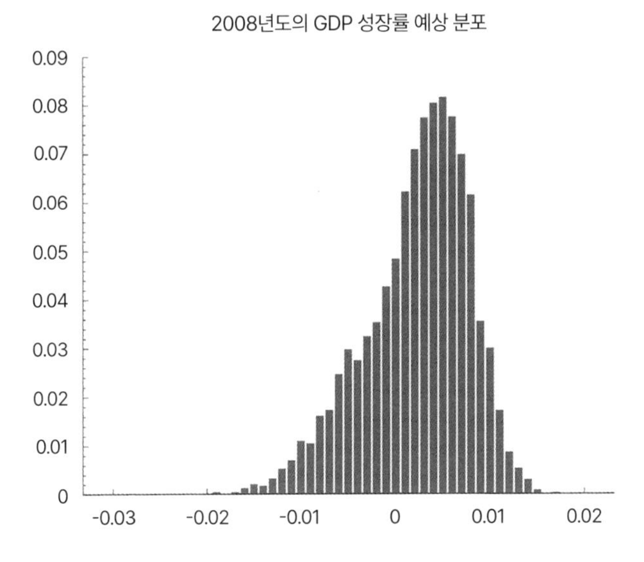

그림 39 정상적인 해(왼쪽)와 금융붕괴 사태가 일어났던 2008년도(오른쪽)에 유럽연합 GDP의 분기별 성장률을 예측한 히스토그램.

때문에 폴드나의 논문에 관심을 가지게 되었다. 너저분한 경제 현실을 표현하려면 그에 못지않게 너저분한 수학을 써야 한다. 폴드나의 행위자기반모형은 앙상블 모드에서 불확실한 초기 조건을 이리저리 바꿔가며 500회 이상 실행되었으며, 이 과정에서 PRNG를 이용하여 행위자 사이에 교환되는 상호작용을 확률적으로 생성했다.

'푸딩이 여기 있다'는 것을 증명하는 가장 확실한 방법은 그것을 집어서 먹는 것이다. 폴드나의 연구팀도 이미 지나간(즉 이미 사실로 확인된) 과거의 경제 상황을 재현했으니 이것만큼 확실한 증명도 없다. 게다가 이들이 재현한 기간은 매개변수값을 조정할 때 참고하지 않았던 기간이었다. 이들은 앙상블 평균 예측이 계량경제학모형이나 신고전파모형보다 정확하다고 했다.

폴드나의 논문을 읽고 잔뜩 흥분한 나는 이메일을 통해 2008년 금융붕괴 사태도 재현해보았는지 물었다. 며칠 후, 2008년에 초래된 결과 중 일부를 재현하는 데는 성공했지만 아직 논문으로 정리하지 않았다는 답장이 돌아왔다. 이것이 사실이라면 정말 신나는 일이다! 나는 궁금증을 참지 못하고 온라인에서 폴드나와 대화를 나누기 시작했다.

우리는 폴드나의 모형에 기초하여 멤버 500개로 이루어진 앙상블 두 개를 만들어서 유럽연합 GDP의 성장률을 재현했는데 그 결과는 다음 쪽 그림 39와 같다. 첫 번째 그래프는 정상적인 해의 예상 성장률이고, 두 번째 그래프는 금융붕괴 사태가 일어났던 2008년의 예상 성장률이다.* 두 경우에 가장 가능성이 큰 성장률은 별 차이가 없으나, 2008년도 앙상블은 넓게 퍼져 있으면서 음의 성장률 쪽으로 뻗은 분포도의 꼬리도 정상적인 해보다 2배가량 길게 나타났다. 기후변화, 코로나-19의 앙상블 예측과 마찬가지로 앙상블 분포가 위험한 쪽으로 편향되어 있다. 비선형계의 특성이 다시 한번 드러난 것이다.

결과는 그런대로 만족스러웠지만 2008년도 결과는 실제로 일어났던 경기침체(약 -0.03)를 제대로 포착하지 못했다. 나는 앙상블의 크기가 충분히 크지 않았기 때문이라고 생각하여 멤버의 수를 5000개로 늘릴 것을 권했으나 폴드나가 더욱 그럴듯한 설명을 내놓았다. 자신의 모형이 유럽연합에 국한되어 있어서 외부세계(미국)의 경기침체를 제대로 반영하지 못했다는 것이다. 그가 외부 요인을 고려하지 않은 이유는 순수한 내생적 과정에서 어떤 일이 일어나는지 확인하고 싶었기 때문이다.

물론 한 지역의 경제는 세계 경제와 유기적으로 연결되어 있으므로 행위자기반모형도 전 세계로 확장할 필요가 있다. 그렇다면 여기서 한 가지 질문이 떠오른다. 행위자기반모형은 얼마나 많은 개인 행위자를 포함할 수 있는가? 실제로 폴드나는 슈퍼컴퓨터를 이용하여 3억 3100만 개의 행위자를 포함하는 행위자기반모형을 효율적으로 실행한 적이 있다.[11] 이것이 한계일까? 그렇지 않다. 앞서 말한 대로 현대의 일기예보에는 세계 인구와 비슷한 수십억 개

가로축은 GDP 성장률이고, 세로축은 해당 성장률을 예측한 앙상블 멤버의 비율이다.

의 변수가 존재한다. 그러므로 지구에 살고 있는 모든 개인을 행위자로 간주한 모형도 얼마든지 구축할 수 있다. 이런 모형을 만들어서 2008년도를 대상으로 실행하면 과연 어떤 결과가 나올지 궁금하다.

안타깝게도 폴드나는 나의 궁금증을 풀어주는 대신 경제 발전의 장벽에 관한 파머의 결론을 확인하는 논문을 발표했다. 그는 학계의 주류에 반하는 논문을 일류 경제학술지에 싣는 것이 불가능하다고 믿는 듯했다. 실제로 전통적인 경제학을 연구하는 학자들 대부분은 폴드나의 논문을 거들떠보지도 않았으며, 폴드나도 이 분야를 파고드는 한 일류 대학교의 종신 교수가 되기는 어려울 것이라며 말꼬리를 흐렸다.

앙상블 일기예보가 자리를 잡은 후로 피시의 예보와 유사한 오류가 재현되지 않는 것처럼, 행위자 기반의 앙상블모형과 이와 동기화된 데이터 시스템이 세계적 규모로 개발되면 홀데인이 지적했던 '경제 예측 오류 사태'도 두 번 다시 재현되지 않을 것이다.[12]

이것이 그저 나 혼자만의 생각일까? 방금 뉴스를 보니 인플레이션이 더욱 심각해져서 세계 경제가 침체 위기에 놓였다고 한다. 1년 전에도 이와 같은 예측이 가능했을까? 경제가 침체된 이유 중 하나는 러시아군이 우크라이나의 도시에 포격을 가했기 때문인데, 1년 전에는 이런 일이 일어날 것이라고 아무도 예측하지 못했다. 러시아가 군사행동을 취하자 서방 국가들은 러시아에 강도 높은 제재를 가하기 시작했고, 이로 인해 (그렇지 않아도 비쌌던) 에너지 가격이 상승하면서 전 세계 주식시장이 침체 국면에 접어들었다. 그러므로 방금 제기한 질문의 답은 갈등의 예측 가능성에 따라 달라진다. 이 문제는 다음 장에서 다룰 것이다.

지구촌에서 일어나는 오만가지 사건을 생각할 때, 행위자 기반의 앙상블 경제모형을 개발하는 것은 빙산의 일각일 뿐이다. 우리에게는 인간과 물리계(기후 등)가 범세계적 규모로 통합된 앙상블 시스템이 필요한데, 그 대표적 사례가 다음 장의 주제인 지구의 디지털 트윈digital twin이다.

9장

치명적 충돌: 전쟁, 갈등 그리고 생존의 물리학

오스트리아·헝가리제국의 속국인 보스니아헤르체고비나의 총독 오스카르 포티오레크Oskar Potiorek 장군은 프란츠 페르디난드Franz Ferdinand 대공을 모시는 자동차 운전기사에게 계획된 주행 경로가 바뀌었다는 사실을 왜 말해주지 않았을까? 그날 아침, 페르디난드를 암살하려는 시도가 이미 한 차례 있었으니 경로를 바꾸는 것은 적절한 예방조치였다. 혹시 포티오레크가 운전기사에게 말하려고 다가가던 중 나비 한 마리가 코앞으로 지나가는 바람에 정신이 산만해져서 깜빡 잊은 건 아닐까? 아무도 알 수 없다.

어쨌거나 그는 운전기사에게 경로가 바뀌었다는 사실을 알려주지 않았다. 페르디난드 대공 부부와 포티오레크 총독, 운전기사를 태운 자동차가 사라예보의 라틴다리 근처에서 우회전을 하던 순간이었다. 자신의 실수를 깨달은 포티오레크가 급하게 후진을 명령했고, 운전기사는 명령을 따르기 위해 일단 브레이크를 밟았다. 그런데 무슨 운명의 장난일까…. 그날 아침, 암살에 실패했던 열아홉 살 청년 가브릴로 프린체프Gavrilo Princip가 실의에 빠진 채 길을 건던 중 도로에 멈춰 선 자동차와 마주쳤다. 두 번째 기회마저 놓칠 수 없었던 그는 잠시의 망설임도 없이 권총의 방아쇠를 당겼고, 페르디난드 대공은 그 자리에서 사망했다.

만일 나비가 포티오레크의 얼굴 앞으로 날아가지 않았다면 대공은 죽지 않았을지도 모른다. 그러면 제1차 세계대전은 일어나지 않았을 것이고, 제2차 세계대전도 그냥 조용히 지나갔을 것이다. 이처럼 '만일~'로 시작하는 조건문을 나열하면 다른 세상 이야기가 펼쳐진다.

이것은 못 하나가 없어서 왕국을 잃었다는 우화의 실제 사례다. (아마도) 펄럭이는 나비 때문에 운전기사는 경로를 바꾸라는 지시를 받지 못했고, 운전기사가 경로를 바꾸지 않아서 페르디난드 대공이 암살당했다. 대공이 죽는 바람에 오스트리아·헝가리제국이 세르비아에 전쟁을 선포했고, 이 때문에 세르비아의 동맹국인 러시아가 오스트리아·헝가리제국에 맞서 군대를 동원했다. 러시아가 전쟁에 개입하는 바람에 독일이 오스트리아·헝가리제국에 대한 지지를 선언한 후 러시아와 그 동맹국인 프랑스에 대항하여 군사를 일으켰다. 이 때문에 독일은 선제공격의 일환으로 벨기에 영토를 가로질러 프랑스를 공격했고, 독일이 벨기에 국경을 넘었기 때문에 벨기에와 방위조약을 맺었던 영국이 독일, 오스트리아·헝가리제국과 전쟁을 벌였다. 이로 인해 1917년에 미국이 결국 참전했고, 독일과 오스트리아·헝가리제국(그리고 이들의 동맹국인 오스

만제국)은 나라를 잃었다. 아, 모든 것이 나비 한 마리(또는 편자에 박을 못 하나) 때문이었다. 전쟁이 끝난 후 영국은 나라 살림이 눈에 띄게 궁핍해졌으니 대영제국의 전성시대도 나비 한 마리 때문에 사양길로 접어든 셈이다.

그러나 지난 수십 년에 걸쳐 수많은 역사가가 지적한 것처럼 전쟁과 그 후유증은 어느 정도 예측 가능한 사건이었다. 유럽의 국가들이 다양한 조약과 동맹 관계로 묶여 있고 군사비는 이미 오래전부터 꾸준히 증가해왔기 때문이다. 페르디난드 대공이 암살되지 않았더라도 다른 사소한 사건으로 인해 결국 전쟁이 발발했을지도 모른다. 날씨와 전염병, 경제가 그랬듯이 갈등의 역학도 비선형적일 것으로 예상되며, 전개되는 방식도 시대에 따라 안정기, 약간의 동요, 일촉즉발의 상태 등 다양하게 나타난다.

2장 그림 10과 같은 혼돈기하학의 관점에서 세계대전을 설명할 수 있을까? 로렌즈 끌개의 왼쪽 날개를 평화로운 상태라 하고, 오른쪽 날개를 전쟁 중인 상태에 대응시켜보자. 그렇다면 제1차 세계대전은 그림 10의 상단 왼쪽 그림처럼 피할 수 없는 충돌이었을까? 아니면 아래 그림처럼 예측하기 어려운 사건이었을까? 그리고 무엇보다도 앙상블 예측 기법을 갈등 상황에 적용하는 것이 과연 합리적인 생각일까?

사람들 사이의 갈등을 앙상블로 예측하는 것이 진지한 연구 분야로 자리 잡으려면 갈등 상황을 수학적으로 표현하는 방법부터 개발해야 한다. 이 문제에 최초로 관심을 가진 사람은 수치해석적 방법으로 일기예보를 시도했던 리처드슨이었다(5장 참고).

그는 수학적 방정식으로 전쟁을 예측할 수 있다고 굳게 믿었으며, 개인이나 국가 사이의 갈등을 서술하는 수학 이론을 개발하면 세계 평화에 크게 기여할 것이라고 생각했다.(그는 독실한 퀘이커 교도였다.)

5장에서 우리는 리처드슨이 제1차 세계대전에 구급차 운전기사로 참전하여 부상병을 부지런히 실어 날랐다는 사실까지 확인했다. 이야기를 계속하자면 그는 원래 직장이었던 기상청 감독관직을 사임하고 한동안 휴식하면서 수치해석적 방법으로 최초의 일기예보를 실행했으며, 그가 '전쟁의 수학적 심리'라 불렀던 주제를 심도 있게 파고들었다.

제1차 세계대전이 끝난 후 리처드슨은 기상청으로 돌아왔다. 그러나 1920년에 기상청이 영국 항공성과 통합되자 평화주의 원칙에 어긋난다는 이유로 다시 사표를 던지고 자신의 주 관심사인 전쟁의 원인과 난기류로 관심을 돌렸다.(전쟁의 심리를 이해하기 위해 심리학 과정까지 수강했다.)

얼마 가지 않아 리처드슨은 이 분야에서 실질적인 진전을 이루려면 군비 지출 규모, 전쟁 피로도, 국제화 수준 등 국가의 전쟁 준비 상태를 계량할 수 있는 데이터가 필요하다는 사실을 깨달았다.(이런 것은 국제 무역의 규모로부터 간접적으로 알 수 있다.) 그리고 지진의 강도를 가늠하는 로그 스케일의 리히터 규모를 이용하여 국가 간 충돌을 몇 가지 수준으로 분류해보니, 갱단 사이의 충돌과 국가 사이의 전쟁은 치명적 충돌 스펙트럼deadly conflict spectrum 상의 작은 점에 불과했다.

리처드슨은 이 작업을 수행하던 중 날씨와 난기류, 네트워크, 경제, 전염병, 심지어 우주 전체까지도 멱법칙을 따른다는 놀라운 사실을 알아냈다. 앞서 언급한 대로 계가 멱법칙을 따른다는 것은 비선형적 특성이 내재함을 의미한다. 외관상 비합리적인 충돌에 합리적이면서 비선형적인 질서가 존재할 수도 있다는 뜻이다.

날씨를 연구하면서 많은 경험을 쌓은 후, 리처드슨은 로렌즈가 몇 년 후에 추구하게 될 방정식과 여러 면에서 비슷한 미분방정식 체계를 발견했다. 예를 들어 한 국가의 군비 증강 속도는 경쟁 국가가 보유하고 있는 무기의 양과 그들에 대한 적대감에 비례하고, 자국이 이미 보유하고 있는 무기의 양에 반비례한다.

리처드슨의 연구에서 가장 흥미로운 점 중 하나는 국경을 맞대고 있는 두 국가의 호전적 성향을 숫자로 환산하여 방정식에 포함시켰다는 것이다. 그는 국경의 길이가 길수록 호전적 성향이 더욱 커진다고 생각했다. 그런데 막상 국경의 길이를 찾아보니 관련 서적마다 값이 제각각이었다. 특히 스페인과 포르투갈, 네덜란드와 벨기에의 국경은 책마다 값이 하도 달라서 갈피를 잡기 어려웠다.

리처드슨은 그 원인을 추적하던 끝에 국경의 길이가 해상도에 따라 크게 달라진다는 사실을 깨달았다. 예를 들어 영국 해안선의 길이를 눈금이 없는 200킬로미터짜리 직선형 자로 측정한다고 가정해보자. 측량사들이 어렵게 측정해서 어떤 값을 얻긴 했는데, 자에 눈금이 없으니 해안선의 길이는 200킬로미터의 배수로 떨어질 것이다. 이제 자의 길이를 절반인 100킬로미터로 줄여서 다시 측정하면 어떻게 될까? 예를 들어 길이가 100킬로미터인 굴곡은 첫 번째 관측에서 무시되지만, 두 번째 관측에서는 약 200킬로미터가 추가로 더해진다. 즉, 반으로 짧아진 자로 해안선의 길이를 측정하면 당연히 이전보다 큰 값이 얻어질 것이다. 여기서 자를 다시 절반으로 자르면 해안선은 더 길어지고, 또다시 절반으로 자르면 해안선은 더더욱 길어지고…. 이런 식으로 계속된다. 리처드슨은 영국의 실제 해안선과 완전히 동일한 수학적 해안선을 머릿속에 그려보았는데 그 길이는 문자 그대로 무한대였다!

지금까지 언급한 내용은 2장에서 말했던 프랙털 과정을 일반화한 것이다. 거기서 우리는 0과 1 사이의 분수 차원을 가지는 무한히 많은 점의 집합, 즉 칸토어 집합을 다룬 적이 있다. 그런데 리처드슨은 1과 2 사이의 분수 차원을 가지는 칸토어 집합의 사례를 이상화한 영국의 해안선에서 발견한 것이다.* 프랙털의 간단한 예로는 코흐 눈송이Koch snowflake를 들 수 있는데 처음 몇 가지 형태가 그림 40에 나와 있다. 정삼각형에서 시작하여 각 변의 중간 3분의 1을 돌출된 작은 정삼각형으로 바꾸고, 이렇게 만들어진 별 모양의 도형에 똑같은 과정을 반복해나가면 둘레(해안선)가 점점 길어지다가 결국 무한대에 도달하게 된다.

국경의 길이와 프랙털 해안선에 대한 리처드슨의 연구에 깊은 영감을 받은 수학자가 있었으니, 그가 바로 프랙털기하학의 선구자인 망델브로였다. 그는 프랙털이라는 용어를 최초로 도입한 수학자이자 가장 유명한 프랙털인 망델브로 집합을 발견한 장본인

* 프랙털fractal은 분수를 뜻하는 'fraction'에서 유래했다.

이기도 하다.

리처드슨은 1953년에 세상을 떠났고, 그의 책 《치명적 불화의 통계Statistics of Deadly Quarrels》는 사후 7년이 지난 1960년에 출간되었다. 나는 리처드슨을 생각할 때마다 영국의 수학자 튜링이 함께 떠오른다. 리처드슨의 주 연구 분야는 난기류와 기상 예측이었지만 말년에 수행했던 연구는 분쟁을 예측하고 전쟁에 대비하는 군사 이론의 초석이 되었다. 이와 마찬가지로 튜링은 컴퓨터 및 암호학의 전문가로 알려졌지만 말년에는 수리생물학mathematical biology을 깊이 파고들었다. 더욱 흥미로운 점은 갈등에 관한 리처드슨의 이론과 생물학에 관한 튜링의 이론이 수학적으로 매우 비슷하다는 것이다. 두 이론 모두 혼돈기하학과 같이 미적분학에 기초한 비선형의 미분방정식으로 서술된다. 튜링과 리처드슨이 생전에 서로 만날 기회가 있었다면 두 사람의 상상력은 물 만난 물고기처럼 사방으로 뻗어나갔을 것이다.

오늘날 갈등 예측에 관한 연구가 신중하게 진행되는 곳은 아마도 데이터 과학과 인공지능을 집중적으로 연구하는 앨런튜링연구소Alan Turing Institute일 것이다.(왠지 이 건물에는 리처드슨실Richardson wing도 있어야 할 것 같다). 치명적 충돌에 관한 연구는 2015년에 이곳의 팀 리더인 웨이시 궈Weisi Guo가 이슬람국가Islamic State, IS 군사들이 작전 중인 지역의 지형을 분석하면서 시작되었다. 처음에 그는 문제의 지역이 실크로드와 부분적으로 겹친다는 사실을 알게 되었다. 얼마 후에는 폭력이 반복적으로 발생하는 곳이 대체로 고대 무역로를 따라 분포되어 있음을 깨달았다. 지리적 병목현상이

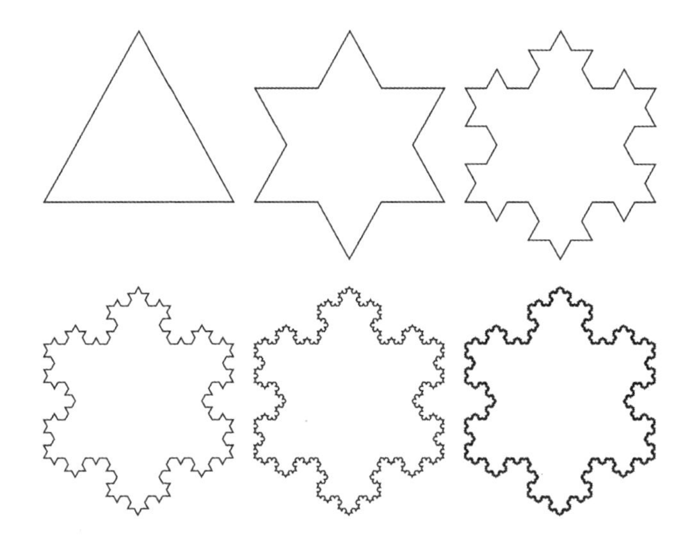

그림 40 다양한 단계의 코흐 눈송이. 단계가 높을수록 눈송이의 둘레(해안선)가 길어진다. 리처드슨은 바로 이런 현상 때문에 국경의 길이가 불확실해진다는 사실을 깨달았다. (이로 인해 그의 치명적 충돌 이론은 더욱 복잡해졌지만 그 덕분에 프랙털기하학을 알게 되었다.)

발생하는 지역, 즉 여행자가 지나갈 수밖에 없는 지역이 대체로 불안정하면서 폭력에 취약했던 것이다.

궈는 이것을 '중앙에 있는 네 개의 사각형이 주변의 모든 기물과 경쟁을 벌이는 체스판'으로 간주하고, 세계적 규모의 인간 네트워크를 구축하여 각 지역에서 체스판의 중앙 사각형에 해당하는 위치를 찾아냈다.

이 네트워크를 기반으로 궈와 그의 동료들이 만든 예측 시스템이 바로 탄력적 방어를 위한 글로벌 도시 분석global urban analytics for resilient defence, GUARD이다. 이 모형에서 전쟁 상태와 평화 상태는 로렌즈 끝개의 두 날개와 비슷한 두 개의 잠재적 우물potential well* 로 표현된다. 두 우물 사이는 불안정한 상태에 해당하는데, 궈는 이것을 '한 국가는 전쟁을 코앞에 둔 상태를 장시간 유지할 수 없다'는 뜻으로 해석했다. 앨런튜링연구소에서 이왕 모형을 만든 김에 이것을 앙상블 모드로 실행하여 예측의 불확실성이 얼마나 되는지 확인해주기를 바란다.

스웨덴 웁살라대학교의 평화 및 분쟁 연구 부서에서는 앙상블을 이용하여 충돌을 예측하는 ViEWSViolence Early-Warning System 프로젝트에서 약간의 진전을 이루었다.(요즘 과학 프로젝트는 그럴듯한 약자가 필수인 것 같다.)[1] 현재 ViEWS는 국가 및 반국가 단체가 연루된 무력 충돌, 비국가 활동 세력 간의 무력 충돌, 민간인에 대한 폭력 등 세 가지 형태의 정치적 폭력에 대해 조기 경고를 제공하고 있다. ViEWS가 내놓은 결과는 규모가 다른 세 종류의 공간(국가, 지방, 개인 행위자)에서 일어날 수 있는 세 가지 유형의 충돌을 확률적으로 평가한 것이다. 앨런튜링연구소의 GUARD와 마찬가지로, 예측모형은 주어진 위치에서 충돌이 일어날 확률에 영향을 주는 주요 데이터를 사용한다. 예를 들면 충돌의 역사, 정치 제도, 선거 시기, 경제 발전, 천연자원, 인구 통계 자료, 분쟁 지역과의 지리적 거리 등이다. ViEWS 개발자들은 확률적인 예측을 하기 위해 일종의 다중모형 앙상블을 개발했다. ViEWS 웹사이트에는 2011~2013년 동안 예측 기술을 분석한 결과가 게시되어 있는

* 위치에너지potential energy가 주변보다 낮은 지역을 칭하는 물리학 용어다.

데, 그중 한 가지는 지금까지 이 책에서 언급된 내용과 완벽하게 일치한다. 앙상블이 내놓은 예측은 단일모형의 예측보다 정확하다는 결과가 바로 그것이다. 그러나 ViEWS 앙상블의 퍼짐 현상이 앙상블 평균 예측에 유리한 쪽으로 작용할지는 아직 확실치 않다. 다른 앙상블 평균 예측의 응용 사례와 마찬가지로, 이것은 프로젝트의 신뢰도를 평가하는 좋은 지표가 될 것이다.

지역 갈등이 일어나면 난민이 발생하고, 이들은 보호 구역을 찾아 이주하게 된다. 영국 브루넬대학교의 데릭 그로엔Derek Groen은 지역 갈등에 기초하여 주민들의 이주 동향을 예측하는 네트워크 기반모형을 개발하여 실행 결과를 국제 자선단체인 세이브더칠드런에 전달하고 있다. 여기 사용된 네트워크의 노드는 잠재적인 분쟁 지역이나 난민 캠프, 새로 이주한 정착지 등을 나타낸다.

그로엔의 모형에서 충돌은 모든 노드에서 무작위로 발생할 수 있으며 단순한 여행 네트워크를 따라 난민의 이동 경로를 예측한다. 현실을 지나치게 단순화시킨 감이 있지만, 이런 식으로 시뮬레이션을 실행하면 난민 캠프로 모여드는 사람 수를 대략적으로나마 예측할 수 있다. 또는 확률적 방법 대신 결정론적 방법을 사용하여 여러 캠프에 유입되는 난민의 수를 추정할 수도 있다. 동일한 모형으로 얻은 두 결과의 차이는 기후와 전염병을 논할 때 언급했던 예측prediction과 추정projection의 차이와 비슷하다. 그로엔은 불확실한 변수를 다양하게 바꿔서 얻은 추정값의 앙상블을 이용하여 최종 예측을 내리고 있다.

8장에서 말한 대로 내가 이 책을 탈고할 무렵에 러시아가 우크라이나를 침공했다. 이것은 몇 달 간격으로 진행되는 예측 시스템을 통해 이미 예견된 일이었는데, 주된 원인은 침공 몇 달 전부터 러시아군이 국경 지대로 집결했기 때문이다. 그러나 이것 말고도 리처드슨의 갈등 조건은 이미 충족되어 있었다. 예를 들어 러시아와 우크라이나가 오랜 세월 동안 국경을 맞대고 있었다는 점, 소련 붕괴 이후 러시아 대통령이 우크라이나에 줄곧 불만을 품어왔다는 점, 최근 몇 년 사이에 러시아의 군비가 전면적으로 증강된 점 등은 갈등이 심화되고 있었다는 증거다. 사실 우크라이나는 귀의 충돌모형에서 전쟁이 발발하기 몇 년 전부터 충돌 위험 지역으로 분류되어 있었다.

기상 예측 앙상블에 사용된 아이디어 중 몇 가지는 충돌(분쟁) 예측 앙상블 시스템에 그대로 사용할 수 있다. 5장에서 말한 대로 기상 예측 앙상블의 초기 섭동(초기 조건에 삽입된 섭동)에서는 특이 벡터라는 수학적 양을 사용하여 대기순환의 불안정성을 서술한다. 이것은 상태 공간에서 예측 결과에 큰 영향을 미치는 방향을 따라 가해진 섭동이다. 특이 벡터 섭동이 없으면 앙상블 멤버들이 좁은 영역에 집중되어 확실하지 않은 결과를 과신하게 된다. 전 세계 지정학 시스템에서 특이 벡터를 분석하면 블라디미르 푸틴Vladimir Putin의 행동과 결정이 세계 평화와 안보에 커다란 영향을 미친다는 것을 확실하게 알 수 있다.(이와 더불어, 나의 생각이 안보에 별 영향을 미치지 않는다는 것도 알 수 있다.) 앙상블 충돌모형에서 나와 같은 사람들(약 80억 명의 개인)의 생각과 행동에 내재한 불확실성은 일반적인 확률적 잡음으로 표현되지만, 푸틴의 행동과 그가 내린 결정은 지정학적 특이 벡터를 나타내기 때문에 특별히 눈여겨봐야 한다. 앙상블 시스템으로 충돌이 일어날 확률을 정확하게 예견하려면 지정학적 특이 벡터의 섭동에 초점을 맞출 필요가 있다.

* * *

5~9장에서 다뤘던 내용 중 가장 중요한 교훈은 다음 한 문장으로 요약된다. '복잡한 비선형계에서 불확실성을 제대로 평가하여 신뢰할 만한 예측을 내놓으려면 앙상블 예측이 필수적이다.' 앙상블 예측 시스템은 나비의 날갯짓이나 잃어버린 못 하나에 민감하게 반응할 뿐 아니라 예외적인 사건이 발생할 확률을 정량적으로 산출할 수 있다. 피시처럼 재앙을 예측하지 못하는 불상사를 미연에 방지할 수 있는 기법이다. 다음 장에서 언급하겠지만 이와 같은 확률 예측은 '최악의 사태를 피하기 위해 감수해야 할 불편함의 정도'를 결정할 때 중요한 기준이 된다.

지금까지 우리는 다양한 주제(날씨, 전염병, 경제, 분쟁 등)를 다루면서 이들 사이의 연결 관계에 대해서는 별다른 언급을 하지 않았다. 언뜻 생각하면 독립적인 주제 같지만 사실은 그렇지 않다. 예를 들어 강제 이주나 지역 간 충돌은 기후변화 때문에 일어날 수도 있다. 또는 체온을 유지할 수 없을 정도로 극심한 폭염이 계속되면 극지방으로 이주하는 것 외에 다른 대안이 없다. 만일 이런 사태가 실제로 벌어진다면, 이주민들은 귀가 예측했던 충돌 예상 지역 중 일부를 통과하게 될 것이다.

이 다양한 요인을 하나로 통합할 수는 없을까? 이 질문의 답을 찾기 위해 1970년 4월로 시간을 되돌려보자.

미국항공우주국의 아폴로계획에 선발된 우주인들은 곳곳에서 많은 명언을 남겼는데, 그중에서도 가장 유명한 것은 아폴로 13호의 승무원 짐 러벨Jim Lovell이 지상의 관제실로 날린 짤막한 무전이었다. "음… 휴스턴, 문제가 생겼다."[2*]

실제 교신 내용은 세간에 알려진 것과 다르다는 주장도 있지만 그런 것은 중요하지 않다. 이어지는 교신에서 러벨은 "컴퓨터에 '메인 버스 B 저전압'이라는 경고가 뜨자마자 쿵 하는 소리가 났다"고 사실대로 보고했다. 당시에는 우주선 승무원도, 지상 관제사도 모르고 있었지만 우주선의 산소 탱크가 폭발하면서 엔진이 심각하게 손상되는 바람에 귀한 산소가 우주 공간으로 빠르게 새어나가고 있었다. 이 사고로 인해 아폴로 13호의 서비스 모듈은 거의 불구가 된 채 지구로부터 정처 없이 멀어졌고, 엔진이 다시 점화되지 않는 한 아무리 애를 써도 지구로부터 7만 킬로미터 떨어진 타원궤도에 영원히 갇힐 판이었다. 이런 절박한 상황에서 가장 중요한 질문은 '우주선은 어느 정도로 손상되었는가'다. 정확한 답을 모르면서 비상 조치를 내렸다간 상황이 더욱 악화될 수도 있다. 자, 어떻게 해야 아폴로 13호의 승무원들이 지구로 무사히

* 이 말이 유명한 이유는 절체절명의 위기에 빠진 상황을 지나칠 정도로 간결하게 전했기 때문이다. 게다가 목소리 톤도 너무나 태연했다.

귀환할 수 있을까?

다행히도 미국항공우주국의 지상 실험실에는 우주선 승무원과 관제사의 훈련을 위해 아폴로 우주선과 똑같이 생긴 시뮬레이터가 설치되어 있었다. 아폴로 13호의 수석관제사 진 크란츠Gene Kranz는 당시를 회상하며 말했다. "시뮬레이터는 우주 프로그램 전체를 통틀어서 가장 복잡한 기계 장치였다. 시뮬레이션 훈련 중 실제로 존재하는 것은 승무원과 조종석, 임무를 제어하는 계기판뿐이었다. 나머지는 컴퓨터가 엄청난 공식과 고도의 기술로 만들어낸 가상현실이었다."

시뮬레이터는 역사상 최초로 인간을 달에 데려다준 아폴로 11호의 훈련 과정에서 그 가치가 입증되었다. 모든 준비를 마치고 최종 단계 훈련을 하던 중 컴퓨터에서 난데없이 '1201 경고 코드'가 떴다. 그 의미를 아는 사람이 아무도 없어서 갈팡질팡하다가, 관제사가 컴퓨터에 과부하가 걸렸다는 신호일 것으로 짐작하고 임무 전체를 중단시켰다. 얼마 후 컴퓨터 소프트웨어 코드를 작성한 매사추세츠공과대학교 연구팀에게 문의했더니, 1201 경고 코드는 사소한 문제여서 그냥 무시해도 된다는 허망한 답이 돌아왔다. 만일 시뮬레이터로 훈련을 하지 않았다면 아폴로 11호의 달착륙선 이글Eagle이 착륙 몇 분 전에 1201 경고 코드를 발령했을 것이고, 승무원들은 '고요의 바다'에 발자국을 남기지 못했을 것이다.

아폴로 13호에서 시뮬레이터는 승무원의 무사 귀환에 반드시 필요한 요소로 확인되었다. 승무원들이 우주 미아가 될 위기에 처했을 때, 지상에 남아 있던 예비 승무원과 관제사들은 엔진을 수

동으로 재점화하는 세 가지 방법을 실행하여 어느 것이 가장 확실한 방법인지 확인해야 했다. 물론 컴퓨터에는 이런 식의 재점화 과정이 입력되어 있지 않았다. 지구로 귀환하는 우주선에 달착륙선이 달려 있으리라고는 꿈에도 생각하지 않았기 때문이다.* 한편 우주에서 위기에 처한 승무원들은 달착륙선을 구명보트로 사용하기로 결정하고 전력을 아끼기 위해 사령선의 전원을 차단할 수밖에 없었다. 문제는 대기권에 진입할 때 엔진을 재점화하는 데 필요한 전력을 확보하는 것이었다. 배터리에 남아 있는 소량의 전력으로 엔진을 켜려면 모든 과정이 엄밀한 순서에 따라 최대 효율로 진행되어야 한다. 시뮬레이터팀은 이 순서를 알아내기 위해 24시간 동안 수백 개의 스위치를 모든 가능한 순서로 켜보면서 일일이 확인했다. 도중에 단 하나의 순서만 틀려도 전력이 금방 바닥나서 아폴로 13호의 승무원들은 영원히 우주 미아가 된다.

이 이야기의 요점은 무엇인가? 다소 무리한 비약처럼 들리겠지만 지구라는 행성을 아폴로 13호처럼 '망가진 우주선'으로 간주해보자. 3인승이었던 아폴로 13호와 달리 '지구호'의 승무원은 무려 80억 명이나 되고 위기 상황을 해결해줄 관제실은 없다.

아폴로 13호의 사고는 설계상의 결함 때문이었다. 그러나 지구호가 고장 난 이유는 조물주가 설계를 잘못했기 때문이 아니라 승무원이 우주선을 너무 험하게 다뤘기 때문이다. 케임브리지대학교의 저명한 경제학자 파르타 다스굽타Partha Dasgupta가 영국 정

* 정상적인 경우라면 달착륙선은 달에 두고 와야 한다.

부에 제출한 보고서에 따르면[3] 우리는 지구에 주어진 고정자산을 효율적으로 관리하지 못했다. 1992년에서 2014년 사이에 1인당 재산은 2배로 증가한 반면, 1인당 천연자원 보유량은 40퍼센트 감소했다. 이것은 아폴로 우주선 승무원이 귀환 여행을 좀 더 안락하게 즐기기 위해, 음악을 틀어놓고 비디오를 보면서 귀한 에너지를 낭비하는 것과 비슷하다. 기후변화는 여기서 파생된 부작용 중 하나일 뿐이다.

게다가 우리는 엄청난 파괴력을 가진 무기까지 개발했다. 지구호에 탑승한 우주비행사들은 마음만 먹으면 단 하룻밤 사이에 80억 승무원을 전멸시킬 수도 있다. 상상이 가지 않는다면 네빌 슈트Nevil Shute가 1957년에 발표한 소설《해변에서》를 읽어볼 것을 권한다.(나도 2년 전에 읽었다.)** 이 책에는 우리가 또 하나의 불안정한 지점에 도달했을 때 일어날 수 있는 온갖 사건들이 적나라하게 펼쳐져 있다. 혹시 기후변화가 지구를 불안정한 상태로 만드는 방아쇠 역할을 하는 건 아닐까? 지금부터 상상력을 십분 발휘하여 21세기 중반에 닥칠 일들을 예측해보자.

일단은 기후변화에 관한 국제 회담이 결렬되었다고 가정해보자. 그러면 선진국들은 탄소 배출량을 줄이는 데 무관심해지고, 개발도상국은 자국민의 삶이 선진국과 비슷한 수준에 도달할 때까지 탄소를 최대한으로 배출할 것이다. 기온은 꾸준히 상승하고

** 핵전쟁이 발발한 후 그 후유증으로 서서히 죽어가는 세상을 실감나게 표현한 종말문학의 대표작이다.

있지만 아직은 대형 산불이 해마다 발생하는 미국 서부 지역만큼 심각하지 않다. 그러나 대기 중 이산화탄소 농도가 어느 수준에 이르면 섭씨 50도가 넘는 폭염이 고위도 지방을 덮친다. 20세기에는 상상조차 할 수 없었던 일이다. 미드호는 바싹 말라서 바닥을 드러내고, 후버댐에서는 1년 중 300일 이상 전기가 생산되지 않는다. 10년에 한 번쯤 감소하던 밀 수확량은 매년 감소세로 돌아서고, 유럽 국가들도 홍수로 인한 농작물 피해가 극심하여 미국과 비슷한 식량난을 겪게 된다.

결국 유럽과 미국의 지도자들은 특단의 조치를 취해야 한다는 데 공감하고 플랜 B, 즉 차선책을 실행에 옮기기로 했다. 군용기를 24시간 띄워서 성층권 하부에 황산가스를 살포하기로 한 것이다. 만사가 뜻대로 풀린다면 대기 중에 황산염 에어로졸이 생성되어 햇빛을 우주로 반사하고 대기는 다시 냉각될 것이다. 미국과 영국은 자국뿐 아니라 인류 전체에 도움이 될 것이라며 황산가스 살포 작전을 강행한다.

그러나 지구 환경을 인공적으로 바꾸는 지구공학geoengineering은 그렇게 간단하게 이루어지지 않는다. 6장에서 말한 대로 지구 온난화는 전자기파 스펙트럼 중 적외선이 지구 주변에 갇히면서 나타나는 현상인데, 황산염 에어로졸은 주로 가시광선을 반사하기 때문에 기대만큼 효과를 보기 어렵다. 그렇다면 이로부터 어떤 결과가 초래될까? 이것은 현재 모형의 예측 능력을 벗어난 질문이다.

그러니 지금부터는 우리가 직접 시나리오를 써보자. 황산가스 살포 작전은 미국의 주도하에 몇 년간 계속되었다. 그런데 러시아와 인도의 과학자들이 대기순환의 변화 패턴을 추적하다가 자국의 곡창지대에는 충분한 비가 내리지 않는다는 사실을 깨달았다. 규칙적으로 찾아오던 몬순이 사라져서 곡물 수확량이 오히려 크게 줄어든 것이다. 러시아와 인도는 모든 것이 성층권에 에어로졸을 뿌리는 미국과 유럽 때문이라고 비난하면서 살포를 즉시 중단하라고 촉구했다. 그러자 인도에 흉년이 든 원인이 정말로 에어로졸 살포 때문인지 확인하기 위해 대규모 국제 연구단이 발족되었는데, 모형의 해상도가 너무 낮아서 명확한 결론을 내리지 못했다.(6장에서 언급했던 '기후변화를 연구하는 세른'은 각국의 이해관계가 충돌하여 끝내 설립되지 않았다.) 미국과 유럽은 기후모형에 의하면 몬순 이변은 기후변화에 따른 자연적 현상이며, 에어로졸 살포와 무관하다고 주장했다. 반면 러시아와 인도는 시뮬레이션으로는 드물게 일어나는 극단적 기상변화를 예측할 수 없다면서 모형의 신뢰도에 의문을 제기했다. 두 진영은 한 치의 양보도 없이 대립각을 세우다가 마침내 러시아와 인도가 에어로졸 살포를 즉각 중단하지 않으면 비행기를 격추시키겠다며 최후통첩을 날렸다. 미국은 이것을 전쟁 행위로 받아들였고, 러시아와 인도는 자국의 농업을 파괴하는 것 자체가 이미 전쟁 행위라고 주장했다.

얼마 후 첫 번째 비행기가 격추되자 미국은 초강력 경제 제재로 맞대응에 나섰다. 두 번째 비행기가 격추되었을 때 미국은 인도 공군의 비행장에 소규모 폭격을 감행한 후, 당장 공격을 중단하지 않으면 심각한 결과가 초래될 것이라고 경고했다. 그러나 더는 물러설 곳이 없었던 러시아-인도 동맹군은 세 번째 비행기를 격추시켰고, 인내심이 바닥난 미국은 최악의 시나리오를 선택하고 말았다.

그 결과는 연쇄적으로 신속하게 나타났다. 방사능 구름이 전 세계로 퍼지면서 지구의 온도가 빠르게 내려갔고, 인구는 10분의 1로 줄었다. 얼마 전까지 뜨거운 이슈로 떠올랐던 기후변화는 옛날 일이 되었고 살아남은 사람들의 삶도 결코 이전과 같을 수 없었다….

가상의 시나리오인 게 천만다행이다. 하지만 이런 사태가 발생하지 않는다는 보장도 없다. 어떻게 해야 이런 최악의 사태를 사전에 방지할 수 있을까?

아폴로 13호의 승무원들이 시뮬레이터 덕분에 목숨을 구했듯이 인류가 자멸하는 사태를 막으려면 국제적 수준에서 실행 가능한 시뮬레이터가 있어야 한다.

아폴로 13호에서 사용된 시뮬레이터는 오늘날 '디지털 트윈'이라는 이름으로 불리고 있다. 아폴로 시뮬레이터는 모든 면에서 디지털과 거리가 멀었지만, 오늘날 디지털 트윈이 하는 일을 거의 똑같이 수행할 수 있었다. 특히 여러 가지 이유로 사람이 직접 개입할 수 없는 상황에서 정보를 얻으려면 시뮬레이터가 반드시 필요하다.

위에 펼쳐진 가상의 시나리오에서 지구가 위기에 처했을 때 80억 인류의 운명을 걸고 플랜 B(에어로졸 살포)를 시도하는 것은 위험부담이 너무 크다. 이런 경우라면 플랜 B의 결과를 높은 신뢰도로 시뮬레이션할 수 있는 도구가 있어야 한다.

우리에게 필요한 것은 디지털 트윈이 아니라 '디지털 앙상블 트윈'이다. 6장에서 다뤘던 기후모형이 지구의 디지털 앙상블 트윈의 중요한 부분으로 채택될 것이다. 다만 이 모형은 지금까지 논의된 다른 모형(경제, 보건, 충돌, 농경, 수문학hydrology, 인구 증가 등)과 통합되어야 하며, 비현실적인 균형기반모형보다는 모든 개인이 상호작용 네트워크를 통해 연결되어 있는 행위자기반모형이 구축되어야 한다.

행위자기반모형을 전 세계 80억 인구로 확장할 수 있을까? 황당한 발상 같지만 사실 불가능할 것도 없다. 앞서 논의한 바와 같이 일기예보모형에는 이미 수십억 개의 자유도가 있으므로 이것을 2배로 늘리면 모든 개인의 자유도가 가뿐하게 포함된다. 물론 모든 행위자가 자신만의 고유한 확률을 따르도록 허용해야겠지만 이것은 날씨 변수에 대해서도 어차피 해야 할 일이다. 이 과정에서 AI가 핵심적 역할을 하게 될 것이다.

지구의 디지털 앙상블 트윈은 기후-지구공학의 사회경제적 문제뿐 아니라 미래의 이주, 지역 갈등, 보건, 식량, 해양 생태계 등에 대하여 신뢰할 만한 추정치를 제공할 수 있어야 한다.

당연히 이런 프로젝트는 한 국가가 독자적으로 수행해선 안 되며 그렇게 할 수도 없다. 또한 여기서 얻은 결과는 세상에 공개하기 전에 유엔과 같은 국제기구의 승인을 받아야 한다. 이 정도 규모의 프로젝트라면 문자 그대로 세계 최강의 슈퍼컴퓨터가 동원되어야 하는데, 요즘 분위기로 봐선 이것도 머지않아 실현될 가능성이 크다. 엑사스케일exascale(10의 18제곱) 컴퓨터의 출시를 눈앞에 두고 있기 때문이다. 이 컴퓨터는 1초당 10억×10억 회의 연산을 수행할 수 있다. 지구의 디지털 앙상블을 구축하려면 오직 이것만을 위해 만들어진 엑사스케일의 전용 컴퓨터가 필요하다. 2030년이 되면 1초당 1조×10억 회의 연산을 수행하는 제타스케일zettascale(10의 21제곱) 컴퓨터가 등장할 것이다. 아마도 이때쯤이면 실리콘 기반 프로세서와 함께 양자컴퓨터와 광자 프로세서, 하드웨어에서 잡음을 발생시키는 고효율-저전압의 부정확한 칩imprecise chip을 부분적으로나마 사용하게 될 것이다.

이 엄청난 프로젝트가 결실을 거두려면 모든 분야의 과학자들이 하나의 팀으로 뭉쳐야 한다. 아마도 과학 역사상 가장 거대한 규모의 학제 간 프로젝트가 될 것이다. 또한 불확실성을 다루는 것이 모든 과학의 근본이므로, 범지구적 디지털 앙상블을 구축하는 프로젝트가 발족되면 하위 분야에서 불확실성을 다루는 다양한 방법들도 하나로 통합될 것이다. 간단히 말해서 '의심의 중요성'이 최고로 강조되는 프로젝트라 할 수 있다.

지난 2021년에 유럽연합의 데스티네이션 어스Destination Earth('DestinE'라고도 한다) 프로젝트가 공식적으로 출범하면서 이 분야의 첫 번째 신호탄을 쏘아 올렸다.[4] 이 프로젝트는 유럽연합의 주력 프로젝트였던 익스트림 어스Extreme Earth(몇 년 전에 나와 동료들이 개발했다)가 진화한 것으로, 주된 목적은 초고해상도 기후모형에 다양한 사회경제적 모형을 결합한 '종합지구모형'을 개발하는 것이다. 데스티네이션 어스는 글로벌 사회의 디지털 앙상블을 구축하는 첫 번째 단계다. 그러나 아쉽게도 영국이 2020년에 유럽연합을 탈퇴했기 때문에[5] 영국의 과학자들은 데스티네이션 어스에 기여할 수 없게 되었다.

10장

결정을 해, 결정을!: 과학이 메시지를 전하는 방식

단지 속 사탕 개수를 맞추는 게임을 할 때, 한 사람이 신중하게 제시한 추측값보다 100명이 제멋대로 제시한 추측의 평균을 취한 값이 훨씬 믿을 만하다. 일반적으로 앙상블 평균 예측은 결정론적 논리에 입각한 단 한 번의 예측보다 신뢰도가 높다. 그러나 당장 결정을 내려야 할 순간이 오면 '가장 그럴듯한 예측값'을 아는 것만으로 충분하지 않은 경우가 종종 있다. 일이 잘 풀렸을 때 얻는 이득보다 최악의 시나리오가 닥쳤을 때 발생하는 손실이 더 크다면, 후자의 경우가 발생할 확률을 어떻게든 알아내서 합리적인 비용을 들여 피하는 것이 우선이다. 코로나-19가 극성을 부릴 때 세계 주요 국가들은 발생 가능한 최악의 시나리오(환자 수가 병상 수를 초과하는 사태)를 피하기 위해 막대한 경제적 손실을 감수하면서 국경을 봉쇄했다. 그런데 '발생 가능함'의 기준은 무엇이며, '합리적인 비용'은 어떻게 결정해야 할까? 이 장에서는 앙상블이 의사결정에 응용되는 사례를 알아보기로 한다. 이것은 재난구호 관리와 밀접하게 관련된 문제이자 그 자체만으로 흥미진진한 문제이기도 하다.

* * *

몇 해 전 스마트폰의 날씨 애플리케이션에서 강우 확률을 확인할 수 없었던 시절에 친구로부터 전화가 걸려왔다. 열흘 후에 집에서 가든파티를 열기로 했는데 천막을 빌려야 할지 말아야 할지 고민이라는 것이다. 그는 빨리 결정해서 점심시간까지 업주에게 알려줘야 한다며 나에게 조언을 구했다. 다음 주 토요일 오후 2시에서 6시 사이에 그 친구의 집 뒷마당에 과연 비가 내릴까?

나: 최신 일기예보를 찾아볼 수는 있지만 아마 비가 올 확률만 알 수 있을 거야.

친구: 이런 제길…. 확률이 무슨 도움이 되겠냐고. 난 비가 올지 안 올지 알고 싶다니까.

나: 그렇겠지. 그날 어떤 사람들이 파티에 오는데?

친구: 그게 무슨 상관이야?

나: 예를 들어 여왕님이 온다고 가정해보자고. 여왕께서 비에 젖는 참사를 감수하고 싶진 않겠지? 그런 일이 생기면 자네가 기사 작위를 받을 가능성은 빗물과 함께 씻겨 내려갈 테니 말이야. 따라서 비가 올 확률이 5퍼센트만 넘으면 무조건 천막을 빌

리는 게 신상에 좋아. 근데 여왕께서 파티에 오긴 오나?

친구: 뭔 소리야? 당연히 안 오지!

나: 그럼 시장님이 오시나?

친구: 야! 너 자꾸 삼천포로 빠질래?

나: 내 말을 끝까지 들어봐. 만일 시장이 온다면 너는 그 사람이 비에 젖는 것도 원하지 않을 거야. 하지만 여왕께서 비에 젖는 것보단 부담이 적겠지. 이 경우에는 비가 올 확률이 20퍼센트 이상일 때 천막을 빌리는 게 좋아. 근데 시장이 정말 온대?

친구: 누가 온다 그랬냐? 다 네가 지어낸 말이잖아!

나: 참, 그랬었지…. 그럼 파티에 오는 사람 중에서 제일 귀한 손님이 누구야?

친구: 글쎄, 인정하긴 싫지만 아마 장모님?

나: 그럼 장모님이 비에 젖는 사건이 너의 앞날에 얼마나 치명적이지? 내 말은 장모님 때문에 천막에 돈을 써도 아깝지 않은 최소한의 임계 강우 확률이 얼마냐는 거야. 만일 네가 장모님이 비에 젖든 말든 전혀 개의치 않는다면 임계 확률은 100퍼센트가 되고, 장모님이 여왕님 못지않게 중요한 손님이라면 5퍼센트가 되겠지. 잘 생각해봐. 두 값 사이에 자네가 생각하는 장모님의 임계 확률이 있을 거 아냐.

친구: (몇 초 동안 머뭇거리다가) 한 50퍼센트?

나: 옳지, 답 나왔네. 그럼 내가 최신 일기예보를 찾아볼게. 다음 주 토요일에 비가 올 확률이 50퍼센트를 넘으면 천막을 빌리고, 그 이하면 안 빌려도 돼. 오케이?

전화를 끊고 일기예보를 뒤져보니 그날 비가 올 확률은 약 30퍼센트였다. 결국 내 친구는 천막을 대여하지 않았다. 다행히 파티 당일에 비는 오지 않았고 참석자 모두 즐거운 시간을 보낼 수 있었다.

이 이야기의 핵심은 무엇일까? 확률은 일기예보의 부정확함을 얼버무리는 수단이 아니라는 것이다. 실제로 확률예보는 현명한 결정을 내리는 데 큰 도움이 된다. 물론 확률이 정확하다는 가정하에 그렇다.

내 친구의 일화를 확장해서 일반화해보자. E라는 날씨가 있다. E는 비 오는 날일 수도 있고, 영하의 추운 날씨나 폭풍이 몰아치는 험한 날씨일 수도 있다. 어떤 날씨든지 E는 발생하거나 또는 그렇지 않거나 둘 중 하나다. 텐트의 경우 비가 오는 것이 곧 E가 발생하는 사건에 해당한다.

날씨 E가 발생했을 때, 내 친구 짐이 적절한 예방조치를 취하지 않으면 L만큼 금전적 손해를 보고 예방조치를 취하면 L을 온전히 지킬 수 있다. 그러나 예방조치를 취하려면 C라는 금액이 발생한다. 여기서 L과 C는 유로나 달러 같은 실제 화폐 단위로 표현되지만 C/L은 단위가 없는 0과 1 사이의 수다.(C/L이 1보다 크면 예상되는 손실보다 손실을 막는 데 필요한 비용이 더 많이 들어간다는 뜻이므로 굳이 예방조치를 취할 필요가 없다.) C/L을 흔히 비용-손실 비율cost-loss ratio이라 한다.

C/L이 충분히 작으면(즉 예방조치에 들어가는 비용이 예상되는 손실보다 훨씬 저렴하면) 짐은 실제 날씨와 상관없이 무조건 예방

조치를 취하는 것이 바람직하다. C/L이 거의 1에 가까우면 예방조치를 취하든 궂은 날씨 때문에 손해를 보든 별로 다를 것이 없으므로 후자를 택하는 게 낫다. 그러나 C/L이 0과 1의 중간쯤에 있다면 짐은 일기예보를 참고하여 예방조치의 실행 여부를 결정하는 것이 바람직하다.

짐이 참고할 수 있는 일기예보가 결정론적 예측 시스템뿐이라면 문제가 아주 간단해진다. 일기예보에 E가 발생한다고 되어 있으면 예방조치를 취하고, 그렇지 않으면 아무것도 안 하면 된다. 결정론적 예보의 신뢰도가 크게 떨어진다는 점만 제외하면 단순하고 깔끔해서 좋다. 만일 E가 '1987년 10월 16일 아침에 영국 남부 해안에 초강력 허리케인이 상륙하는 사건'을 의미하는데, 당신이 결정론적 예보를 믿는다면 예방조치(자동차 옮기기, 배와 항공기 대피시키기, 여행 취소하기 등)를 취할 필요가 없다. 결국 당신의 자동차는 아랫동네 배수로 옆에서 뒤집힌 채 발견될 것이다. 이처럼 결정론적 예보는 신뢰도가 낮아서 가치도 그만큼 떨어진다.

반면에 짐이 앙상블 시스템에 기초한 확률예보를 참고한다면 큰 손해를 보지 않는 범위 안에서 효율적인 예방조치를 취할 수 있다. 앙상블 예측 시스템으로 계산된 날씨 E가 발생할 확률을 p라 하면, 짐이 내릴 수 있는 최선의 결정은 p가 비용-손실 비율 C/L보다 클 때 예방조치를 취하는 것이다. 예를 들어 L이 C의 두 배라면, 짐은 날씨 E의 발생 확률이 0.5(50퍼센트) 이상일 때 예방조치를 취하는 것이 좋다. 또 L이 C의 20배인 경우에는 E의 확률이 0.05(5퍼센트)만 넘어도 눈 딱 감고 예방조치를 취해야 한다.

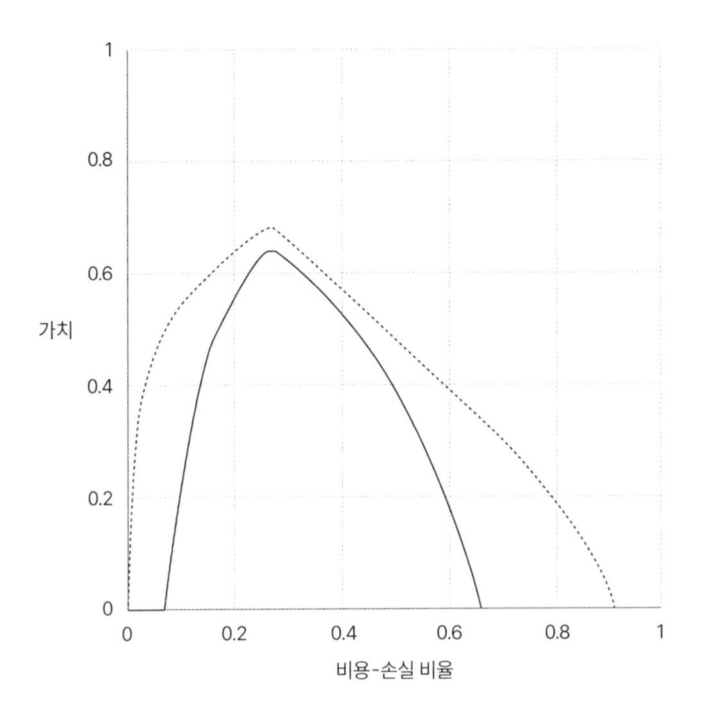

그림 41 유럽중기예보센터에서 제공한 2020년 10~12월 유럽과 북아프리카 일기예보의 잠재적 경제 가치(예보일을 기준으로 4일 후 6시간에 걸친 강우를 예측한 경우). 두 개의 선은 두 가지 예보 시스템을 참조하여 예방조치를 취했을 때 각 예보 시스템의 가치를 보여준다. 예방조치를 취하면 비 때문에 발생한 손실 *L*을 비용 *C*로 막을 수 있다. 가로축은 비용-손실 비율인 *C*/*L*이고, 세로축은 예보의 가치를 나타낸다. 가치가 0이면 무용지물이고, 1이면 완벽한 예보다. 그래프의 실선은 최첨단 고해상도의 결정론적 예측 시스템이고, 점선은 저해상도의 앙상블 예측 시스템이다.

그림 41은 향후 4일 동안의 강우 여부에 따라 결정을 내렸을 때 현대식 일기예보 시스템의 가치를 그래프로 나타낸 것이다. 가로축은 *C*/*L*의 모든 가능한 값을 나타내고, 세로축은 일기예보에 따라 예방조치를 취했을 때 예보의 가치를 숫자로 환산한 것이다.

이 값이 0이면 일기예보는 아무런 가치가 없다. 즉, 강우 여부를 판단하는 데 일기예보가 전혀 도움이 안 되는 경우다.(예를 들어 해당 지역의 기후학적 경향만 알아도 중요한 결정을 내릴 수 있다.) 한편 이 값이 1이면 아무런 정보도 없는 상태에서 일기예보가 완벽한 예지자처럼 정확한 날씨를 알려주는 경우다.(이보다 좋을 수는 없다!) 그래프의 실선은 결정론적 예측 시스템을 참고하여 내린 결정의 가치인데('비가 올 것이다' 아니면 '비가 안 올 것이다' 중 하나) 이 값이 0보다 큰 *C/L*의 범위가 별로 넓지 않고, 이 범위를 벗어나면 일기예보는 무용지물이 된다. 반면에 점선은 앙상블 예측 시스템의 가치를 나타낸 것으로 거의 모든 *C/L* 값에 대해 가치를 가질 뿐 아니라, 임의의 *C/L*에 대하여 결정론적 시스템보다 가치가 크다.[1] *

여기까지는 다 좋다. 그런데 여왕을 모신 자리에 비가 오면 정말 큰일 나는 걸까? 별로 그럴 것 같지 않다. 파티에 여왕이 혼자 올 리가 없지 않은가. 아마도 그녀는 수십 명의 경호원을 대동할 것이고 그중에는 비가 올 때 우산을 씌워줄 '강우 전담사'도 있을 것이다. 그러니 여왕 걱정은 접어두고 방글라데시의 아마둘이라는 평범한 농부를 생각해보자. 컴퓨터 기반 일기예보가 없던 시절에는 열대 사이클론이 불어닥치면 아마둘 같은 사람 수백, 수천 명이 사망하고 수많은 이재민이 발생했다. 심지어 단 한 번의 사이클론으로 50만 명이 사망한 적도 있다.[2]

* 즉, 그래프의 높이가 전체적으로 높다.

요즘 일기예보는 수십 년 전보다 훨씬 정확하여 극단적인 날씨로 인한 사망자 수가 크게 줄어들었지만, 그렇다고 우리가 일기예보를 최대 효율로 활용한다는 뜻은 아니다. 재난구호 기관과 인도적 지원 단체들은 재난의 예방보다는 발생 후 뒤처리에 집중하는 경향이 있다. 대형 재난이 발생하면 구호품(비상식량, 물, 대피시설, 의약품 등)이 피해 지역에 도달할 때까지 며칠이 걸리고, 때로는 일주일 이상 기다려야 할 때도 있다. 극단적인 기상 현상이 발생하면 피해 지역에 접근하기가 평소보다 어려워지기 때문이다.

구호 기관과 지원 단체가 재난에 좀 더 빠르게 대처할 수 있다면 상황은 훨씬 좋아질 것이다. 일기예보를 적극적으로 활용하여 지원 대상을 정하고, 재난이 발생하기 전에 사전조치를 취하면 된다. 문제는 구호 단체에 자금이 턱없이 부족하다는 점이다. 앞에서도 여러 번 강조했듯이 결정론적 예보 시스템은 신뢰도가 떨어진다. 그런데 이런 시스템이 극단적인 기상예보(태풍, 폭우 등)를 내놓을 때마다 사전조치를 취한다면, 발생하지도 않은 기상 현상 때문에 귀중한 자원이 낭비될 것이다.

앙상블 예측을 참고하면 적극적으로 대처해야 할 시기를 훨씬 분별력 있게 결정할 수 있다. 구호 기관과 지원 단체 관계자들은 재난이 닥치기 전에 구호 대상을 정하는 것을 선제대응활동이라 부른다. 내 친구가 임계 확률값에 따라 천막 대여 여부를 결정한 것처럼, 구호 기관은 비용-손실 비율의 추정치에 기초하여 임계 확률을 미리 정해놓고 재난 발생 확률이 이 값보다 클 때 예방조치를 취한다.

다시 방글라데시로 돌아가보자. 30년 전만 해도 아마둘의 걱정거리는 사이클론만이 아니었다. 농부인 그에게 가장 중요한 재산은 다름 아닌 소였다. 대부분의 방글라데시 사람들처럼 아마둘도 저지대에 살면서 소를 방목하고 있는데, 인근에 있는 브라마푸트라강이 상습적으로 범람하여 막대한 피해를 입었다. 홍수는 반드시 국지적 폭우가 내려야 발생하는 것은 아니다. 수백 킬로미터 떨어진 상류에 비가 와서 하류가 범람할 수도 있다. 이런 식으로 아무런 예고도 없이 강이 범람하면 아마둘은 소와 함께 전 재산을 통째로 잃을 것이다.

나의 동료인 조지아공과대학교의 피터 웹스터Peter Webster 교수는 특이하면서도 탁월한 연구 경력을 가지고 있다. 한때 그는 열대기상학tropical meteology[3]의 세계적 전문가이자 열대기후에 대한 과학적 이해를 도모하기 위해 수많은 현지 관측 여행을 주도한 열혈 과학자로 알려져 있었다. 그러나 1992년에 그는 나와 함께 안식년을 보내던 중 연구 방향을 완전히 바꿔서 최근 개발된 앙상블 예측을 집중적으로 파고들었다. 이 분야에 어느 정도 익숙해지자 일기예보를 이용하여 세계에서 가장 가난한 사람들을 돕겠다며 구체적인 방법을 찾기 시작했다.

웹스터 특유의 현지 답사는 갠지스강과 브라마푸트라강의 영향권 안에 있는 방글라데시의 지방 공무원을 만나는 것으로 시작되었다. 당시 방글라데시 기상청은 결정론적 예보를 제공하고 있었는데, 그 지방 공무원들은 다가올 재난을 하루라도 빨리 알고 싶었다. 홍수가 나기 전에 필요한 식량과 식수를 비축하고 소와 가금류(사육 조류), 농작물 종자 등 귀중한 자원을 고지대로 옮기려면 최소한 일주일 전에 범람 여부를 알아야 한다. 물론 사전조치 중 가장 중요한 것은 사람을 대피시키는 것이었다. 특히 강 한복판의 차르char라고 불리는 섬들의 거주민들은 내일이나 모레쯤 홍수가 난다는 경고를 듣고 재산을 거의 포기한 채 몸만 빠져나오는 경우가 태반이었다.

웹스터는 유럽중기예보센터의 강수량에 대한 앙상블 예측을 갠지스강과 브라마푸트라강의 수문학모형과 결합하여 범람 확률 예보를 2주 전에 통보할 수 있다는 걸 입증했다. 두 강의 집수 유역에 다량의 비가 내리면 예외 없이 강이 범람하여 홍수가 발생하기 때문에 앙상블 예측 시스템에 수문학을 결합하면 두 강 중 하나, 또는 둘 다 범람할 확률을 계산할 수 있다.

홍수에 대한 확률적 예측을 방글라데시에 활용할 수 있을까? 사람들이 과연 날씨에 적용된 확률의 개념을 이해할 수 있을까? 대중은 결코 바보가 아니지만 그들이 확률을 이해한다고 장담하기도 어려웠다. 내가 앙상블 예측 시스템을 한창 개발하고 있을 때, 영국의 기상예보관이 영국인은 확률의 개념을 결코 이해할 수 없을 것이라고 여러 번 강조했다.(하지만 사람들은 경마장에서 이길 확률이 높은 말에게 돈을 걸지 않던가? 확률을 모르면서 어떻게 지갑을 연다는 말인가?)

정확한 답을 알려면 현장 실험을 하는 수밖에 없다. 웹스터는 미국국제개발처US Agency for International Development[4]의 지원을 받아 방글라데시의 홍수 취약 지역에 확률예보를 제공하는 시범 사업을 시작했다.

2007~2008년에 걸쳐 실행된 이 프로젝트는 실로 엄청난 성공을 거두었다. 이 기간 동안 2007년에 두 번, 2008년에 한 번의 홍수가 발생했는데 앙상블 예측 시스템으로 강력한 사전경고를 날린 덕분에 적절한 예방조치를 취할 수 있었다. 이 일을 계기로 아시아재난대비센터Asian Disaster Preparedness Center, ADPC는 확률예보의 가치를 재평가하게 되었다.[5] 두 강변의 상습 침수 지역에서 양어장을 운영하거나 어업으로 살아가던 사람들은 앙상블 예측과 사전조치 덕분에 가구당 130달러를 절약했고, 농부들은 조기 수확으로 가구당 190달러를 벌어들였다. 가장 큰 혜택을 본 것은 가축을 키우는 사람들이었다. 이들은 사전경고를 듣고 가축을 재빨리 고지대로 옮겨서 가구당 500달러를 절약할 수 있었다. 전체적으로 절약된 평균 비용은 가구당 270달러로, 당시 방글라데시의 가구당 연평균 소득은 470달러였고 인구의 절반이 1.25달러도 안 되는 돈으로 하루를 살았으니 그들의 삶을 지켰다고 해도 과언이 아니었다.

농부들이 확률을 이해하지 못하리라는 걱정은 기우에 불과했다. 한 농부에게 확률의 의미를 아느냐고 물었더니 그는 이렇게 대답했다.

> 그런 건 아무래도 상관없습니다! 미래에 무슨 일이 일어날지 100퍼센트 정확하게 아는 분은 신밖에 없는데 그분은 절대로 말을 해주지 않고, 당신은 신이 아니잖아요!

웹스터는 획기적인 연구를 통해 아무리 열악한 환경에 노출된 사람들도 확률예보를 기꺼이 받아들일 준비가 되어 있다는 것을 확실하게 입증했다. 농부들은 과거에 줄곧 의지해왔던 단순한 추측보다 확률예보가 훨씬 가치 있다는 사실을 온몸으로 깨달았다.

웹스터가 남긴 업적은 선제대응활동의 대표적 사례로서 재난대비 기관의 운영 방식을 근본적으로 바꿔놓았다. 국제적십자연맹과 적신월사Red Crescent Societies*는 긴밀한 협조하에 선제대응활동이 전 세계에 실행되도록 준비하고 있으며, 대응조치 기금을 마련하기 위한 예측 기반 금융계획도 수립되었다. 이 계획의 목표는 재난구호에 필요한 긴급자금을 확보하고, 확률예보에 기초하여 자금 지출의 우선순위를 결정하고, 지원 조건이 충족되었을 때 사전에 합의된 구호활동을 펼치는 것이다.

2020년 7월 4일에 유럽연합 집행위원회의 글로벌 홍수 경보 시스템Global Flood Awareness System, GloFAS은 유럽중기예보센터에서 제공한 앙상블 예보에 기초하여 방글라데시의 홍수를 예견했고, 실제로 거의 정확한 날짜에 홍수가 일어났다. 방글라데시 정부 산하 홍수 예측 및 경고 센터의 평가에 확률 예측을 결합해보니 홍수가 발생할 확률이 매우 높게 나왔고, 이 소식을 접한 유엔 산하의 중앙긴급구호기금Central Emergency Response Fund, CERF은 여러 지역 기관으로부터 520만 달러의 기금을 마련하여 재난 지역에 현금과 가축 사료, 구호품 보관창고, 위생 도구 등을 지원할 수 있었다. 이

* 이슬람권 국가의 적십자사다.

것은 2005년에 중앙긴급구호기금이 설립된 이래 지원이 가장 빠르게 이루어진 사례였으며, 홍수가 발생하기 전에 지원이 이루어진 최초의 사례이기도 했다. 당시 통계 자료에 따르면 거의 20만 명에 달하는 사람들이 선제대응활동의 혜택을 받았다고 한다.

2021년 9월에 유엔사무총장 안토니우 구테흐스António Guterres는 선제대응활동에 관한 회의 석상에서 이렇게 선언했다. "선제대응활동을 12개국으로 확대하기 위해 중앙긴급구호기금에서 1억 4000만 달러(한화 약 1861억 원)를 투자하기로 합의했다. 선제대응활동은 생명을 구하는 행위이므로 인도주의적 차원에서 향후 유엔의 핵심 사업이 될 것이다." 이 모든 게 웹스터의 선구적인 현지 조사와 시험, 신뢰도 높은 앙상블 예측 시스템 덕분이었다.

물론 의사소통도 중요한 문제로 남아 있다. 악천후는 누구나 겪는 일이므로 주의를 기울여야 할 시점을 정확하게 알 필요가 있다. 극단적인 날씨가 발생하면 생명과 재산이 위험에 처하고, 여행 계획이 망가지고, 전기와 식수 공급이 차단되기도 한다. 영국 기상청은 국민에게 위험 수위를 알리는 수단으로 황색과 앰버amber(노란 갈색), 적색으로 이루어진 피해 경고 행렬warning impact matrix을 사용하고 있다(그림 42). 여기서 특정한 날의 날씨 E는 '예상되는 피해 수준'과 '발생 확률'이라는 두 개의 변수로 결정된다. 전자는 행렬의 가로축, 후자는 행렬의 세로축을 따라 표현된다. 앞에서 설명했던 비용-손실 비율의 관점에서 보면 가로축을 따라 오른쪽으로 갈수록 날씨 E로 인한 손실 L이 커지고, 세로축의 위로 갈수록 E가 발생할 확률 p가 커지는 식이다. 그리고 확률과 손실

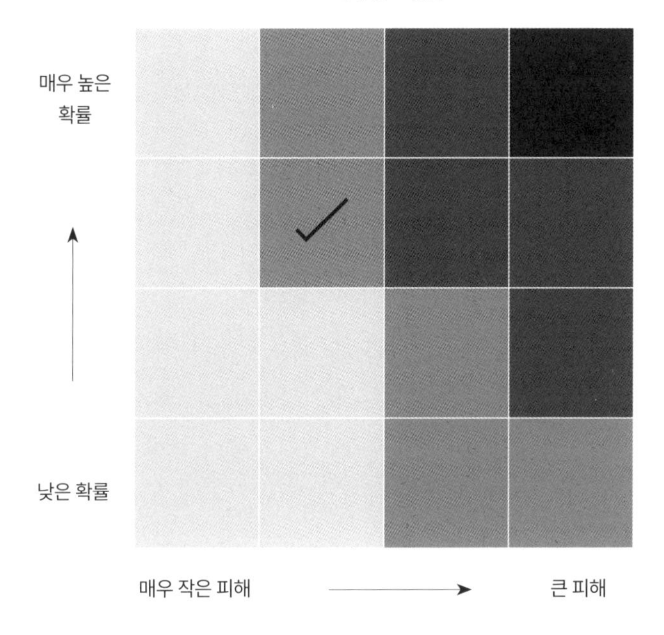

그림 42 영국 기상청에서 악천후 경보 발령 여부를 결정할 때 사용하는 피해 경고 행렬. 위의 그림처럼 '경고 없음' '황색 경고' '앰버 경고' '적색 경고'에 해당하는 네 가지 색상의 사각형 격자로 이루어져 있으며, 우상향할수록 경고 단계가 높아진다. 각 사각형의 색상은 예상되는 피해 수준과 발생 확률을 곱한 값에 따라 결정된다. 예를 들어 앰버 경고(두 번째로 진한 사각형)는 피해 수준이 중간쯤 되면서 발생 확률이 높은 날씨이거나, 피해 수준이 높으면서 발생 확률이 중간인 날씨를 의미한다. 경고의 단계를 좌우하는 확률값은 앙상블 예보 시스템에서 가져온 것이다. 그림에서 √ 표시된 사각형은 황색 경고에 해당한다.

을 곱한 pL의 값을 기준으로 악천후 경보 발령 여부가 결정된다. 예를 들어 앰버 경고는 피해 수준이 중간 정도면서 확률이 높은 날씨일 수도 있고, 피해가 심각하면서 확률이 중간쯤 되는 날씨일 수도 있다. 경고를 결정하는 확률은 앙상블 예측 시스템에서 가져온 것이다.

개중에는 애써 경고를 발령해도 적절한 조치를 취하지 않는 사람도 있다. 2019년에 초강력 열대성 사이클론 이다이가 아프리카 모잠비크를 강타했을 때, 집이 해변에 있는데도 도둑이 들까 봐 대피하지 않는 사례가 속출했다. 이런 경우를 대비하여 선제대응활동에는 지역 주민을 자동으로 보험에 가입시키거나 가택 경비원을 파견하는 것까지도 포함될 수 있다.

임계 확률에 기초한 선제대응활동은 홍수나 폭풍 같은 극단적 날씨에만 유용한 것이 아니다. 지금 세계는 식량 생산량을 유지하기가 점점 더 어려워지고 있다. 전 세계 농업의 80퍼센트는 빗물로 이루어진다. 즉 농업용수의 대부분을 하늘로부터 얻는 물에 의존한다는 뜻이다. 주어진 땅에서 수확량을 최대한으로 늘리려면 파종기와 수확기를 강우량에 따라 다르게 선택해야 하는데(농부라면 누구나 아는 사실이다), 농부에게 날씨를 미리 아는 길이란 일기예보밖에 없다. 이럴 때 결정론적 예보를 따르는 것보다 확률예보를 기준으로 파종 및 수확 시기를 결정하는 것이 훨씬 유리하다.

* * *

비용-손실모형cost-loss model은 기후변화에 대한 예방조치를 결정하는 데 정말로 도움이 될 것인가?

이 문제는 찬반양론이 팽팽하게 대립하고 있어서 결론을 내리기가 쉽지 않다. 일단 양쪽의 주장을 들어보자.

찬성파

기후가 총체적 위기에 처한 이유는 인간이 자원을 제멋대로 낭비해왔기 때문이다. 우리는 바람을 뿌렸고, 자연은 그것을 회오리바람으로 우리에게 되돌려주고 있다. 제임스 러브록James Lovelock의 《가이아의 복수》에는 이런 글이 등장한다.[6]

"천방지축 날뛰는 10대 청소년들과 어쩔 수 없이 집을 같이 쓰게 된 노부인처럼, 가이아는 결국 분노를 참지 못하고 외친다. '당장 생활 습관을 뜯어고치지 않으면 이 집에서 쫓아낼 테니 그런 줄 알아!'"

우리는 하루라도 빨리 화석연료 사용을 중단하고, 자연과 조화를 이루는 단순한 삶으로 되돌아가야 한다.

반대파

세계 경제에 탄소제한 정책이 도입되면 상대적으로 빈곤한 개발도상국의 경제 성장을 방해하여 선진국 수준으로 발전하는 길이 원천봉쇄된다. 선진국들은 이미 옛날에 탄소에너지를 저렴한 가격으로 펑펑 써가면서 지금과 같은 풍요를 누리게 되지 않았던가? 개발도상국의 성장을 방해하면 앞으로 여러 해 동안 그들의 높은 출산율 때문에 인구가 급속하게 늘어나고 지구의 환경은 더욱 악화할 것이다. 이런 고통을 감내할 이유가 어디 있는가? 기후변화가 전 세계의 GDP에 미치는 영향은 극히 미미하다. 기후변화가 정 마음에 걸려서 새로운 날씨 기준을 세우고 싶다면 마음대로 해라. 당신들이 정하는 대로 따라주겠지만 그런 것은 중요한 문제가 아니다.

앞서 언급한 비용-손실모형을 도입하면 이 문제를 좀 더 객관적인 시각으로 바라볼 수 있을 것 같다. 기후변화로 인해 위험이 초래될 확률 p가 온실가스 배출량을 0으로 줄였을 때 발생하는 경제적 비용 C를 기후변화로 인한 손실 L로 나눈 값보다 클 것인가? 비용 C가 충분히 작거나 손실 L이 충분히 크면 p가 작더라도 사전조치를 취하는 것이 합리적이다. 그런데 정말로 p가 C/L보다 클까? 이렇게 간단한 부등식으로 요약할 수만 있다면, 기후변화에 대응하여 명쾌한 전략을 새울 수 있을 것이다.

이것은 영국의 세계적인 경제학자 니컬러스 스턴Nicholas Stern이 2006년에 출간한 《스턴 리뷰Stern Review》에서 제기했던 질문이다.[7] 그는 GDP를 기준으로 손실 L과 비용 C를 계산한 후, 다음과 같이 결론지었다. '지구온난화가 위험한 수준으로 진행될 확률 p는 매우 큰 값으로 판명되었다. 그러므로 지금부터라도 예방조치를 취하는 것이 합리적인 선택이다.' 그러나 《스턴 리뷰》에 제시된 기본 가정을 문제 삼는 사람도 있다. 비평가들은 말한다. "현대의 기후과학은 p를 정확하게 계산할 정도로 발전하지 않았다. 또한 스턴은 L을 과대평가했을 뿐 아니라(시간이 흐를수록 화폐 가치가 떨어지는 것을 감안하지 않았고) C를 과소평가하는 실수를 범했다."

누구의 주장이 맞는 걸까? 섣부른 판단은 금물이니 각 항목을 하나씩 분석해보자.

나는 확률 p를 좀 더 정확하게 계산할 수 있다는 점에 100퍼센트 동의하지만(예를 들어 '기후변화를 연구하는 세른'을 설립하고, 여기에 모든 인적자원과 컴퓨터 기술을 총동원하여 고해상도 글로벌 모형을 구축하면 된다) 사실 p가 과대평가되었다는 직접적인 증거는 없다. 6장에서 말한 대로 30~40년 전에 실행된 기후예측은 온난화 속도를 예측하는 데 중요한 역할을 했다.

다음으로 기후변화 때문에 발생하는 손실 L을 살펴보자. 손실이 어떤 형태로 발생하든 그것을 숫자로 환산해서 비교해야 한다. L을 달러나 파운드 단위로 표현하지 못하면 탄소 배출량을 줄이는 데 비용 C를 들일 만한 가치가 있는지 판단할 수 없다.

경제학자들은 L이 세계 GDP에 미치는 영향을 추정하기 위해 다양한 시도를 해왔다. 스턴은 자신의 저서에서 사전조치를 취하지 않으면 세계 GDP가 기후변화로 인해 연간 5퍼센트 이상 감소할 수도 있다고 주장했지만, 다른 사람들은 이 정도로 비관적이지 않은 것 같다. 2018년에 노벨경제학상을 수상한 미국의 경제학자 윌리엄 노드하우스William Nordhaus는 기온이 섭씨 3도 높아지면 GDP는 2퍼센트 감소할 것으로 예측했다. 이 정도면 스턴의 주장과 완전 딴판이다. 대체 누구의 말이 맞는 것일까?

한 가지 문제는 8장에서 말한 바와 같이 현재 통용되는 경제모형이 현실보다 다소 단순하다는 것이다. 이런 모형에서 손실 L은 일반적으로 기후모형에서 예견된 평균 기온 변화량을 통해 결정된다. 전체적인 평균보다 지역적인 기후변화를 고려해야 한다고 주장할 수도 있다. 하지만 현재 사용 중인 기후모형의 해상도가 너무 낮아서 극단적인 날씨까지 시뮬레이션하기에는 역부족이다. 게다가 경제적 영향을 평가하는 모형은 8장에서 논한 행위자기반모형(각 지역의 날씨 변화를 모두 고려한 모형)만큼 복잡하지 않다. 부디 기후변화를 연구하는 세른이 하루속히 설립되어 이 문제를 해결해주기 바란다.

문제점은 또 있다. 방글라데시의 평범한 농부 아마둘을 다시 떠올려보자. 세계 GDP에 거의 아무런 영향도 미치지 않는 지역 주민들이 기후변화 때문에 입는 손실을 어떻게 수치화할 수 있을까?

지금 우리는 일부 사람들이 금기시하는 주제에 접근하는 중이다. 생명의 가치를 돈으로 환산하면 얼마나 될까? 불편한 질문이긴 하지만 이 분야에서 조금이라도 진전을 이루려면 어떻게든 답을 내야 하는 질문이기도 하다. 사람의 목숨은 무한대의 가치가 있으므로 그것을 돈으로 환산하는 건 불경한 짓이라고 생각하는 사람도 있을 것이다. 그러나 이 점을 생각해보라. 영국에서는 2020년 한 해 동안 무려 2만 5000명이 도로에서 사망했다. 우리가 사람의 생명에 무한대의 가치를 부여한다면 교통사고 사망자는 단 한 명도 발생하지 않아야 하고, 그러려면 모든 도로의 제한속도를 시속 15킬로미터로 정해야 한다. 그러나 생명과 직결된 일인데도 대부분의 사람들은 시속 15킬로미터가 지나친 규제라고 생각할 것이다. 즉, 우리는 사람의 생명에 암묵적으로 유한한 가치를 부여하고 있다. 시간은 곧 돈이라고 했으니 시간 비용의 일부를 목숨값으로 때우는 셈이다.

안전과 관련된 규제 법안에 찬성하거나 반대할 때 흔히 통계적 생명 가치value of a statistical life, VSL가 기준으로 제시된다. 통계학자라면 누구나 아는 사실이다. 이 분야의 선구자 중 한 사람인 W. 킵 비스쿠시W. Kip Viscusi는 그의 저서 《목숨에 값 매기기Pricing Lives》에서 로널드 레이건Ronald Reagan 대통령 재임 기간인 1980년대에 발생했던 사건을 언급했는데[8] 그 내용은 대충 다음과 같다. 화학물질을 취급하는 회사에서 한 직원이 유독물에 중독되어 회사를 대상으로 소송을 제기했다. 용기 안에 들어 있는 물질이 위험하다는 것을 회사 측에서 명시하지 않았다는 것이다. 양쪽이 한동안 갑론을박을 벌이다 보니 쟁점이 또렷하게 부각되었다. '회사는 위험한 화학물질에 경고 딱지를 붙여야 하는가?' 당시 미국의 정부기관은 불의의 사고로 사람이 사망했을 때, '계속 살았다면 벌었을 것으로 추정되는 돈'과 '사망으로 인해 발생한 비용'으로 생명의 가치를 평가하고 있었다. 예산관리국은 이 기준을 근거로 경고 딱지를 붙이는 데 들어가는 비용이 그만한 값어치를 하지 못한다고 결론짓고, 경고 딱지 부착을 의무화하는 법안에 반대 입장을 표명했다.

비스쿠시는 이 소송에서 생명의 가치가 정당하게 평가되지 않았으며 높아진 위험을 감수할 때 발생하는 추가 비용(또는 영구적 신체장애를 입었을 때 발생하는 비용)을 근거로 VSL을 다시 계산해야 한다고 주장했다. 비스쿠시가 제시한 당국의 통계 자료에 따르면, 당시 미국의 노동자는 연간 300달러의 추가 임금을 받으면 연간 사망 확률이 1만 분의 1인 직종에 기꺼이 종사할 의향이 있는 것으로 나타났다. 앞에서 언급한 비용-손실모형에 이 값을 대입하면 생명의 가치를 가늠할 수 있다. C는 300달러, p는 1/10000, C는 pL이므로 L은 300만 달러가 된다. 그런데 이것은 1982년도 통계이므로 물가 인상을 고려하면 현재 미국인의 VSL은 대략 1000만 달러(한화 약 140억 원)쯤 될 것이다.

그러나 개발도상국의 VSL은 미국을 비롯한 선진국만큼 크지 않다. 인간을 차별한다는 느낌이 들어서 내심 불편하겠지만 이것은 데이터가 입증하는 엄연한 현실이다. 개발도상국의 노동자들은 높아진 사망 확률이나 심각한 장애 확률의 대가로 훨씬 적은 프리미엄을 제시해도 기꺼이 받아들일 것이다. 방글라데시의 아마둘과 시애틀에 사는 짐에게 똑같은 가치가 적용되도록 조절할 수는 없을까? 가장 널리 사용되는 공식은 VSL을 해당 국가의 1인당 GDP의 100배로 정의하는 것이다.[9] 즉, 아마둘의 생명은 방글라데시의 1인당 GDP의 100배에 해당하는 가치가 있다.*

한 가지 기억할 점은 VSL이 사망뿐 아니라 영구적으로 장애를 가지게 된 경우까지 포함한 금전적 프리미엄이라는 것이다. 나는 기온이 섭씨 4도(또는 그 이상) 높아진 지옥 같은 세상hell on earth (HoE라 하자)에서 사는 것은 영구적으로 장애를 가지게 된 것과 크게 다르지 않다고 생각한다. 따라서 VSL을 1인당 GDP의 100배로 간주한다면, HoE를 피하기 위해 기꺼이 치를 수 있는 금전적 가치는 줄잡아 1인당 GDP의 50배쯤 될 것이다.

탄소 배출량을 줄이려는 노력을 전혀 하지 않았을 때, 지금보다 섭씨 4도 높은 온난화를 겪을 확률은 얼마나 될까? 앞에서 언

* 통계청 국가통계포털에 따르면 2022년도 1인당 GDP는 우리나라가 3만 2410달러, 방글라데시는 2688달러, 미국은 7만 6399달러다.

급한 내용을 종합해서 생각해보면 0.3쯤 될 것 같다. 정확한 값을 알려면 구름 피드백 과정을 완전하게 규명해야 하는데 지금의 기술로는 요원한 이야기다. 어쨌거나 확률 p는 0.3이고 GDP의 50배로 추산된 손실 L을 곱하면, HoE를 감수하는 대가인 pL은 1인당 GDP의 15배다.

그렇다면 HoE를 피하는 데 들어가는 비용은 얼마나 될까? 한 국가의 경제를 탈탄소화하는 데 드는 비용은 지난 몇 년 동안 '해당 국가의 GDP의 몇 퍼센트'로 평가되어왔다. 그러나 영국 기후변화위원회의 제6차 탄소 예산 방법론 보고서에 따르면[10] 재생에너지(풍력에너지, 태양에너지)의 생산 비용이 빠르게 하락하는 추세여서 GDP의 1퍼센트까지 떨어질 가능성이 있다.[11] 우리는 넉넉하게 잡아서 GDP의 2퍼센트라고 가정하자. 즉, 한 개인이 '찜통 생지옥'을 피하는 데 들어가는 비용은 1인당 GDP의 50분의 1이라는 뜻이다.

조금 전에 HoE를 감수하는 대가(pL)가 1인당 GDP의 15배라고 했으니 HoE를 피하는 데 들어가는 비용 C는 pL의 750분의 1밖에 안 된다. 이 정도면 탄소 배출량을 줄이는 것이 압도적으로 현명한 선택인 것 같다.

그러나 할인율을 고려하면 반드시 그렇지도 않다. 누군가가 당신에게 지금 100달러를 받거나 10년 후에 100달러를 받거나, 둘 중 하나를 선택하라고 하면 당연히 지금 당장 받고 싶을 것이다. 받은 돈을 어딘가에 투자하면 10년 후에 수백 달러로 불어날 수도 있기 때문이다. 물론 세월이 흐를수록 돈의 가치가 떨어지므로 할인율을 적용해야 하는데, 주식과 같은 금융자산을 기준으로 산출한 미래의 손실 L은 연간 약 6퍼센트다.

그래서 일부 경제학자들은 C를 pL과 직접 비교할 것이 아니라, 연간 6퍼센트씩 할인된 pL과 비교해야 한다고 주장한다. 이들의 주장을 따르면 손실 L이 아주 먼 미래에 발생하면 pL은 0으로 할인된다. 오늘 투자한 돈의 가치가 물거품처럼 사라지는 것이다.

그런데 할인율을 적용하는 것이 과연 타당한 계산법일까? 내가 아는 한 인간이 느끼는 고통에는 주식 같은 금융자산에 기초한 할인 개념이 통하지 않는다. 50년 후에 겪게 될 고통은 5년 후나 내일 겪게 될 고통과 별로 다르지 않다.

미래에 우리가 지금보다 부유해지면 섭씨 4도만큼 더 뜨거운 HoE에 그만큼 더 잘 적응할 수 있을 것이라고 주장하는 사람도 있다. 나는 여기에 동의하지 않는다. 2021년에 독일의 라인강에 엄청난 홍수가 닥쳤을 때, 떠내려간 집을 바라보며 서로 어깨를 기댄 채 흐느끼는 중산층 부부의 사진을 본 적이 있다면 내 말의 뜻을 이해할 것이다. 앞으로 100년 후에 대부분의 개발도상국들이 지금 독일과 같은 수준의 삶을 누리게 된다고 하더라도 섭씨 4도만큼 더워진 세상은 여전히 지옥을 방불케 할 것이다. 미래의 어느 날 개발도상국의 1인당 소득이 10배로 늘어나도 엄청난 폭풍이 불어닥쳤을 때는 별 도움이 되지 않는다. 사실 이 세상이 지옥을 향해 가고 있다면 더 부유해지는 것도 불가능하다. 이런 경우라면 할인율은 마이너스가 되어야 한다.

조금은 예민한 문제를 파고들다 보니 과학에서 한참 멀어졌다.

이왕 길을 벗어난 김에 또 하나의 중요한 질문을 던져보자. '기후 변화의 영향을 완화하는 데 필요한 비용은 누가 지불해야 할까?' 숨 쉴 때 빼고는 탄소를 거의 배출하지 않은 아마둘이 내야 할까? 아니다. 부유한 선진국에서 살아온 우리는 과거에 탄소에너지를 저렴한 값에 원 없이 쓰면서 탄소를 잔뜩 배출했으니 이제 그 대가의 일부라도 치러야 할 때가 되었다.

윤리나 도덕 같은 건 제쳐두고 생각해봐도 아마둘의 삶이 기후 변화 때문에 견딜 수 없을 정도로 비참해지면 선진국에도 손해가 돌아온다. 아마둘과 같은 처지에 놓인 수십억 명의 사람들이 폭염, 폭풍, 해일, 가뭄 등에 시달리면서 보금자리를 사수할 이유가 없지 않은가? 이 지경이 되면 그들은 날씨가 좀 더 견딜 만한 극지방으로 이주를 시도할 것이다. 우리의 아득한 선조들도 환경이 척박해질 때마다 대규모 이동을 감행했으니 이것은 역사가 증명하는 사실이다. 그러나 앞서 말한 바와 같이 대규모 이동은 필연적으로 충돌을 낳는다. 선진국의 입장에서 이들의 대규모 이동이 달갑지 않다면 살던 곳에서 계속 살아갈 수 있도록 도움을 줄 수도 있다. 과거에 미국이 전쟁으로 피폐해진 유럽에 재정적 지원을 자처한 것은 이타심의 발로라기보다는 유럽의 공산화를 막기 위한 궁여지책이었다. 그러므로 지금 우리에게는 미래를 위한 마셜 플랜*이 절실하게 필요하다.[12]

* 제2차 세계대전 후 1947~1951년에 걸쳐 미국이 서유럽 16개 나라에 행한 대외 원조계획이다.

지금까지 언급된 내용을 요약해보자.

지역 일기예보에서 높은 확률로 강력한 폭풍을 예고했을 때 사전조치의 여부는 개인의 선택 사항이다. 기상학은 허리케인이 닥쳐올 확률만 알려줄 뿐이지 반드시 예방조치를 취해야 한다는 식으로 강요하지 않는다. 기상통보관은 문자 그대로 날씨를 통보하는 사람일 뿐이지 당신이 해야 할 일을 알려주는 감독관이 아니다. 그러나 기상학에 비용-손실모형을 결합하면 허리케인이 높은 확률로 예측된 날에 예정대로 여행을 떠나야 할지 결정하는 데에는 큰 도움이 된다.

기후변화도 이와 비슷한 관점에서 생각할 수 있다. 화석연료를 태우면 대기 중 이산화탄소 농도가 증가하는가? 과학이 내놓은 답은 '그렇다'이다. 이산화탄소는 온실가스인가? 이것도 과학적으로 확실하게 '그렇다'이다. 온실가스를 계속 배출하면 기후변화가 위험한 수준으로 일어나는가? 과학은 결코 '예스맨'이 아니지만 이것도 분명히 '그렇다'이다. 분위기가 점점 암울해지는 것 같다. 그렇다면 우리는 하루라도 빨리 온실가스 배출량을 줄여야 하는가? 과학은 바로 이 결정적인 질문에서 갑자기 불가지론적인 태도를 보인다. 과학에 귀를 기울이라고 주장하는 환경운동가들은 이 점을 간과한 것 같다. 독일의 물리학자 자비네 호젠펠더Sabine Hossenfelder는 과학이 메시지를 전하는 방식에 대하여 다음과 같이 비유적으로 설명했다.(그녀는 분명히 술 취한 독일인들이 철도 교량에서 하는 짓을 보고 이런 비유를 떠올렸을 것이다.)

과학은 고압전선에 소변을 보지 말라고 경고하지 않는다.
다만 소변이 성능 좋은 전도체임을 알려줄 뿐이다.

일기예보와 마찬가지로 비용-손실 분석은 다가올 기후변화에 대비하여 선제대응활동을 해야 할지 결정할 때 좋은 가이드라인이 될 수 있다. 그러나 이를 위해서는 '미래의 찜통 생지옥에서 살아가기'처럼 모호한 개념에 명확한 가치를 부여해야 한다. 물론 삶의 다른 영역에는 우리 자신에게 가치를 부여하는 다양한 논리가 존재한다. 이런 논리에 입각해서 생각해볼 때, 기후변화의 결과가 불확실함에도 불구하고 지금 당장 행동해야 한다는 주장에 마음이 끌리는 것 같기도 하다. 그러나 결국 결정은 우리 스스로 내려야 한다. 그리고 일단 결정을 내렸으면 그것을 실천에 옮겨줄 대리인을 신중하게 뽑아야 한다. 간단히 말해서 투표를 잘해야 한다는 이야기다.

3부

혼돈의 우주에서 우리는 무엇이며, 어디에 서 있는가

3부의 목적은 1부의 두 가지 핵심 주제, 즉 '양자물리학의 세계'와 '우리 자신'이라는 두 가지 개념을 적용하여 우주의 가장 깊은 수수께끼에 조금 더 가까이 다가가는 것이다. 이 이야기는 혼돈기하학이 우주 전체에 적용된다는 가정에서 출발하여 '존재할 수도 있지만 사실은 존재하지 않는' 가상의 세계로 이어진다. 아직 장담할 수는 없지만 이들이 존재하지 않는 이유는 물리 법칙에 위배되기 때문일 수도 있다. 그리고 이로부터 해묵은 양자적 미스터리를 끄집어내서 그 실체를 좀 더 정확하게 이해하는 것도 3부의 목적 중 하나다. 12장에서는 잡음을 십분 활용하여 주변 세계를 모델링하는 인간의 두뇌에 대해 알아볼 것이다. 인간이 모든 생명체 중 최고의 창의력을 보유하게 된 것은 두뇌가 이런 기능을 훌륭하게 수행해준 덕분이었다. 또한 나는 혼돈기하학이 인간의 가장 커다란 수수께끼인 자유의지와 의식을 이해하는 데 중요한 역할을 할 수 있다고 믿는다. 이 책의 마지막 부분은 신의 본성에 대하여 새로운 의견을 제안하는 것으로 마무리될 예정이다. 주의 사항을 하나 전하자면 3부의 내용은 1, 2부 보다 훨씬 사색적이다.

내가 보기에 양자적 비국소성을 이해하려면 새롭고 급진적인 이론이 필요하다. 양자역학을 조금 수정하는 정도로는 턱도 없다. 일반 상대성 이론과 뉴턴의 중력 이론이 완전 딴판인 것처럼, 새로운 이론은 기본 개념부터 기존의 양자역학과 화끈하게 달라야 한다.

—**펜로즈**[1]

오류가 없는 기계는 지능도 없다.

—**튜링**[2]

11장

양자적 불확정성: 다시 찾은 현실?

우리는 4장에서 양자적 불확실성*을 나름대로 분석하다가 어설프게 마무리 짓고 다음 장으로 넘어갔다. 아인슈타인은 양자적 파동함수가 모든 가능한 세계의 앙상블을 서술한다고 생각했다. 그가 제기했던 사고 실험(4장 그림 23)을 떠올려보자. 광자 한 개가 인광물질로 코팅된 반구를 향해 나아가고 있다. 아인슈타인의 논리에 의하면 광자는 각 앙상블 멤버마다 각기 다른 경로를 따라간다. 광자가 반구에 도달하여 인광물질이 빛을 발하는 것과 같은 거시적 관측이 이루어지기 전까지는 수많은 앙상블 세계 중 어느 것이 실제 세계인지 알 수 없다. 즉, 아인슈타인의 관점에서 볼 때 양자적 불확실성은 다분히 인식론적 개념이어서 불확실성의 근원은 광자가 아니라 우리 자신(관측자)이다. 그러나 보어는

* 불확정성과 같은 뜻이다. 신경 쓸 것 없다.

이와 반대로 양자적 불확실성이 양자계의 태생적 본질이라고 믿었다. 그렇다면 불확정성은 인식론이 아닌 존재론적 개념이 된다. 둘 중 어느 쪽이 정답일까? 이것을 확인하기 위해 벨은 하나의 부등식을 제안했고, 실험물리학자들이 정교한 실험 끝에 보어의 판정승 쪽으로 결과는 기울었다. 그렇다면 입자가 지나가는 경로는 관측자뿐 아니라 입자 자신도 모른다는 이야기다. 이게 대체 무슨 뜻일까?

물리학자들은 한동안 귀신에 홀린 듯 갈피를 잡지 못했다. 보어를 비롯한 전문가들도 어깨를 으쓱하며 짧은 충고를 던질 뿐이었다. "그냥 이겨내. 곧 익숙해질 거야." 인식론과 존재론… 솔직히 누가 신경이나 쓰겠는가? 이런 것은 화려한 전문 용어를 구사하는 철학자들이 고민할 일이지 복잡한 방정식과 씨름하는 물리학자가 할 일은 아니었다. 그래서 물리학자들 사이에는 다음과 같은 주문이 유행처럼 퍼져나갔다. "닥치고 계산이나 해!" 이처럼 양자역학은 개념적인 단계에서 지독한 수수께끼를 낳았으나 천체물리학과 응집물리학, 고에너지물리학, 양자컴퓨팅 등 첨단 분야에 적용하면 아무런 문제 없이 정확한 답을 알려주었다. 예를 들어 기후물리학에서는 광자가 대기에 어떻게 흡수되고 산란되는지를 규명해야 하는데, 이 복잡한 복사 과정에서 불확실성 때문에 고민하는 사람은 없다. 그냥 주어진 문제에 대하여 슈뢰딩거방정식을 풀거나 방정식이 복잡할 때는 근사적인 답을 구하면 된다.

그런데 요즘 물리학자들은 그들만의 주문에 의문을 제기하기 시작했다. 거의 100년 동안 별 탈 없이 전수되어온 불문율을 왜

새삼스럽게 걸고넘어지는 것일까? 여기에는 몇 가지 이유가 있다.

첫째, 양자역학과 중력을 통일하겠다며(즉 만물 이론을 구축하겠다며) 야심 차게 등장했던 끈 이론이 서서히 빛을 잃기 시작했기 때문이다. 끈 이론에는 초대칭supersymmetry이라는 개념이 등장한다.* 자연에 초대칭이 존재한다면 광자처럼 힘을 '전달하는' 입자와 전자처럼 힘을 '느끼는' 입자의 차이가 더는 근본적인 차이가 되지 않는다. 초대칭 이론이 옳다면 자연에는 광자의 초대칭짝인 포티노photino와 전자의 초대칭짝인 셀렉트론selectron 같은 입자가 존재해야 한다. 끈 이론은 초대칭 입자의 질량을 이론적으로 예측하지 못했기 때문에 어두운 굴에서 두더지를 잡듯이 입자가 속기로 다양한 에너지 영역을 더듬어가며 찾는 수밖에 없다. 세른의 물리학자들은 대형 강입자 충돌기Large Hadron Collider, LHC에서 초대칭 입자가 발견되기를 학수고대했지만 지금까지 단 한 번도 발견된 적이 없다.

게다가 우주를 구성하는 물질의 80퍼센트 이상이 암흑물질dark matter의 형태로 존재하고 있다. 이것은 최근 몇 년 사이에 꾸준한 관측과 분석을 통해 밝혀진 사실이다. 암흑물질은 다른 일상적인 물질처럼 중력을 행사하고 있지만, 그 외에는 알려진 것이 거의 없다. 그동안 암흑물질의 후보로 다양한 입자가 거론되었으나 모든 조건을 만족하는 후보는 아직 등장하지 않았다. 요컨대 암흑물질

* 정확하게 말해서 끈 이론은 초대칭이 없는 이론이고, 초대칭을 도입한 끈 이론은 초끈 이론superstring theory이라 한다.

의 정체는 아직도 오리무중이다.[1]

암흑에너지dark energy도 또 다른 미스터리다. 이것은 우주의 팽창 속도를 점점 빠르게 가속시키는 원동력인데, 가설 자체는 관측 데이터와 잘 일치하는 것처럼 보인다. 여기에 양자장 이론quantum field theory(양자역학을 확장하여 기본 입자의 거동을 설명하는 이론)을 적용하면 팽창 가속도를 계산할 수 있는데, 황당하게도 그 값은 관측 데이터보다 10^{120}배나 크다.[2] 만일 우주가 이런 엄청난 가속도로 팽창했다면 탄생 직후에 공간이 찢어져서 별과 은하는 탄생할 겨를조차 없었을 것이고 우리도 존재하지 않았을 것이다. 그래서 양자장 이론으로 예측된 암흑에너지는 '과학 역사상 최악의 예측'으로 꼽힌다.[3] 이것과 비교하면 피시의 오류가 완벽해 보일 정도다.

사태가 이 지경에 이르자 일부 물리학자들은 지난 수십 년간 불문율로 여겨졌던 질문을 제기하기 시작했다. 양자역학 자체에 문제가 있는 건 아닐까? 답을 알아내지 못하는 한 중력을 다른 기본 힘과 통일하겠다는 꿈은 접어야 할 것 같다. 2020년에 노벨 물리학상을 수상한 펜로즈도 이 질문에 과감하게 도전장을 내밀었다. 새로운 이론에 대한 그의 생각은 3부의 첫머리글에 잘 나와 있다.

자, 한 번 더 용기를 내서 벨의 실험으로 돌아가보자. 독자들의 편의를 위해 4장에서 제시했던 4장 그림 26과 표 2를 그림 43과 표 3에 다시 한번 그려 넣었다.

그림 43은 벨의 실험을 도식적으로 표현한 것이다. 여기서 앨리

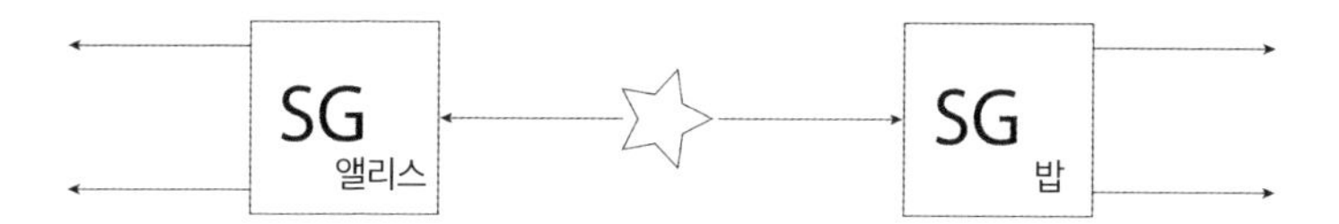

그림 43 서로 반대 방향으로 움직이는 얽힌 입자 쌍을 이용한 벨의 실험. 앨리스와 밥은 SG 장치를 임의의 방향으로 정렬시킬 수 있다. 그러나 두 개의 SG가 동일한 방향으로 정렬되었을 때 엘리스가 관측한 스핀이 업이면 밥의 스핀은 반드시 다운이다(그림26과 동일).

스와 밥은 양자적으로 얽힌 한 쌍의 입자 중 자신을 향해 날아오는 입자의 스핀을 측정한다. 앨리스가 동일한 실험을 여러 번 반복하여 표 3과 같은 결과를 얻었다고 하자. 아인슈타인이 선호했던 '양자역학의 숨은 변수 해석'이 옳다면 앨리스는 이와 같은 표를 작성할 수 있어야 한다. 세 개의 가로줄은 SG 장치가 세팅된 세 가지 방향에 해당하고, 12개의 세로줄은 앨리스가 12번에 걸쳐 측정한 스핀값을 나타낸다. 가로줄과 세로줄의 수는 얼마든지 늘릴 수 있지만 지금 우리에게는 이 정도면 충분하다.

4장에서 정의했던 A, B, C를 기억하는가? 당연히 기억나지 않을 것이다. 걱정할 것 없다. 지금 다시 떠올리면 된다. 1을 위 칸, 2를 가운데 칸, 3을 아래 칸이라 했을 때, A는 표 3에서 위 칸과 가운데 칸이 모두 +인 세로줄의 개수고, B는 가운데 칸이 −고, 아래 칸이 +인 세로줄의 수다. 그리고 C는 위 칸과 아래 칸이 모두 +인 세로줄의 수다. 4장에서 말한 바와 같이, +와 −를 이용하여 표 3의 모든 칸을 아무리 제멋대로 채워도 A와 B의 합은 항상 C보다 크거나 같다.(증명은 4장의 11번 주석에 제시되어 있다.) 이것이 바로 벨

1	+	−	−	+	+	+	−	+	+	+	+	+
2	−	+	−	+	−	−	−	+	−	−	−	−
3	−	+	−	−	+	−	+	−	+	+	+	+

표 3 벨의 실험에서 앨리스가 각기 세 개의 방향(x, y, z 방향. 표에는 1, 2, 3으로 표기되어 있다)으로 정렬된 세 개의 SG 장치로 전자의 스핀을 12회 관측하여 얻은 가상의 표. 여기서 +의 개수와 −의 개수는 4장에서 언급했던 벨의 부등식을 만족해야 한다. 밥도 이 실험에서 자신만의 표를 작성했는데 모든 +가 −로 (그리고 −는 +로) 바뀐 것만 빼면 앨리스의 표와 완전히 동일하다. 그러나 몇 명의 물리학자가 실제로 실험을 실행한 결과, SG 장치를 특정 방향으로 세팅했을 때 벨의 부등식이 성립하지 않는 것으로 드러났다. 이로 인해 양자역학의 숨은 변수 이론에도 심각한 의문이 제기되었다.

의 부등식이다.

이 부등식이 자연에서도 성립하는지 확인하려면 어떤 실험을 해야 할까? 실제로 물리학자들이 실험할 때는 조금 더 복잡한 버전의 부등식을 사용했다. 그러나 지금부터 내가 할 이야기는 모든 버전에 똑같이 적용된다.

앨리스와 밥은 그림 43의 각 입자 쌍의 스핀을 '1'이라는 방향으로 측정할지 또는 '2'나 '3'의 방향으로 측정할지를 상대방의 눈치를 보지 말고 혼자 독립적으로 결정해야 한다. 1,2,3방향은 양자역학이 벨의 부등식을 만족하지 않는다는 것을 증명하기 위해 선택된 방향일 뿐이라서 어떤 방향이어도 상관없다.

A의 값은 앨리스가 1을 선택하고 밥이 2를 선택한 부분 앙상블sub-ensembles로부터 계산된다. 단, 이 계산을 수행할 때는 두 입

1	+	−	−	+					+	+	+	+
2	−	+	−	+	−	−	−	+				
3					+	−	+	−	+	+	+	+

표 4 벨의 실험에서 앨리스가 얻을 수 있는 결과의 일부를 정리한 표. 첫 번째 세로줄은 앨리스의 1방향 측정값이 +고 밥의 2방향 측정값도 +인 경우다.(즉, 앨리스가 2방향으로 측정했다면 −가 나왔을 것이다.) 이와 비슷하게, 12번째 세로줄은 앨리스의 1방향 측정값이 +고 밥의 3방향 측정값은 −다.(앨리스가 3방향으로 측정했다면 +가 나왔을 것이다.)

자의 스핀의 합이 항상 0이라는 사실을 기억해야 한다. 예를 들어 밥이 2방향을 선택하여 +를 얻었다면, 이 입자와 양자적으로 얽힌 관계에 있는 나머지 입자의 스핀은 앨리스가 2방향을 선택했을 때 −가 되어야 한다. 이와 비슷하게 앨리스가 2를 선택하고 밥이 3을 선택하여 얻은 관측값으로부터 B를 계산할 수 있다. 앨리스가 1을 선택하고 밥이 3을 선택하여 얻은 관측값으로부터 C도 알아낼 수 있다. 표 4는 이 실험에서 나올 수 있는 결과 중 하나를 정리한 것이다.

표 4의 가장 두드러진 특징은 빈칸이 있다는 점이다. 표 3은 빈칸이 하나도 없었던 반면, 표 4는 세 개의 칸이 모두 채워진 세로줄이 하나도 없다. 빈칸이 있으면 벨의 부등식이 성립하지 않을 가능성이 커진다. 표 4의 경우 A는 1, B는 2, C는 4이므로 A와 B의 합은 C보다 작다.

아직은 숨은 변수 이론이 틀렸다고 단정 지을 수 없다. 표 4처럼 데이터의 양이 적으면 이론의 타당성과 상관없이 위와 같은 결과가 얼마든지 나올 수 있기 때문이다. 실험 결과만으로 숨은 변수 이론이 틀렸음을 입증하려면 *A*, *B*, *C*를 결정하는 세 종류의 부분 앙상블이 통계적으로 동일하다는 가정을 추가해야 한다. 이 가정이 옳다면 실험을 통해 얻은 *A*, *B*, *C*는 전체 표에서 계산된 *A*, *B*, *C*와 같아진다. 단, 데이터가 충분히 많다는 가정하에 그렇다.(즉, 표 4에서 세로줄의 수가 엄청나게 많아야 한다는 뜻이다.)

언뜻 보기에 이 가정은 큰 무리가 없어 보인다. 예를 들어 코로나-19의 치료제로 블라인드 테스트를 한다고 가정해보자. 실험에 자원한 사람들은 두 그룹으로 나뉘어 있는데, 첫 번째 그룹에게는 진짜 약을 주고 두 번째 그룹에게는 위약을 주었다. 실험을 올바르게 설계했다면 어느 그룹이 진짜 약을 받고 어느 그룹이 위약을 받았는지는 중요하지 않다. 이 실험의 결과를 신뢰하려면 두 그룹 사람들의 연령, 성별, 인종, 눈동자 색 등 체질을 좌우하는 특성이 통계적으로 동일해야 한다.

그러나 입자는 나이나 성별 등 비교할 만한 특징이 없기 때문에 여러 개(지금의 경우는 세 개)의 부분 앙상블이 통계적으로 동일하다는 것이 무슨 의미인지 분명하지 않다. 실제로 특정한 부분 앙상블의 멤버와 다른 부분 앙상블의 멤버를 통합할 수 있는 유일한 근거는 해당 부분 앙상블 입자의 스핀을 측정한 방식뿐이다.(예컨대 앨리스의 입자는 모두 1 방향으로 관측되었다.)

물리학자들이 모든 부분 앙상블은 통계적으로 동일하다고 가정하는 이유는 '앨리스가 특정 입자의 스핀을 1방향으로 측정했지만, 마음만 먹으면 2방향이나 3방향으로 측정할 수도 있었다'는 논리 때문이다. 예를 들어 앨리스가 1방향을 선택한 이유가 할머니의 생일이 Y년 M월 상순(1~10일 사이)이기 때문이었다고 가정해보자. 그런데 할머니는 하순에 태어날 수도 있으니 앨리스가 그 입자를 3방향으로 측정할 가능성도 얼마든지 있다.

양자역학의 주류학계에서는 입자의 본질적 특성과 즉흥적으로 선택된 측정 방식('우리 할머니 생일이 상순이니까…' 등등) 사이의 물리적 연결 고리를 따지고 드는 것을 이적 행위나 음모론으로 간주하는 경향이 있다. 그래서 각기 다른 부분 앙상블은 통계적으로 동일하다고 가정하는 것이 하나의 전통으로 자리 잡았다. 그러나 이 가정을 수용한 채 벨의 부등식이 성립하지 않은 이유를 설명하려면 현실은 명확하게 존재한다는 믿음을 포기하거나, 유령 같은 원거리 양자 작용을 도입하는 수밖에 없다. 둘 다 심기가 몹시 불편해지는 옵션이어서 고르고 싶은 생각조차 들지 않는다.

통계적 동등성을 지지하는 주장은 꽤 그럴듯하게 들린다. 그러나 나는 이 장에서 혼돈기하학에 기초하여 입자의 숨은 변수와 관측 도구의 설정 사이에 겉으로 드러나지 않는 물리적 연결고리가 존재한다는 것을 입증할 참이다. 이 연결 고리는 억지스럽지 않으며 주류 물리학자의 입지를 위협하는 이적 행위도 아니다.

잠시 20세기로 되돌아가서 앨리스의 증조할머니가 앨리스의 할머니를 42주 동안 임신했던 가상의 세계를 떠올려보자.(진짜 세계에서는 임신 기간이 40주였다.) 이 세계에서 세월이 흘러 앨리스가 태어났고, 훗날 물리학자가 된 그녀는 벨의 부등식을 확인하는 실험에서 할머니의 생일이 Y년 M월 하순이기 때문에 SG 장치의 방향을 1방향이 아닌 3방향으로 선택했다. 그렇다면 앨리스의 증조할머니가 자신의 딸을 42주 동안 임신했던 세상에서도 지금과 똑같은 물리 법칙이 적용되었을까? 이 질문을 좀 더 직설적으로 표현하면 다음과 같다. 앨리스의 증조할머니의 임신 기간이 42주인 우주의 상태와 비슷한 수학적 상태를 상상해보라. 이런 수학적 상태에 놓인 우주에서는 물리 법칙의 수학이 그대로 통할 것인가?

이유는 나중에 따지기로 하고 일단은 통하지 않는다고 가정해보자. 그렇다면 앨리스가 3방향으로 측정한 가상의 세계에서도 우리가 아는 물리 법칙이 성립하지 않을 것이다. 따라서 앨리스의 입자가 가지고 있는 고유한 특성과 관측 도구가 세팅된 상태 사이에 물리적 연결 고리가 존재한다는 주장은 음모론이나 이적 행위가 아니라, 반드시 그래야만 하는 필연적 결과가 된다![4]

실제로 양자역학 전문가들이 입자의 세 가지 부분 앙상블은 통계적으로 동일하다고 믿는 유일한 이유는 '앨리스와 밥은 지금과 다른 방식으로 측정할 수도 있었다'는 암묵적인 가정 때문이다. 이런 가정이 없으면 부분 앙상블은 통계적으로 다른 특성을 가지게 되고, 벨의 부등식이 실제 실험에서 성립하지 않는 이유를 설명하기 위해 굳이 유령 같은 원거리 작용을 도입할 필요가 없어진다!

우리는 종종 현실과 반대되는 가상의 세계를 떠올리곤 하지만 그런 세계에서도 물리 법칙이 성립하는지 신중하게 생각해본 적은 별로 없는 것 같다. 9장에서 우리는 페르디난드 대공을 태운 운전기사가 잘못된 경로를 선택하게 된 이유를 따져보았다. 만일 그가 그날 오전에 감행된 테러로 인해 경로가 수정되었다는 사실을 전해 듣고 그 길을 따라갔다면 페르디난드 대공은 암살당하지 않았을 것이고 20세기 역사는 완전히 다른 방향으로 흘러갔을 것이다. 대공이 암살되지 않은 세상은 실재가 아닌 허구의 세상이다. 그런데 이런 세상에서도 우리가 아는 물리 법칙이 똑같이 적용되어야 할까?

고전물리학에 의하면 답은 '그렇다'이다. 예를 들어 로렌즈방정식이나 나비에-스토크스방정식에는 초기 조건을 임의로 조금 바꾸는 것을 금지하는 조항이 전혀 없기 때문이다. 일반적으로 고전물리학에서는 페르디난드 대공의 운전기사가 다른 길을 택하도록 만드는 세상(나비가 날갯짓을 한 세상)이 되도록 초기 조건에 미세한 변화를 가해도 똑같은 물리 법칙이 적용된다. 즉, 고전물리학 법칙으로 서술되는 세상은 반사실적 현실(현실과 정반대인 가상의 현실)도 실제 현실 못지않게 명확한 세상이다. 이런 경우 고전물리학의 법칙은 '반사실적으로 명확하다counterfactually definite'고 말한다. 그래서 우리는 인과율을 추적할 때 반사실성counterfactuality이라는 개념을 자주 사용하고 있다.[5] 내가 돌을 던지지 않았다면 창문은 깨지지 않았을 것이므로 창문이 깨진 이유는 내가 돌을 던졌기 때문이다.(단, '창문이 깨지지 않은 가상의 세상'도 창문이 깨진 실제 세상과 똑같은 물리 법칙을 따른다.)

그러나 이것은 **어떤 특정한** 반사실적 세계가 아직 발견되지 않은 양자 이론의 법칙을 따르지 않는다는 증거가 될 수 없다. 이런 이론은 반사실적으로 불명확한 이론으로 초결정론superdeterministic theory의 한 사례다.[6] 결정론적 모형과 (내가 제안한 유형의) 초결정론적 모형의 차이점은 다음과 같다. 결정론에서 미래는 주어진 초기 조건과 물리 법칙에 의해 결정된다. 대표적 사례로 나비에-스토크스방정식을 들 수 있다. '결정론'이라는 말 자체에 '이미 결정되어 있다'는 뜻이 담겨 있기는 하지만, 초기 조건을 바꾸면(예를 들어 복잡한 난기류에 작은 소용돌이를 추가하면) 조금 다른 결과가 얻어진다. 그리고 이렇게 얻은 결과는 원래의 결과(초기 조건을 바꾸지 않은 경우의 결과) 못지않게 현실적이다. 즉, 결정론적 이론에서는 작은 소용돌이가 존재하는 경우와 존재하지 않는 경우가 모두 허용된다. 그러나 초결정론적 이론에서는 초기 조건을 살짝 바꿨을 때 원래의 방정식이 여전히 성립한다는 보장이 없기 때문에 달라진 초기 조건에서 시작된 계가 방정식을 따라 진화한다고 가정할 수 없다.

양자물리학에서는 반사실적 현실도 똑같은 현실이라고 가정하고 있지만 초결정론에서는 이런 가정이 통하지 않는다. 왜냐하면 무한히 많은 반사실적 특성이 존재하는 양자 이론을 당장 구축할 방법이 없기 때문이다. 양자역학 전문가 중 반사실적 현실의 중요성을 간파한 사람은 2020년에 세상을 떠난 이스라엘 출신의 러시아 수학자 보리스 치렐슨Boris Tsirelson이었다. 그는 양자역학이 벨의 부등식을 위반하는 정도를 수치로 나타내기 위해 치렐슨 경계Tsirelson bound라는 개념을 도입했는데, 여기서 중요한 것은 어떤 양자 이론도 치렐슨 경계를 넘을 정도로 벨의 부등식을 심하게 위반하지 않는다는 점이다. 치렐슨은 벨의 부등식을 언급하면서 숨은 변수 이론이 벨의 부등식을 만족하려면 반사실적 명확성(현실과 반대인 가상현실도 얼마든지 실현될 수 있다는 것)은 매우 중요한 가정이 될 수밖에 없다고 강조했다.[7]

반사실적 불명확성을 이용하면 4장에서 다뤘던 순차적 SG 실험의 수수께끼를 설명할 수 있다. 여기서 중요한 것은 4장 그림 25-b에서 마지막 두 SG 장치의 방향을 반대로 바꾼 반사실적 실험의 결과가(단, 입자와 숨은 변수는 그대로 유지되어야 한다) 우리가 아는 물리학과 일치하는지 여부다. 반사실성이 존재하지 않는 이론은 양자역학에서 말하는 스핀의 비가환성non-commutativity을 설명해준다. 일상적인 언어로 말해서 스핀이 비가환적이라는 것은 순차적 SG 실험에서 각 SG 장치를 독립적인 요소로 간주할 수 없다는 뜻이다. 즉, 하나의 입자에 대하여 SG 장치의 순서를 바꾸면 다른 결과가 얻어진다. 이는 곧 각 부분을 더해도 전체가 되지 않는다는 뜻이기도 하다.

반사실적으로 불명확하면서 앙상블에 기초한 숨은 변수 이론을 이용하면 순차적 SG 실험의 결과를 설명할 수 있다.

벨의 실험과 순차적 SG 실험을 하나의 논리로 설명할 수 있다는 것은 꽤 만족스러운 상황이다. 두 실험은 양자세계의 중요한 속성 중 하나인 태생적 불가분성inherent indivisibility을 보여준다. 이 개념은 봄과 배질 힐리Basil Hiley가 숨은 변수 이론을 주제로 공동 저술한 《불가분의 우주The Undivided Universe》에 특별히 강조되어 있다.[8] 책의 제목과 그 안에 담긴 메시지(우주는 부분의 합을 넘어선 존재라는 사실)는 지금부터 펼칠 논리에 중요한 지침을 제공한다.

* * *

반사실적 양자세계의 법칙과 일치하지 않는 물리 법칙은 어떤 형태일까? 나는 1부에서 논했던 혼돈기하학에 기초한 법칙이 바로 이런 형태라고 생각한다.

조금 전에 말한 양자세계의 태생적인 불가분성을 수용하려면 사고의 폭을 크게, 아주 크게 넓혀야 한다. 앞으로 우리는 로렌즈가 발견한 심오한 원리를 지구의 유체역학계뿐 아니라 모든 별과 은하, 은하단을 포함한 우주 전체에 적용할 것이다. 우리의 논리는 아래 제시된 두 개의 추측에 기초하고 있다.

> **추측 A**: 우리의 우주는 '우주 상태 공간'의 프랙털 끌개[9] 위에서 진화하는 비선형역학계다.

우주 상태 공간은 바지 상태 공간이나 로렌즈모형의 상태 공간과 비슷하지만 우주에 존재하는 모든 물체의 자유도를 포함할 정도로 차원이 엄청나게 높고, 로렌즈 끌개처럼 모든 규모에서 프랙털 틈새fractal gap를 가지고 있다. 지금까지 논의해온 반사실적 양자세계는 프랙털 틈새에 존재한다.

추측 A를 우주적 불변 집합 가설cosmological invariant set postulate이

라 부르기로 하자. '불변 집합'은 끌개를 뜻하는 또 하나의 용어일 뿐이니 부담 가지지 않아도 된다.[10] 추측 A는 다른 방식으로 표현할 수도 있다.

> **추측 B**: 물리학의 가장 근본적인 법칙은 우주 상태 공간에서 프랙털 불변 집합fractal invariant set의 기하학적 특성을 설명한다.

가상의 반사실적 양자세계가 불변 집합에 속하지 않으면 추측 A와 B를 만족하지 않는다. 이 모든 것을 수용하면 확고한 현실을 포기하지 않고, 유령 같은 원거리 작용을 받아들이지 않고서도 벨의 부등식이 성립하지 않는 이유를 수학적으로 이해할 수 있다.

위에 열거한 가정을 수학적으로 어떻게 공식화할 수 있을까? 일단 일상적인 실수는 사용할 수 없을 것 같다. 2장에서 말한 대로 실수는 유클리드기하학에 유용할 수 있는데, 프랙털의 기하학은 유클리드기하학과 근본적으로 다르다. 우리에게 필요한 것은 (순수수학자들이 수학의 양자적 특성을 서술할 때 사용하는) p-adic 수로 이루어진 수학 체계다.(p는 1, 2, 3…과 같은 정수다.) 프랙털 위에 있는 점과 그렇지 않은 점 사이의 거리는 유클리드기하학의 관점에서 아주 가까울 수도 있지만, p-adic수 이론에서는 아주 멀리 떨어져 있다. 즉, 우주적 불변 집합에서 하나의 점을 이동시키는 것은 유클리드의 관점에서 볼 때 작은 변화일 뿐이지만 p-adic수의 관점에서 보면 아주 큰 변화에 해당한다.[11]

나는 일련의 논문을 통해[12] 우주적 불변 집합에 대한 수학모형을 구축하고 그것을 불변 집합 이론invariant set theory이라 부르기로 했다. 우주적 불변 집합은 어떤 형태일까? 2장에서 말한 로렌즈 끌개나 뢰슬러 끌개와 비슷하게 생겼을까?

현재 불변 집합 이론으로는 우주적 불변 집합의 궤적에 대한 프랙털 구조만 알 수 있을 뿐 전체적인 구조는 알 수 없다.(이 책의 마지막 문장을 읽어보기 바란다.) 궤적의 프랙털 구조는 그림 44와 같다. 여기서 상태 공간 속의 궤적은 2장 그림 5와 같은 일차원 곡선이 아니라 로프rope과 비슷한 것으로 대치된다(그림 44-a). 즉, 먼 거리에서 보면 곡선처럼 생겼지만 확대해서 보면 자신을 중심으로 말려 돌아가는 나선형 궤적이다.(우주의 DNA일지도 모른다.[13]) 그리고 이 작은 궤적들이 또다시 꼬여서 더 굵은 로프를 이루는 식이다. 궤적의 단면은 2장 그림 12와 같은 p-adic수의 프랙털 구조로 되어 있는데(그림 44-b), 양자계가 주변 환경과 상호작용을 교환하면 양자적 결어긋남quantum decoherence이라는 과정을 거치면서 로프가 풀리기 시작하고(그림 44-c), 이렇게 분리된 궤적들은 부분적으로 무리를 지어 미래를 향해 나아간다(그림 44-d). 무리 지은 궤적(클러스터cluster)은 표준 양자역학의 불연속적인 측정 결과(예컨대 스핀업, 스핀다운)와 관련되어 있다.

이로부터 유도되는 수학적 결과 중 가장 중요한 것은 다음과 같다. 4장 그림 25의 순차적 SG 실험이나 그림 43의 벨의 실험에서 반사실적 양자세계는 로프 가닥 사이의 **틈새**에 존재하기 때문에 p-adic수로 표현할 수 없다. 즉, 반사실적 세계는 불변 집합에 속하지 않는다. 이 결과를 이해하는 데 필요한 기하학적 개념은 주

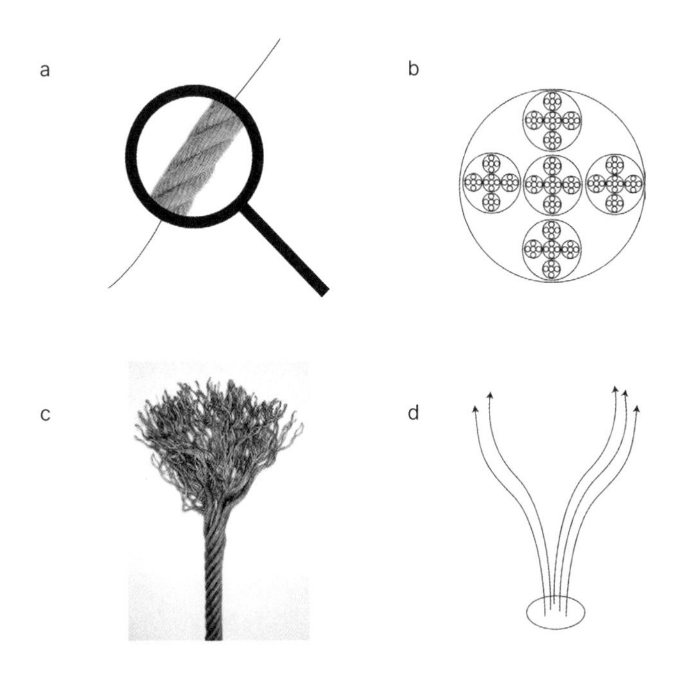

그림 44 불변 집합 이론에서 상태 공간의 궤적은 2장 그림 5와 같은 곡선이 아니라 작은 규모의 궤적을 꼬아서 만든 로프와 비슷하다(a). 개개의 궤적은 또다시 꼬여서 더 굵은 나선형 궤적을 만들고, 이 과정은 얼마든지 계속될 수 있다. 나선 궤적의 단면은 2장에서 말한 *p*-adic수의 기하학적 표현과 같다(b). 계가 주변 환경과 상호작용을 교환하면 결어긋남 상태decohered state가 되면서 굵은 나선이 작은 가닥으로 갈라진다(c). 분리된 가닥은 불연속적인 다발로 진화하는데, 이것은 중력 현상과 관련된 비선형적 과정일 것으로 추정된다. 여기서 불연속적인 다발은 양자역학의 불연속적인 관측값과 관련되어 있다(d).

석에 적어놓았다.[14] 핵심 아이디어는 구면삼각형(구면 위에 그린 삼각형)의 수학적 특성 및 유리수와 무리수의 차이를 이용하는 것이다.[15] 추측 A에서 유도된 가장 중요한 결과는 반사실적 실험이 물리 법칙과 일치하지 않는다는 것이고, 이는 곧 반사실적 실험이 실행된 세계가 불변 집합에 속하지 않는다는 뜻이다. 그래서 우리는 앨리스의 증조할머니의 임신 기간이 40주가 아닌 42주였던 반사실적 세계가 물리 법칙에 어긋난다고 확신할 수 있다. 지난 세기에 일어났던 일련의 사건들이 앨리스에게 직접 영향을 미쳤기 때문이 아니라, 이 사건들이 차례로 누적되어 21세기에 앨리스가 행한 특별한 양자적 실험의 원인이 되었기 때문이다. 앨리스의 증조할머니가 이 사실을 미리 알 수 있을까? 답은 '알 수 없다'이다. 1부에서 펼친 논리에 의해 불변 집합은 계산 자체가 불가능하기 때문이다. 상태 공간에 놓인 임의의 점이 프랙털 집합에 속하는지 아니면 그 바깥에 있는지를 결정하는 알고리듬은 존재하지 않는다.

간단히 말해서 반사실적 명확성이 부정된 것은 '벨의 부등식이 성립하지 않은 현실'과 '아인슈타인의 앙상블 해석'을 조화롭게 연결하기 위해 반드시 필요한 요소다. 게다가 우리의 논리를 정당화하기 위해 확고한 현실을 포기할 필요가 없고 아인슈타인이 그토록 혐오했던 유령 같은 원거리 작용을 도입할 필요도 없다.

이 논리(그리고 14번 주석에서 설명한 아이디어)를 적용하면 4장 그림 22의 이중슬릿 실험에서 실험자가 광자의 경로를 관측하려 할 때마다 간섭무늬가 사라지는 이유도 설명할 수 있다. 실험자가 간섭무늬를 그대로 유지한 채 입자가 어느 쪽 슬릿을 통과했는지 관측하는 반사실적 세계는 불변 집합에 속하지 않기 때문이다.

불변 집합 이론을 이해하는 또 다른 방법이 있다. 양자역학은 20세기를 코앞에 두었던 1900년 말에 독일의 물리학자 막스 플랑크Max Planck의 파격적인 아이디어에서 탄생했다. 빛에너지가 연속적인 값을 가지지 않고 양자quanta라는 불연속의 알갱이로 이루어져 있다고 가정한 것이다. 이 아이디어를 수용하려면 양자역학의 상태 공간(원한다면 2장에서 말한 바지 상태 공간이라고 생각해도 상관없다)은 특별한 형태를 띠고 있어야 하는데, 우리는 이것을 힐베르트 공간Hilbert space이라 부른다.(정지 문제를 제기했던 수학자 힐베르트의 이름에서 따온 용어다.) 양자 바지의 상태 공간은 그 자체로 연속적이다. 즉, 한 지점에서 무한히 작은 일련의 단계를 거치면 임의의 다른 지점으로 이동할 수 있다. 그러나 불변 집합 이론에서 플랑크의 아이디어는 한 단계 업그레이드되어 힐베르트 공간이 불연속적인 공간으로 변한다. 물론 모든 것이 이치에 맞으려면 이 불연속화 과정이 매우 특별한 방식으로 실행되어야 한다.[16] 불연속적인 힐베르트 공간에 생긴 틈새는 양자계에서 실행될 수도 있었지만 결국은 실행되지 않은 반사실적 관측에 해당한다.

모든 반사실적 세계가 불변 집합 이론에 위배되는 것은 아니다. 불변 집합 안에도 수많은 반사실적 궤적들이 존재한다. 추측 B에 의하면 물리 법칙은 사실적인 궤적과 반사실적 궤적 모두의 기하학적 특성을 기반으로 한 법칙에 의거하여 실제 궤적을 서술하고 있다. 이런 관점에서 볼 때 이중슬릿 실험의 경우에는 다음과 같은 해석이 가능하다. 4장 그림 22에서 광자는 실제로 둘 중 하나의 슬릿만을 통과했지만 불변 집합에는 광자가 다른 슬릿을 통과한 반사실적 궤적이 존재한다. 실제 궤적이 음陰이라면 반사실적 궤적은 양陽에 대응된다고 할 수 있다.[17] 피스톤 엔진에 달린 크랭크축의 평형추처럼, 반사실적 궤적은 실제 양자세계가 원활하게 돌아가도록 돕고 있는 것이다. 시공간에서 서로 간섭을 일으키는 양자 파동의 형태는 반사실적 궤적과 실제 궤적으로 이루어진 앙상블(이들을 합쳐야 불변 집합의 기하학적 특성을 설명할 수 있다)에 의해 결정된다.

양자역학은 실제 궤적과 반사실적 궤적을 완전히 동일하게 취급한다. 그래서 '입자는 둘 이상의 장소에 동시에 존재할 수 있다'는 식의 해석이 그토록 난해하게 들리는 것이다. 그러나 불변 집합 이론에서 실제 궤적과 반사실적 궤적은 확연하게 구별되면서도 상호의존적인 관계에 있다. 이들은 결코 같지 않지만 실제 궤적이 지나온 과정을 이해하려면 반사실적 궤적을 알아야 한다.[18] 잠시 후에 나는 반사실적 궤적이 우주 탄생 이전 또는 우주 사멸 이후에 구현된(또는 구현될) 실제 궤적임을 증명할 참이다. 이것이 사실이라면 양자물리학은 불변 집합 이론에 의거하여 여러 세대에 걸친 우주의 실제 진화 과정을 하나로 묶는 셈이다. 우주의 공간이 분리되지 않은 것처럼 여러 세대에 걸친 우주의 시간도 하나로 묶여 있다.

불변 집합의 기하학적 특성(특히 음과 양의 개념)을 이용하면 디지털컴퓨터의 한계를 극복한 양자컴퓨터의 원리를 다른 방식으로 이해할 수 있다. 기존의 디지털컴퓨터는 단 하나뿐인 고전적 궤적의 정보만 처리하는 반면, 양자컴퓨터는 불변 집합의 궤적 근처에 있는 수많은 반사실적 궤적의 정보까지 처리한다. 이 책의 13장에서는 '양자적 음양'을 이용하여 자유의지와 의식에 대한 우리의 본능적 느낌을 설명할 것이다.

우주적 불변 집합 가설을 실험으로 증명할 수 있을까? 나는 요즘 브리스톨대학교의 물리학자들과 바로 이 연구를 진행하고 있다.[19] 핵심 아이디어는 불변 집합 이론이 유한수학finite mathematics(p-adic의 p는 유한한 정수임)을 기반으로 한다는 것이다. 이로부터 여러 가지 결과를 도출할 수 있는데, 그중 하나는 n 원소 시스템(큐비트qubit라고 한다)으로 구성된 양자계를 변경할 수 있는 방법의 수가 n이 $\log_2 p$(p의 로그)에 접근할 때 양자역학에서 예측한 수만큼 크지 않다는 것이다.[20] 양자컴퓨터 개발자들은 많은 수의 큐비트를 얽힌 관계로 만드는 것이 매우 어렵다는 사실을 잘 알고 있다. 큐비트는 주변의 잡음과 아주 쉽게 상호작용을 교환하기 때문이다. 지금 나는 다수의 큐비트가 양자적으로 얽힌 상태에 놓이면 필연적으로 방해를 받게 된다고 주장하고 있는데, 이 아이디어는 나중에 중력적 결어긋남gravitational decoherence이라는 개념과 연결될 것이다.

* * *

우주의 거시적 구조에 대해 우리가 알고 있는 사실들이 내가 제안한 우주적 불변 집합 가설(추측 A, B)을 뒷받침하고 있을까?

다들 알다시피 우주는 초고온, 초고밀도 상태에서 태어났다. 이 사건을 흔히 빅뱅이라 하는데, 여기에는 이론뿐 아니라 실험적 증거도 있다. 펜로즈는 (호킹과 함께) 일반 상대성 이론이 적용되지 않는 시공간의 특이점singularity에서 우주가 시작되었다는 이론을 수학적으로 구축하여 2020년에 노벨물리학상을 받았고, 미국의 천문학자 에드윈 허블Edwin Hubble은 1930년대에 윌슨산천문대에서 줄기차게 망원경을 들여다보던 끝에 우주가 팽창하고 있다는 놀라운 사실을 알아냈다. 우주가 점점 커지고 있다는 것은 과거 어느 시점에 아주 작은 씨앗에서 우주가 탄생했다는 뜻이기도 하다. 또한 1965년에 미국의 전파천문학자 아노 펜지어스Arno Penzias와 로버트 윌슨Robert Wilson은 빅뱅의 여파로 우주 전역에 골고루 퍼져 있는 우주배경복사cosmic microwave background radiation를 발견하여 빅뱅이 실제로 일어난 사건이었음을 증명했다.

앞으로 우주는 어떤 운명을 겪게 될 것인가? 모든 천체가 중력으로 뭉쳐서 붕괴하는 '빅크런치'로 끝날 것인가? 만일 그렇다면 빅뱅에서 현재까지 우주가 진화해온 과정은 그림 45와 처럼 시작도, 끝도 없이 무한 반복되는 다중시대 우주multi-epoch universe의 한 부분일 수도 있지 않을까? 우주적 불변 집합 가설이 옳다면 우주는 바로 이런 식으로 반복되어야 한다. 불변 집합에서 이웃한 궤적들은 우주의 과거나 미래에 해당하며 지금 우리의 우주와 비슷하지만 완전히 똑같지는 않다.

그런데 이 시나리오에는 한 가지 문제가 있다. 현재 우주의 팽창 속도는 점점 빨라지는 중이다. 이것은 천문학자들이 멀리 떨어진 초신성의 관측 데이터를 분석하여 알아낸 사실이다. 그리고 우주의 가속 팽창은 암흑에너지의 개념과 연결된다. 우주의 팽창 속도가 계속해서 빨라진다면 결코 빅크런치로 끝나지 않을 것이며 그림 45와 같은 주기적 변화를 겪지도 않을 것이다. 그렇다면 우리는 프랙털 불변 집합에 존재하는 것이 아니라, 별과 생명이 하나도 없는 따분한 불변 집합에서 일시적인 조정 상태에 있을 가능성이 크다.

다행히도 이런 가능성을 피해가는 세 가지 시나리오가 있다. 첫 번째는 암흑에너지가 결국 반대로 작용하여 이번 시대 우주의 빅크런치를 돕는다는 것이고,[21] 두 번째는 펜로즈의 주장대로 우주의 모든 질량이 광자와 같은 무질량입자(질량이 0인 입자)로 변한다는 것이다. 질량이 없는 입자에게는 시간이나 공간의 개념이 적용되지 않는다. 그러므로 두 번째 시나리오에서는 우주의 종말이 등각 변환conformal scaling이라는 수학적 과정을 통해 응축되어 새로운 시대의 빅뱅으로 매끄럽게 연결될 수 있다.[22]

이 책을 처음부터 읽은 독자들은 아마도 세 번째 시나리오가 가장 흥미로울 것이다. 우주의 팽창 속도가 점점 빨라지는 이유를 이론적으로 설명하려면 가장 큰 규모에서 봤을 때 우주가 균일하다는 가정(이것을 우주 원리cosmological principle라 한다)을 도입해야 한다. 앞에서 우리는 멱법칙이 적용되는 비선형계(난기류, 개인 네트워크, 경제, 프랙털 등)에 대해 논한 적이 있다. 주어진 계가 멱법칙을 따른다는 것은 각기 다른 규모에서 동일한 구조를 가진다는 뜻이므로, 멱법칙은 규모가 가장 큰 물리계인 우주로 확장될 수도 있을 것이다. 최근 우주에서 방대한 스케일의 구조가 발견된 것을 보면 사실일 가능성이 크다.[23] 그렇다면 우주의 팽창 속도가 점점 빨라지는 것은 단순한 환상일 뿐 현실은 그렇지 않을 수도 있다.[24] 이 시나리오가 사실이라면 우주가 빅크런치를 통해 특이

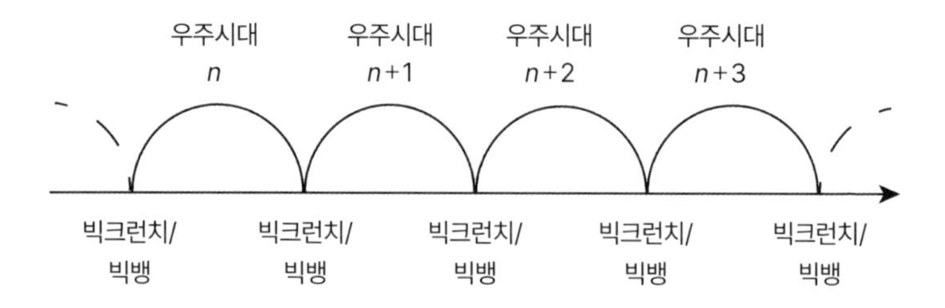

그림 45 빅뱅과 빅크런치가 반복되면서 진화하는 다중시대 우주. 여기서 핵심 질문은 다음과 같다. '무한 반복되는 각 우주 시대는 우주적 상태 공간에서 어떤 기하학을 따를 것인가?' 나는 이런 우주가 상태 공간에서 프랙털 불변 집합(로렌즈 끌개와 비슷하지만 위상 공간의 차원이 훨씬 높다)을 따라 진화한다고 주장한다. 내 생각이 옳다면 비국소성 같은 양자역학의 가장 심오한 수수께끼를 부분적으로나마 설명할 수 있다. 이것은 '우주의 수수께끼를 풀려면 가능한 한 작은 규모를 들여다봐야 한다'는 환원주의의 기본 지침에 부합되지 않는다. 여기서 양자적 비국소성은 우리가 상상할 수 있는 가장 큰 규모, 즉 우주 전체의 구조로부터 설명된다.

점으로 붕괴될 가능성이 훨씬 커진다.

내가 어렸을 때 영국의 천문학자 프레드 호일Fred Hoyle이 텔레비전에 출연하여 정상우주론steady-state cosmology을 설파하던 모습이 아직도 눈에 선하다. 우주가 아득한 옛날부터 아득한 미래까지 항상 그 모습 그대로라면 빅뱅이 끼어들 자리가 없다. 호일은 '시간의 시작'이라는 것이 별로 우아하지 못한 개념이라고 주장했다. 우주에 시작점이 존재했다면 현존하는 모든 만물이 만들어질 수 있도록 초기 조건이 정교하게 세팅되어야 한다. 이 엄청난 일을 해낼 수 있는 존재는 오직 신밖에 없을 것 같다. 호일은 우주가 대폭발을 일으키며 탄생했다는 이론을 살짝 경멸하는 의미에서 빅뱅이라고 불렀지만, 펜지어스와 윌슨이 우주배경복사를 발견한 후로 호일의 정상우주론은 점차 설득력을 잃어갔다. 그러나 빅뱅이 그림 45처럼 현재 우주 시대의 시작을 의미한다면 우주에는 시작점이 없다던 호일의 주장은 옳을 수도 있다.

* * *

우주적 불변 집합 가설에서 유도되는 몇 가지 결과를 알아보자.

'엔트로피는 항상 증가한다'는 열역학 제2법칙은 현대물리학의 가장 심오한 문제 중 하나다. 이것을 종교적 도그마처럼 믿어도 그만이지만 그 이유를 생각해보면 정말 미스터리다. 엔트로피는 대체 왜 증가하는 것일까? 유리잔을 바닥에 떨어뜨리면 작은 조각으로 부서지지만 깨진 조각이 스스로 붙어서 유리잔으로 되돌아가는 희한한 사건은 절대로 일어나지 않는다. 시간이 흐를수록 엔트로피는 마냥 증가하기 때문이다. 그런데 우주의 역사를 통틀어 엔트로피가 계속 증가해왔다면 빅뱅이 일어나던 무렵에는 엔트로피가 엄청나게 작아야 한다. 어떻게 그럴 수 있을까?

엔트로피가 증가한다는 것은 단순한 혼돈계에서 쉽게 확인할 수 있다. 2장 그림 10은 상태 공간에서 점으로 이루어진 단순한 고리가 불규칙하고 복잡한 바나나(또는 부메랑) 모양으로 변하는 과정을 보여준다. 시뮬레이션을 계속하면 바나나가 더욱 크게 변형되어 원래의 고리 모양에서 점점 더 멀어지다가 결국 프랙털 끌개 전체에 퍼지게 된다. 이런 경우 고리가 왜곡된 정도를 열역학의 엔트로피처럼 수치로 나타낼 수 있는데, 이 값은 시간이 흐를수록 커지다가 고리가 끌개 전체를 덮을 정도로 커졌을 때 최댓값에 도달한다.

시간이 흐를수록 커지는 고리는 유리잔이 떨어져서 수백 개의 조각으로 분해될 때 엔트로피가 증가하는 현상을 잘 보여주고 있다. 그림 10에서 초기 상태의 고리를 유리컵의 초기 조건으로 이루어진 앙상블이라고 생각해보자. 여기 속한 컵들은 모두 똑같아 보이지만 초기 조건이 다르면 유리의 원자 배열이 조금씩 다르다.* 이제 유리컵이 바닥에 떨어지면 초기 조건이 다른 유리컵은 완전히 다른 방식으로 부서지고 각 앙상블 멤버들은 상태 공간에서 넓은 영역으로 퍼져나간다. 이처럼 혼돈계와 열역학계는 공통점이 많다.

자, 지금부터가 핵심이다. 그림 10의 상단 왼쪽 그림과 같이 상태 공간에는 고리의 초기 형태가 거의 변하지 않는 영역이 존재한다. 실제로 이런 영역에서는 시간이 흐를수록 초기 고리가 더 작아질 수도 있다. 이런 영역은 끌개의 안정적인 부분을 나타내며 유리컵 버전으로 서술하면 '유리컵을 떨어뜨렸는데도 깨지지 않고 멀쩡한 경우'에 해당한다. 깨지지 않은 유리컵의 상태는 초기 상태와 거의 같을 것이기 때문이다.

이 논리를 우주로 확장해보자. 우주가 우주적 끌개 위에서 진화한다면 상태 공간에는 시간이 흘러도 (우주의) 초기 고리가 크

* 너무 심하게 다르면 유리컵이 아니라 유리구슬이 될 수도 있으므로 우리의 앙상블은 '겉으로 보기에 똑같은 유리컵처럼 보이는 배열'로 제한된다.

게 변하지 않는 영역이 존재할 것이다. 이런 영역에서 우주의 엔트로피는 감소한다. 불변 집합의 이질적인 기하학은 상태 공간의 대부분 영역에서 엔트로피를 자연스럽게 증가시키지만 일부 영역에서는 그 반대 현상이 일어날 수도 있다는 뜻이다.

우주가 중력으로 붕괴되면서 빅크런치를 향하여 맹렬하게 치닫는 시기를 '상태 공간에서 엔트로피가 감소하는 영역'에 대응시키면 빅뱅이 일어날 때 엔트로피가 지극히 낮았던 이유를 설명할 수 있다. 만일 이것이 사실이라면 한 번의 빅크런치와 그다음에 이어지는 빅뱅 사이의 경계면에서 엔트로피는 가장 작은 값을 가지게 된다.[25]

이로부터 우리는 무엇을 알 수 있을까? 혹시 중력이라는 힘이 우주적 불변 집합(우주 끌개)의 이질적인 기하학과 어떤 식으로든 관련되어 있지 않을까? 그림 44-d처럼 불변 집합에서 하나로 뭉치려는 경향이 있는 경로들이 중력이라는 현상으로 나타난 것은 아닐까? 만일 그렇다면 중력은 양자적 관측과 관련되어 있을 것이다. 이 아이디어는 펜로즈와 러요시 디오시Lajos Diósi가 각자 독립적으로 이미 제안했었다.[26] 나는 양자적 관측에서 중력의 역할을 확인하는 것이야말로 현대물리학에 주어진 가장 중요한 과제 중 하나라고 생각한다. 중력과 결어긋남이 본질적으로 긴밀하게 연결되어 있다는 아이디어가 불변 집합 이론과 맥락을 같이 하는 이유는, 불변 집합에 경로의 뭉침 현상이 일어나기 전에 그림 44-c처럼 결어긋남으로 인한 풀림 현상이 먼저 일어나기 때문이다.

양자적 결어긋남이나 우주의 엔트로피를 깊이 파고들다 보면 자연에 존재하는 네 가지 힘 중에서 유독 중력이 나머지 힘들(전자기력, 약한 핵력, 강한 핵력)과 **본질적으로 다르다**는 결론에 도달하게 된다. 기존의 물리학자들도 이 사실을 이미 알고 있다. 아인슈타인의 일반 상대성 이론에 의하면 중력은 힘이 아니라 질량 때문에 시공간이 휘어지면서 나타난 결과다. 즉, 시공간의 곡률curvature이 중력이라는 현상으로 표현된 것이다. 이것이 사실이라면 양자장 이론을 이용하여 중력을 나머지 힘과 통일하려는 것은 잘못된 접근법이다. 우주적 불변 집합 가설이 옳다면 양자장 이론으로는 물리 법칙(네 종류의 힘)을 하나로 통일할 수 없다. 대부분의 물리학자들은 양자역학과 중력을 통일하기 위해 '중력의 양자화'에 사활을 걸고 있다. 나는 이것이 말보다 수레를 앞세운 격이라고 생각한다. '중력의 양자 이론'보다 '양자의 중력 이론'이 더 효과적일 수도 있다는 이야기다.[27]

이 아이디어가 옳다면 중력자graviton(중력의 양자 이론에서 힘을 매개하는 입자) 같은 입자는 존재하지 않는다. 중력자는 중력을 나머지 세 개의 힘과 비슷한 틀에서 통일하기 위해 도입한 가상의 입자인데, 기존의 통일 이론을 지지하는 물리학자들조차 실험실에서 중력자가 발견될 확률을 거의 0퍼센트로 보고 있다.

앞서 말한 대로, 양자장 이론과 일반 상대성 이론을 결합하여 계산된 우주의 팽창 가속도는 실제 관측값보다 120배나 크다. 이론과 실험(관측)의 차이가 너무 커서 틀렸다고 말하기조차 민망하다. 그러나 불변 집합 이론에서는 양자적 효과가 거시적 규모에서 일어나는 가속 팽창에 영향을 미친다고 가정할 이유가 없다.

이런 점에서 보면 불변 집합 이론은 양자장 이론보다 현실에 훨씬 가깝다.

그렇다면 암흑물질은 어떻게 되는가? 아인슈타인의 일반 상대성 이론에 의하면, 시공간의 곡률은 그 안에 존재하는 물질(질량)의 분포로부터 결정된다. 그런데 일반 상대성 이론의 장방정식field equation을 조금 수정하면 시공간 내부의 물질 분포뿐 아니라 인접한 궤적과 관련된 시공간의 물질 분포까지 우리 시공간의 곡률을 좌우하도록 만들 수 있다. 이 아이디어가 옳다면 암흑물질은 불변 집합에서 우리 시공간 근처에 있는 다른 시공간의 곡률로부터 나타난 효과일지도 모른다. 암흑물질 입자가 아예 존재하지 않을 수도 있다는 뜻이다.

또한 시공간의 곡률이 불변 집합의 이웃한 궤적에 있는 물질의 영향을 받는다면, 빅뱅과 블랙홀의 내부에 존재할 것으로 예측되는 시공간의 특이점은 실제로 존재하지 않을 수도 있다. 특이점 문제야말로 양자역학과 중력을 통일하기 위해 가장 빨리 해결되어야 할 최우선 과제다.

"작은 것일수록 근본적이다." 이것은 20~21세기에 걸쳐 이론물리학을 떠받쳐온 핵심 철학 중 하나로서, 가끔은 방법론적 환원주의methodological reductionism라 불리기도 한다. 지금도 입자물리학자들은 스위스의 레만호수 밑에 거대한 입자가속기를 설치해놓고 엄청나게 큰 에너지로 입자를 충돌시켜서 극미세 영역을 탐구하고 있다. 탐구 대상이 작을수록 자연에 대한 이해가 더욱 깊어진다고 믿기 때문이다. 그러나 나는 방법론적 환원주의가 잘못된 철학이며 그 때문에 물리학이 180도 틀린 방향으로 나아가고 있다고 생각한다.(그림 45의 설명을 다시 한번 읽어보기 바란다.)

결론적으로 말하자면 양자세계를 서술하기 위해 심리적으로 불편한 비결정론적 논리나 원거리 적용을 받아들일 필요는 없다. 혼돈기하학을 적용하면 결정론적 세계에 대한 아인슈타인의 앙상블 해석이 옳을 수도 있다. 이것이 사실이라면 우리는 기본 입자들이 만들어낸 '명확한 현실' 속에서 살고 있는 셈이다. 아마도 이 아이디어는 양자역학과 중력을 통일하는 데 좀 더 확고한 기초를 제공해줄 것이다. 물론 내가 제안한 불변 집합 가설은 엄밀한 실험을 통해 검증되어야 하며 그 전까지는 상당히 의심스러운 가설로 남을 가능성이 크다.

12장

잡음으로 가득 찬 우리의 뇌

11장에서 나는 물리 법칙이 궁극적으로 결정론적이며 이 법칙을 이용하여 우리가 상상할 수 있는 최고차원 끌개(혹은 불변 집합인데, 여기서는 우주 전체를 의미한다)의 기하학적 특성을 설명할 수 있다고 주장했다. 그리고 3장에서는 결정론적 고차원 물리계를 결정론적 저차원 모형으로 구현하려면 고차원 물리계를 단순화하고, 잡음을 추가하여 잘려나간 정보를 보충해야 한다고 설명했다. 또한 대부분의 비선형적 상황에서 잡음은 성가신 제거 대상이 아니라 유용한 자원이라는 점을 확인했다. 예를 들어 미약한 신호에 특정 잡음을 추가하면 신호가 강해진다. 이 장에서는 우리의 두뇌도 주변의 고차원 세계를 저차원 모형으로 단순화할 때 잡음을 활용한다는 것을 입증할 것이다. 인간이 모든 생명체 중에서 가장 창의적이고 혁신적인 존재가 될 수 있었던 것은 잡음을 적절하게 활용할 줄 알았기 때문이다. 그러나 앞서 제시했던 사례들과 달리 수학적 PRNG는 잡음을 활용하지 않는다. 그것은 그냥 하드웨어에서 만들어질 뿐이다. 우리의 뇌가 잡음을 자유자재로 활용할 수 있게 된 비결은 아마도 탁월한 에너지 효율 덕분인 것 같다. 슈퍼컴퓨터는 한 마을 전체가 사용할 전력을 통째로 소비하면서 기껏해야 초파리의 두뇌를 어설프게 흉내 낼 뿐이지만, 인간의 두뇌는 단 20와트의 전력만으로 고도의 사고력을 발휘할 수 있다.

***

소수prime number가 무한히 많다는 것을 최초로 증명한 사람은 고대 그리스의 철학자 유클리드였다. 소수란 1과 자기 자신 외에 약수가 없는 수로서 2, 3, 5, 7, 11, 13… 등이 여기에 속한다. 유클리드의 증명 과정은 다음과 같다.

1. 일단 소수의 개수가 유한하다고 가정하자.
2. 그렇다면 소수 중에서 가장 큰 소수가 존재할 것이다. 이 수를 P라 하자.
3. 2에서 P 사이에 존재하는 모든 소수의 곱 $2\times3\times5\times7\times11\times13\times\cdots\times P$에 1을 더한 값을 Q라 하자.
4. 그러면 Q는 2와 P 사이의 어떤 소수로 나눠도 1이 남는다. 즉, Q는 어떤 소수로도 나눠떨어지지 않는다.
5. 그러나 Q를 포함한 모든 수(자연수)는 특정 소수로 나눴을

때 반드시 떨어져야 한다.(그 소수가 Q 자신일 수도 있다.)

6. 따라서 P보다 큰 소수가 존재한다.
7. 그런데 이 결과는 1단계의 가정에 모순된다.
8. 그러므로 소수의 개수는 무한하다.

예를 들어 5가 가장 큰 소수라는 가정하에 유클리드의 처방전을 따르면 $Q=2\times3\times5+1=31$이다. 31을 2, 3, 5로 나누면 정수로 떨어지지 않고 항상 1이 남는다. 그러므로 가장 큰 소수는 5가 아니다. 이 사례에서 새로 찾은 가장 큰 소수는 31인데, 이것을 새로운 P로 간주하고 똑같은 논리를 펼치면 31보다 큰 소수가 얻어지고, 이것을 또 P로 간주하고 논리를 펼치면 더 큰 소수가 얻어지고…. 이런 식으로 무한히 반복된다. 즉, 이 과정을 아무리 반복해도 가장 큰 소수를 얻을 수 없기 때문에 결국 소수의 개수는 무한하다는 결론을 내릴 수밖에 없다.

이 증명에서 가장 창의적인 단계는 무엇일까? 1단계는 수학적 증명에 자주 사용되는 **귀류법**의 출발점이다. 이 방법은 증명하려는 명제와 반대되는 내용을 참이라고 가정한 뒤, 후속 논리에서 이것이 거짓임을 증명하는 식이다. 유클리드가 가장 좋아했던 귀류법은 과거 한때 매우 창의적인 아이디어였을 것이다. 그가 사람들 앞에서 마치 마술을 부리듯 귀류법 트릭을 구사하는 모습을 상상해보라. 그러나 비슷한 트릭을 계속 구사하다 보면 아무리 신기한 논리도 하나의 정공법으로 정착되기 마련이다. 따라서 귀류법은 그다지 창의적인 아이디어가 아니다. 2단계는 1단계에서 곧

바로 유도되는 결과이므로 새로울 게 없다. Q라는 수를 정의한 3단계야말로 창의성이 돋보이는 단계다. 유클리드는 이 아이디어를 떠올린 후 4~8단계까지 일사천리로 나아갔다.

이제 수학 정리를 혼자서 증명하는 컴퓨터를 만들어보자. 제일 먼저 할 일은 유클리드의 증명에서 두 가지 트릭을 차용하여 컴퓨터에 옮겨심기하는 것이다. 첫 번째 트릭은 명제의 반대를 참이라 가정한 뒤 후속 논리에서 모순을 만들어내는 귀류법이고, 두 번째 트릭은 일련의 숫자를 곱한 후 1을 더하는 3단계 아이디어다.

자, 이것으로 창의적인 컴퓨터가 완성되었을까? 이로부터 고대 그리스 시대의 또 다른 수학 정리가 증명될 수 있는지 확인해보자. 2의 제곱근($\sqrt{2}$)이 무리수임을 천명한 피타고라스Pythagoras의 증명이 좋겠다.* 무리수는 a/b(예를 들면 983/765)와 같은 분수로 쓸 수 없는 수다.(a와 b는 정수다.)

컴퓨터는 방금 다운로드한 귀류법을 이용하여 2의 제곱근이 a/b와 같은 유리수라고 가정한다. 이 정도면 출발은 좋은 편이다. 똑똑한 컴퓨터라면 기본적인 셈법을 알 것이고, 무리수의 의미를 알고 있다면 'a와 b는 공약수가 없다'는 가정까지 세울 수도 있을 것이다.

이제 약간의 논리를 전개하여 모순을 만들어내면 되는데, 이를 위해 컴퓨터는 방금 다운로드한 또 하나의 트릭을 발휘한다.

* 피타고라스는 $\sqrt{2}$가 분수로 표현되지 않는다는 것을 알고 있었지만 그의 증명은 후대에 전해지지 않았다. 지금 우리가 알고 있는 증명법은 《유클리드 원론》에 수록된 것이다.

'$Q=a\times b+1$' 그다음에 뭘 어떻게 해야 하지? Q를 정의해놓고 더는 앞으로 나가지 못한다. 완전히 막다른 골목이다. 피타고라스의 증명을 재현하려면 a와 b를 제곱하는 새로운 트릭을 부려야 하는데[1] 이런 것은 다운로드한 적이 없다.

컴퓨터는 임무를 완수하지 못했다. 귀류법을 시도한 것까지는 좋았는데 정상을 향해 나아가던 중 작은 봉우리에 잠시 올랐다가 길을 잃고 그 자리에 주저앉은 꼴이 되어버렸다. 새로운 트릭(제곱)을 메모리에 추가해서 컴퓨터가 세 가지 트릭을 부리도록 만들 수도 있다. 여기에 약간의 논리를 추가하면 컴퓨터는 $\sqrt{2}$가 무리수임을 증명할 수 있을 것이다. 그러나 이 정도 트릭으로 새천년상이 걸려 있는 나비에-스토크스방정식을 풀 수 있을까?

물론 이 정도로 중요한 문제를 해결하려면 더 많은 트릭이 필요하다. 그러나 수학자는 컴퓨터와 달리 '아직 풀리지 않은 문제'라는 사실만으로도 전에 없던 투지가 불타오른다. 사실 고정된 메모리나 몇 개의 트릭만으로는 새롭고 중요한 수학 정리를 증명할 수 없다. 아마도 모든 수학 정리를 증명하려면 거의 무한대에 가까운 트릭이 필요할 것이다. 2장에서 언급한 괴델의 불완전성 정리가 바로 이 점을 시사하고 있다. 컴퓨터에게 새롭고 흥미로운 정리를 생각해내거나 증명하라고 명령을 내리면 거의 먹통이 될 것이다.

유클리드는 증명의 하이라이트인 숫자 Q를 어떻게 생각해냈을까? 이 점에 대해서는 아무런 기록도 남기지 않았으니 알 길이 없다. 그러나 다행히도 일부 수학자들이 유레카의 순간을 맞이하게

된 비결이 기록으로 남아 있다. 대표적 사례가 1장에서 만났던 푸앵카레다.[1]

> 그 무렵 나는 파리국립고등광업학교에서 후원하는 탐사여행팀에 합류하기 위해 내가 살고 있던 도시인 캉을 떠났다. 그러나 여행 중에 의외의 사건이 하도 많이 발생해서 내가 연구하던 수학 문제는 기억 저편으로 사라져버렸다. 어느 날 우리는 쿠탕스에 도착하자마자 곧바로 합승 버스를 갈아타야 했는데 한 발로 버스 계단을 내딛던 순간, 갑자기 어떤 아이디어 하나가 뇌리를 스쳐 지나갔다. 내가 푹스함수Fuchsian function를 정의할 때 사용했던 변환이 비非유클리드기하학의 함수와 동일하다는 생각이 떠오른 것이다. 그 후 나는 버스 좌석에 앉아 일행과 대화를 나누느라 사실 여부를 확인하지 못했지만 마음속 깊은 곳에서 강력한 확신이 들었다. 얼마 후 캉으로 돌아오는 기차 안에서 나는 느긋한 마음으로 아이디어를 확인했고, 결국 사실로 판명되었다.

시공간의 특이점에 관한 연구로 노벨물리학상을 받은 펜로즈도 결정적인 아이디어를 떠올리게 된 사연이 있다.[3] 어느 날 그는 동료와 대화를 나누면서 연구실로 가던 중에 건널목에서 잠시 대화를 멈추었다. 아무리 수학이 중요하다 해도 목숨만큼 중요하지는 않았기 때문이다. 두 사람은 잠깐의 침묵 속에서 길을 건넜고 다시 대화를 이어갔다. 그런데 연구실에 도착하여 동료와 헤어진 후로 펜로즈는 묘한 기분이 들었다. 대체 이유가 뭘까? 궁금증이 발동한 그는 그날 아침으로 되돌아갔다. 그리고 자신이 했던 일을 하나씩 복원해나가다가 어느 순간 갑자기 탄성을 터뜨렸다. 동료와 대화를 멈추고 건널목을 건너던 바로 그 순간, 극단적인 중력에 의한 붕괴 현상을 일반적으로 서술하는 방법이 머릿속에 떠올랐던 것이다. 그는 당장 아이디어를 정리하여 1965년에 논문으로 발표했고 이 논문은 훗날 그에게 노벨물리학상을 안겨준 시금석이 되었다.

1994년에 페르마의 마지막 정리를 증명하여 일약 스타로 떠오른 영국의 수학자 와일스(2장 참고)는 창의적 순간에 대해 다음과 같이 말했다.[4]

> 엄청나게 어려운 문제에 직면하면 일상적인 수학적 사고는 별 도움이 되지 않는다. 새로운 아이디어를 떠올리려면 꽤 긴 시간 동안 곁길로 새지 말고 오직 그 문제에만 집중해야 한다. 다른 생각일랑 죄다 접어두고 마치 이 세상에 수학 문제가 그것 하나밖에 없다는 마음가짐으로 집중, 또 집중하는 것이다. 그러다가 어느 순간 집중 모드를 해제하고 휴식을 취하면 일종의 이완기가 찾아온다. 바로 그 시기에 새로운 통찰이 떠오른다.

이것은 수학자나 물리학자에게만 적용되는 이야기가 아니다. 영국의 유명한 코미디 그룹 몬티 파이튼의 일원인 존 클리즈John Cleese도 긴장을 풀고 무의식 속에서 방황할 때 예술적 창의력이

극대화된다고 했다.[5]

위에 언급한 인물들의 공통점은 휴식을 취할 때 창의력이 발휘된다는 것이다. 물론 우리처럼 평범한 사람들은 이런 '지적 호사'를 누려본 적이 거의 없다. 아마도 우리들(특히 나이가 많은 사람들)이 공감하는 경우는 누군가의 이름을 완전히 잊어버린 때일 것이다. 얼굴은 기억 속에 또렷하게 남아 있고 오늘 당장 거리에서 마주칠 수도 있는데, 아무리 머리를 쥐어짜도 이름이 기억나지 않는다. 그는 내 이름을 기억하고 있을지도 모르는데…. 그를 밖에서 마주쳤다간 난처한 상황이 연출될 것 같다. 그렇다고 떠오르지 않는 기억을 억지로 떠올리려고 애쓰는 것은 별 도움이 되지 않는다. 이럴 때 가장 좋은 방법은 기억 속을 걷는 모든 시도를 잠시 멈추고 마음을 편안하게 가지는 것이다. 그러면 어느 순간 갑자기 잊어버렸던 이름이 마술처럼 떠오른다.

누구나 겪는 일이어서 새로울 것도 없다. 하지만 물리적 관점에서 보면 참으로 신기하다. 잠시 쉬는 사이에 머릿속에서 대체 무슨 일이 벌어진 것일까? 창의력이 뛰어난 인공지능을 만들기 위해 어려운 질문을 받으면 하던 일을 멈추고 잠시 휴식을 취하라고 명령해야 할까?

별로 좋은 생각이 아닌 것 같다. 디지털컴퓨터의 휴식이란 단순히 스위치를 끄는 것을 의미하기 때문이다. 사실 따지고 보면 컴퓨터에는 온오프 스위치밖에 없다. 1+1 혹은 24×37 같은 연산은 스위치로 표현할 수 있는데 이것이 바로 빅토리아시대 영국의 수학자 조지 불George Boole이 창안한 불 논리Boole logic다. 현대의 컴퓨터는 이 스위치 전환을 놀랍도록 빠르게 수행할 수 있다. 그러나 컴퓨터가 '긴장을 풀고' 스위치 전환 속도를 늦춘다고 해서 없던 창의력이 발휘되지는 않는다.

우리의 뇌는 1 더하기 1이 2라는 것을 어떻게 아는 것일까? 너무 기본적인 산술 문제여서 '1+1=2'를 통째로 기억하고 있을지도 모른다. 그렇다면 좀 더 어려운 문제로 바꿔보자. 24 곱하기 37은 얼마인가? 당신의 머릿속에 '24×37=888'이라는 것도 통째로 내장되어 있는가? 별로 그럴 것 같지 않다.

미취학 시절에 나는 아버지와 함께 종종 동네 숲을 산책했다. 우리는 완만한 경사로를 따라 언덕 꼭대기까지 올라가서 한적한 시골 풍경을 잠시 감상한 후, 집으로 돌아올 때는 가파른 계단을 내려왔는데 계단의 수가 약 20개였던 걸로 기억한다. 아버지와 나는 계단을 하나씩 내려올 때마다 큰 소리로 숫자를 세곤 했다. 집으로 돌아올 때마다 하나, 둘, 셋, 넷… 숫자를 외치다 보니 자연스럽게 수를 헤아리는 법을 알게 되었다.

그 후 초등학교에 입학하자 구구단이 최고의 현안으로 떠올랐고, 얼마 후 나는 "사칠은 이십팔"을 별생각 없이 흥얼댈 수 있게 되었다. 그래서 선생님이 "4 곱하기 7은 뭐지?"라고 나에게 물었을 때(틀리면 7단을 100번 쓰는 벌을 받아야 했다), 굳이 머릿속에 불 논리의 스위치 역할을 하는 생물학적 회로를 만들 필요 없이 메모리를 빠르게 뒤져서 "28이요!"라고 대답하면 그만이었다. 외부에서 "4 곱하기 7은?"이라는 소리가 들려오기만 하면, 나의 두뇌가 답을 찾은 후 자동으로 "28!"이라는 답을 외치도록 만드는 것 같았다. 왜냐하면 이 모든 과정에서 수학적인 사고를 떠올린 적이 단 한 번도 없었기 때문이다.

얼마 후 복잡한 곱셈을 빠르게 수행하는 트릭을 배웠지만 어른이 된 지금은 거의 사용하지 않는다. 그 트릭은 지금도 내 머릿속 어딘가에 남아 있을 것이다. 다만 하도 오래전 일이라 일고여덟 살 때처럼 빠르게 실행하지는 못한다.

그러므로 지금 당장 24에 37을 곱해야 할 일이 생겨도 나는 결코 불 논리를 사용하지 않을 것이다. 나의 두뇌는 곱셈을 수행하는 알고리듬과 당장 필요한 구구단을 검색하는 데 대부분의 시간을 할애한다. 그리고 이 과정에는 중간 단계를 저장하는 임시 기억 장치가 필요하다.(나이가 들면서 임시 기억 장치의 용량이 현저하게 줄어들었다.) 전체적으로 볼 때 디지털컴퓨터와는 완전히 다른 프로세스다.

메모리에서 데이터를 검색할 때는 필연적으로 에너지가 소모된다. 나와 함께 길을 걷던 친구가 갑자기 나에게 곱셈 계산을 시킨다면(이유는 따지지 말자) 나는 발걸음을 멈추고, 입을 다물고, 눈도 감고, 주변이 혼잡하면 손가락으로 귀까지 막고, 오로지 주어진 계산에만 몰두할 것이다. 빠르고 정확하게 답을 구하려면 메모리에서 전송된 데이터를 실수 없이 처리하는 데 모든 에너지를 투입해야 한다. 이를 위해서는 나 자신을 외부의 세상으로부터 완전히 차단하여 쓸데없는 에너지 소모를 줄여야 한다.

물론 이것은 정상적인 상태가 아니다. 친구가 계산 문제를 내주기 전까지만 해도 나는 여유롭게 멀티태스킹하고 있었다. 길을 걷고(아무 생각 없이 한쪽 다리를 다른 쪽 다리 앞으로 내밀고), 최근 뉴스를 논평하고, 하늘에 뜬 구름과 거리의 나뭇잎을 감상하고, 지저귀는 새소리를 듣고, 오늘 점심은 뭘 먹을지 고민도 했다. 간단히 말해서 나의 두뇌에 공급되는 에너지가 다양한 목적에 골고루 사용되었다는 뜻이다.

이스라엘 출신의 미국인 심리학자 대니얼 카너먼Daniel Kahneman은 그의 저서 《생각에 관한 생각》에서 두뇌의 작용을 이진법으로 서술하여 세간의 주목을 받았다.[6] 그의 주장에 따르면 우리의 뇌는 대부분의 시간을(걷거나, 잡담을 나누거나, 주변을 둘러볼 때) '시스템 1'이라는 모드에서 작동한다. 시스템 1은 특별한 노력 없이 완전 자동으로 비교적 쉽고 빠르게 실행된다. 반면에 눈을 지그시 감고 하나의 특정한 작업에 집중할 때 두뇌는 훨씬 느리고 정교하게 실행되는 '시스템 2' 모드로 들어간다.

몇 년 전 인지과학자 가이 클랙스턴Guy Claxton이 《거북이 마음이다》라는 저서를 통해 두뇌의 작동 모드에 대한 개념을 소개했다.[7] 여기서 '거북이의 마음'이란 즐겁고 여유로우면서 살짝 몽환적인 상태로서 카너먼이 말하는 시스템 1과 비슷하다. '토끼의 뇌'는 이성과 논리, 신중한 사고가 요구되는 사고 유형으로서 카너먼의 시스템 2와 비슷하다. 클랙스턴이 이 책에서 펼친 이야기의 핵심은 목적이 없어 보이는 거북이의 여유로운 마음이 논리적인 토끼의 뇌 못지않게 지능적이라는 것이다.

그렇다면 이분법으로 작동하는 두뇌를 에너지의 관점에서 보면 어떤 식으로 설명할 수 있을까?

우리의 뇌는 1초당 약 20줄joule의 에너지를 소모한다. 20와트짜리 전구를 머리에 달고 사는 셈이다. 20메가와트(1메가와트는 100만 와트다)의 전력을 소모하는 일기예보용 슈퍼컴퓨터와 비교하면 거의 공짜나 다름없다. 혈류 이론에 따르면 두뇌가 시스템 1 모드에 있든지 시스템 2 모드에 있든지 전력 소모량에는 별 차이가 없을 것으로 추정된다. 그러나 시스템 1 모드에서는 멀티태스킹이 진행되고 있으므로 작업당 전력 소모량이 적고, 시스템 2 모드에서는 모든 에너지가 하나의 작업에 집중되어 작업당 전력 소모량이 훨씬 많다. 그래서 지금부터 두 모드를 각각 '저전력 모드'와 '전력집중 모드'라 부르기로 한다.

인간의 두뇌에는 약 800억 개의 뉴런이 복잡다단하게 연결되어 있다. 감각기관으로부터 입수된 정보는 뉴런의 가느다란 축삭돌기axon를 따라 전달된다(그림 46). 그런데 축삭돌기는 길이가 꽤 길기 때문에, 도중에 규칙적으로 신호를 강하게 밀어주는 단백질 트랜지스터protein transistor가 없었다면 신호는 축삭돌기 끝에 도달하기 전에 소멸했을 것이다.

단백질 트랜지스터는 세포막에 나 있는 여러 개의 작은 통로로 이루어져 있으며, 축삭돌기를 절연체로 덮은 듯한 효과를 발휘한다. 축삭돌기를 따라 이동하는 전기신호의 전압에 미세한 변화가 감지되면 전하를 띤 이온(나트륨이나 칼륨 같은 원자가 제일 바깥 궤도의 전자 한 개를 잃어버린 상태)이 작은 통로를 따라 흐르고, 이것이 축삭돌기에 흐르는 전기신호와 상호작용하면서 신호를 증폭시킨다.

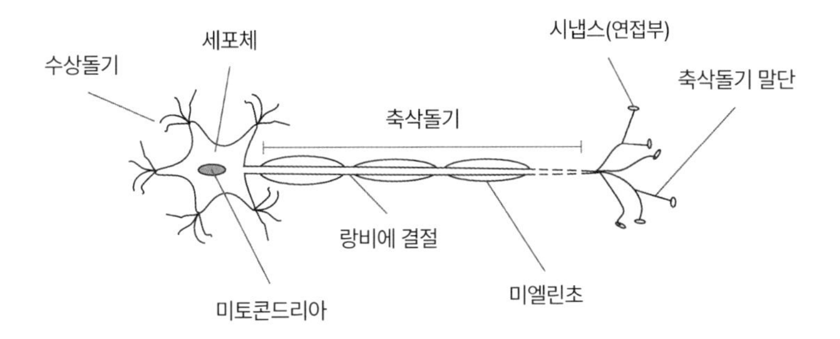

그림 46 뉴런의 구조. 감각기관에서 들어온 전기신호는 기다란 축삭돌기를 따라 이동하면서 강도가 점차 약해진다. 그러나 랑비에 결절node of Ranvier(전압작동통로voltage-gated channel의 일종)로 흐르는 이온과 관련된 단백질 트랜지스터에 의해 신호가 증폭되어 축삭돌기 말단까지 온전하게 전달될 수 있다.

3장에서 말한 대로 컴퓨터용 실리콘 트랜지스터의 전압을 낮추면 열잡음에 취약해져서 오류가 발생하기 쉽다. 그렇다면 단백질 트랜지스터도 저전력 모드에서는 에너지가 부족하여 완전히 결정론적으로 작동할 수 없는 것은 아닐까?

답은 아무래도 '그렇다'인 듯하다. 축삭돌기는 직경이 1미크론(0.001밀리미터)이 채 되지 않기 때문에 잡음에 영향을 받기 쉬우며 이것을 뒷받침하는 증거도 있다.[8] 인간 두뇌의 축삭돌기는 평균 지름이 0.5미크론쯤 된다.[9] 그러므로 두뇌가 멀티태스킹을 하는 저전력 모드에서 고작 20와트에 불과한 전력이 800억 개의 뉴런에 분산되면, 이들 중 몇 개는 잡음의 영향을 받아 오작동을 일으킬 수도 있다.

가느다란 뉴런은 장단점을 모두 가지고 있다. 단점은 직경이 작을수록 전기신호의 이동속도가 느려진다는 점이다. 포식자를 피하는 것이 최우선 과제였던 원시시대에 축삭돌기가 가늘어서 반응속도가 느리면 진화의 막다른 길에 도달할 수도 있다. 그러나 많은 사람이 집단을 이루는 식으로 포식자 방어 기능을 강화하게 되면 반응속도가 느려서 생긴 단점은 두뇌의 한정된 공간에 더 많은 뉴런을 욱여넣는 것으로 만회할 수 있다.

반응속도가 굳이 빠를 필요가 없다면 뉴런의 소형화로 인해 잡음에 민감해지는 것이 진화에 유리한 쪽으로 작용할 수도 있을까? 3장에서 논했던 '잡음의 좋은 점'을 다시 한번 돌아보고 이것이 두뇌에 적용될 수 있는지 생각해보자.

잡음을 이용하여 여러 개의 비트로 이루어진 신호를 잘라내는 확률적 반올림을 예로 들어보자(3장의 그림 17 참고). 우리 눈으로 들어오는 시각 데이터에 확률적 반올림을 적용하여 일부가 잘려나간 데이터를 뉴런을 통해 뇌로 전달한다면, 픽셀 하나당 1비트(혹은 100비트)만 수신해도 회색 음영을 인식할 수 있다.

난수를 이용한 알고리듬(담금질 기법)은 인간이 자주 사용하는 문제 해결법이다. 고대 그리스의 철학자들이 즐겨 사용했던 트릭(귀류법 등)에서 시작해보자. 우리도 이런 방법으로 문제를 해결할 수 있지만 길을 잘 찾아가지 않으면 막다른 길에 도달하기 십상이다. 이럴 때 우리는 돌파구를 찾기 위해 머리를 쥐어짜다가 새로운 아이디어가 떠오르면 주저 없이 받아들이고 앞으로 나아간다. 문제를 푸는 초기 단계에 이런 상황이 닥치면 미련 없이 출발점으로 되돌아가서 처음부터 다시 시작할 것이다. 초기 단계에서는 아무리 이상한 아이디어라 해도 문제 해결에 조금이라도 도움이 될 것 같으면 기꺼이 받아들일 준비가 되어 있다. 그러나 마무리 단계에서 막다른 길에 도달하면 새로운 아이디어를 고를 때 훨씬 신중해진다. 자칫 잘못하면 애써 쌓아온 논리가 통째로 무너져내리기 때문이다.* 놀랍게도 난수 알고리듬을 이용하면 자연선택을 통한 진화 과정도 설명할 수 있다.

두뇌가 새로운 아이디어를 떠올리려면 잡음에 민감해야 하는데, 이런 상태는 전력집중 모드일 때보다 저전력 모드일 때 도달하기 쉬울 것으로 추정된다. 문제에 집중하지 않고 긴장을 풀었을 때 유레카의 순간이 찾아오는 것은 바로 이런 이유 때문이다. 충분히 이완된 상태에서 잡음이 개입되면 장애물을 뛰어넘어 앞으로 나아가기가 쉬워진다.

이와 대조적으로 두뇌가 전력집중 모드에서 작동할 때, 즉 20와트의 전력이 오직 하나의 작업에 집중될 때는 활성 뉴런이 결정론적으로 작동하는 것 같다. 이런 상태에서는 저전력 모드일 때 떠오른 엉뚱한 아이디어가 정말로 유용한지 엄밀하게 검증할 수 있다.

영국의 이론물리학자 마이클 베리Michael Berry는 갑자기 떠오른 창의적 아이디어를 클래리톤clariton이라 불렀다. 창의력을 구성하는 신비한 입자라는 뜻이다. 클래리톤이 정말로 존재한다면 아마

* 저자는 문제풀이의 초기 단계와 마지막 단계에서 새로운 아이디어를 대하는 마음 자세가 달라지는 것을 난수 알고리듬에 비유하고 있다.

도 저전력 모드의 산물일 것이다. 그러나 베리는 한 번 생성된 클래리톤은 냉정한 사고의 원천인 반클래리톤anti-clariton과 만나 대부분 소멸한다고 했다. 반클래리톤은 전력집중 모드의 산물로서 갑자기 떠오른 아이디어에 논리적 사고를 적용할 때 생성되며 엉뚱하거나 황당한 아이디어를 검증하는 능력도 가지고 있다.

베리의 가설이 옳다면, 우리가 창의성이라고 부르는 과정(귀납적 추론이라고도 한다[10])은 저전력 모드와 전력집중 모드의 협력으로 탄생한 산물인 셈이다. 또는 확률론과 결정론 사이에 교환되는 긴밀한 상호작용의 결과라고도 할 수 있다. 잡음에 민감한 저전력 모드에서는 기이하면서 때로는 유용한 아이디어가 자주 떠오르지만, 결정론적 특성이 강한 전력집중 모드에서는 부적절한 아이디어가 걸러지고 깊이 파고들 가치가 있는 것만 남게 된다. 또한 담금질 기법 알고리듬이 그렇듯이 전력집중 모드에서는 최종 해답에 가까워질수록 새로운 아이디어의 가치를 판단하는 기준이 까다로워진다.

펜로즈는 그의 저서 《황제의 새 마음》에서 다음과 같은 질문을 제기했다.[11] “우리가 괴델의 정리(수학적으로 참이면서 증명할 수 없는 명제가 존재한다는 정리)를 이해하도록 만드는 원천은 무엇인가?” 그는 인간의 뇌가 알고리듬에 따라 작동한다면 증명할 수 없는 수학적 진리가 존재한다는 개념을 절대 이해할 수 없을 것이라고 지적했다. 우리가 괴델의 정리를 이해할 수 있는 것은 아마도 알고리듬으로 설명할 수 없는 무작위 잡음이 인지 기능의 필수 요소이기 때문일 것이다. 이 대목에서 반론을 제기하고 싶은 독자도 있을 줄 안다. 11장에서 나는 가장 기본적 유형의 잡음인 양자적 잡음조차도 완전한 무작위가 아니라, 우주적 불변 집합 가설로 설명되는 일종의 혼돈적 결정론과 관련되어 있다고 주장했다. 그러나 2장에서 말한 대로 프랙털 불변 집합 자체는 알고리듬으로 결정할 수 없기 때문에 인간의 뇌가 근본적인 유형의 잡음에 예민하다면 알고리듬으로 완벽하게 설명할 수 없다.

두뇌의 작동 원리에 무작위성을 도입한 사람은 내가 처음이 아니다. 튜링은 그의 논문 〈컴퓨팅 기계와 지능Computing Machinery And Intelligence〉[12]에서 "학습 기계에는 무작위 요소를 추가하는 것이 바람직하다"고 언급한 후, 잡음을 이용하여 효율적으로 문제의 해답을 찾는 간단한 사례를 인용했다.

이런 맥락에서 생각해봤을 때 트랜지스터가 계속 작아지면 양자 터널 효과가 두드러지게 나타나서 스위치의 역할을 할 수 없게 된다는 오래된 지적도 흥미롭게 느껴진다. 그러나 잡음이 창의성을 발휘하는 데 반드시 필요한 조건이라면, 새로운 수학 정리를 만들어낼 정도로 창의적인 AI를 설계할 때도 일부 트랜지스터를 양자적 잡음에 노출시키고 양단에 걸리는 전압을 낮추는 것이 하나의 방법이 될 수 있다.

아마도 미래의 AI는 두 종류의 칩으로 구성될 것이다. 하나는 결정론적으로 계산을 수행하는 기존의 '전력집중식 칩'이고(컴퓨터가 계좌번호의 마지막 숫자를 잘못 인식해서 내 돈이 엉뚱한 사람에게 송금될 염려가 없다), 다른 하나는 확률적으로 계산을 수행하는 새로운 타입의 '저전력 노이즈 칩'이다. 이런 칩과 메모리 사이에서 데이터가 교환되면 AI는 앞서 논했던 확률적 반올림을 이용하여 비교적 낮은 정확도로 계산을 수행할 것이다.

* * *

두뇌를 '소란스러운 고효율 기관'으로 간주했을 때 어떤 결과가 나올 수 있는지 알아보자.

우리는 매일 수많은 결정을 내리고 있다. 일부 통계자료에 의하면 하루 평균 3만 5000번의 결정을 내린다고 한다. 물론 대부분은 별로 중요하지 않아서(오늘 저녁에 텔레비전을 볼 것인가, 아니면 책을 읽을 것인가?) 소량의 에너지로도 충분하다. 그러나 최종 결론을 내리기 전에 신중한 사고가 요구되는 결정도 있다.

모든 결정을 중요한 것과 사소한 것으로 분류한다면 대부분의 사람들은 '사소한 결정은 저전력 모드에서 내리고, 몇 안 되는 어려운 결정은 전력집중 모드에서 내린다'는 전략을 따를 것이다. 길을 걸을 때 오른발을 앞으로 내민 상태에서 '다음에는 어떤 발을 내밀 것인가?'라며 고민하는 사람은 없다. 이와 반대로 번민에 찬 결정의 순간이 오면, 가능한 모든 장단점을 펼쳐놓고 전체 항목에 신중하게 가중치를 매겨서 최종 점수를 산출해야 한다. 다만 이렇게 어려운 작업은 전력집중 모드에서 실행하기가 쉽지 않다.

결정의 종류를 저전력 모드와 전력집중 모드로 나누면, 두뇌에 공급된 에너지를 효율적으로 활용하여 매일 내리는 수천, 수만 가지 결정을 이상적으로 수행할 수 있다. 이는 곧 두뇌가 결정을 내릴 때 사용하는 기본 방침은 저전력 모드라는 것을 의미한다. 언뜻 생각하면 이 전략은 게으르게 보일 수도 있지만, 모든 결정을 전력집중 모드에서 내린다면 하루가 끝나고 잠자리에 들 때까지 단 50개도 결정하지 못할 것이다. 대부분의 결정을 저전력 모드에서 내리는 것은 분명히 합리적인 전략이다.

이로부터 초래되는 몇 가지 결과가 있는데, 그중 하나는 스스로 합리적이라고 믿으면서 실제로 비합리적 선택을 하는 경우다. 한 가지 예를 들어보자. 야구 배트와 공의 가격은 합해서 1.10달러이고, 배트는 공보다 1달러 비싸다. 그렇다면 공의 가격은 얼마인가?

사람들에게 이 문제를 내주면 거의 대부분이 10센트(0.1달러)라고 답한다. 하지만 이것은 정답이 아니다. 공의 가격이 10센트면 배트는 1달러 10센트이므로 합이 1달러 20센트가 되어 문제의 조건을 벗어난다. 무엇을 착각했는지 알겠는가? 그렇다. 정답은 5센트다.

카너먼은 저서 《생각에 관한 생각》에서 하버드대학교와 매사추세츠공과대학교, 프린스턴대학교의 학생들 중 절반 이상이 정답을 맞히지 못했다며 인간은 합리적인 종이 전혀 아니라고 결론지었다. 나는 이 결론이 틀렸다고 생각한다. 그들은 치열한 시험과 면접을 통과한 미국 최고의 학생들이다. 분명 무언가 다른 이유가 있을 것이다.

일부 평론가는 문제 자체가 너무 인위적이어서 유용한 결론을 내릴 수 없다고 주장한다. 나는 여기에도 동의하지 않는다. 설문 결과가 의아하게 보이는 이유는 에너지를 고려하지 않았기 때문이다. 학생들은 질문에 답하기 위해 얼마나 많은 에너지를 소모했는가? 사용 가능한 에너지가 초당 20줄(20와트)로 제한되어 있으므로 이 점을 반드시 고려해야 한다.

당신이 길을 걷고 있는데 갑자기 내가 다가가서 '배트와 공 문제'를 내줬다고 하자. 당신은 답을 구하기 위해 얼마나 많은 에너지를 쓸 것인가? 만일 당신이 입사 시험을 보기 위해 시험장으로 가는 길이었다면 에너지를 조금도 소모하고 싶지 않을 것이다. 시험을 보기도 전에 머리를 지치게 할 사람은 없다. 이럴 때 가장 합리적인 답은 아예 대꾸하지 않고 지나가거나 "미안하지만 질문에 답할 시간이 없다"고 말하며 정중하게 양해를 구하는 것이다.

그러나 수업 중에 담당 교수로부터 이런 질문을 받는다면 이야기가 달라진다. 이럴 때는 가능한 한 많은 에너지를 투입해서 정답을 찾는 것이 상책이다. 교수에게 아둔한 학생으로 찍혀서 좋을 것이 없기 때문이다. 게다가 이 문제가 기말고사에 출제되었다면 대부분의 학생들이 정답을 적을 것이다. 미국 최고의 학생들이 이토록 간단한 일차방정식 문제를 틀릴 리가 없다. 물론 예외적인 경우도 존재한다. 예를 들어 담당 교수가 "이 문제는 설문조사를 위한 것이라 성적에는 반영되지 않으니 답은 무기명으로 제출하세요"라고 했다면, 숙제가 밀린 학생들은 신중하게 생각하지 않고(즉 에너지를 많이 투입하지 않고) 떠오르는 대로 대충 적어낼 것이다. 이런 상황에서는 똑똑한 학생도 10센트라는 답을 적어낼 가능성이 크다. '사소한 문제에는 에너지 투입을 자제한다'는 합리적 결정을 고수한다면 10센트라는 오답이 정답보다 합리적이다.

이와 반대로 정답을 반드시 맞혀야 하는 상황이라면(예를 들어 이 문제가 시험에 나온 경우) 정답을 구하기 위해 모든 에너지를 투입하는 것이 합리적이다. 이럴 때 당신은 전력집중 모드에서 문제를 최대한 신중하게 분석할 것이고 합리적인 답은 당연히 5센트다.

에너지 효율 극대화 전략은 항상 게으르거나 늘 긴장한 채로 사는 것보다 나은 것 같지만 여기에도 나름대로 문제점이 있다. 일상에서 내리는 대부분의 결정이 사소한 것이어서 중요한 것과 사소한 것 사이의 경계에 걸쳐 있는 문제를 판단할 때 저전력 모드 쪽으로 편향된다는 것이 문제다. 경솔하게 결정했다가 나중에 후회한 적이 종종 있지 않던가? 이런 일은 나도 여러 번 겪었다.

이 문제를 어떻게 해결해야 할까? 분명히 우리의 두뇌는 중요한 것과 사소한 것 사이의 경계에 놓인 문제들을 저전력 모드로 분류하여 중요성을 과소평가하는 경향이 있다. 이것을 의도적으로 억제할 수는 없지만 자신에게 이런 경향이 있다는 사실을 아는 것과 모르는 것 사이에는 커다란 차이가 있다고 생각한다. 이 사실을 알고 있으면 미미한 경고신호에 더욱 민감해져서 중요한 문제를 대충 결정하는 실수를 줄일 수 있고, 전력집중 모드에서 그 문제를 좀 더 신중하게 생각해볼 수 있다. 저전력 모드와 전력집중 모드 사이의 시너지를 많이 활용할수록 더욱 창의적이고 지적인 종이 될 수 있다는 뜻이다.

이와 반대로 전력집중 모드에서 무언가를 분석할 때 알아야 할 사항이 몇 개 있다. 이것은 앞서 언급한 내용과 전혀 다른 문제다. 무엇보다도 전력집중 모드에서 분석에 지나치게 집중하면 아에 결정을 내리지 못할 수도 있다. 건초 더미와 물통 사이에서 갈팡질팡하다가 결국 굶어 죽었다는 '뷔리당의 당나귀'처럼, 어느 방향으로 가야 할지 판단이 서지 않는다. 박사과정을 마치고 전공 분야를 바꿀지 말지 고민하던 시절에 내가 바로 이런 상황에 처해 있었다.

저명한 과학자들이 유레카를 외쳤던 순간에서 힌트를 얻을 수 있지 않을까? 그들이 창의력을 발휘하여 획기적인 발전을 이룰 수 있었던 것은 두 모드 사이에서 이루어진 미묘한 상호작용 덕분이었다. 전력집중 모드에서 발휘되는 창의력에는 분명히 한계가 있다. 결정적인 유레카의 순간은 주로 저전력 모드에서 찾아오는데 그 이유는 아마도 이 모드에서 뇌가 잡음에 민감해지기 때문일 것이다.

어렵고 중요한 결정을 내려야 할 때, 각 결정의 장단점을 빠짐없이 나열한 후 며칠 동안 그것에 대해 심사숙고해야 한다. 이것이 유레카의 순간이 우리에게 주는 교훈이다. 개개의 결정으로부터 초래되는 모든 가능한 미래로 앙상블을 구축하는 것도 좋은 방법이다. 모든 앙상블 멤버의 확률을 일일이 계산하려 애쓸 필요는 없다. 각 앙상블 멤버가 그리게 될 '스토리 라인'을 구축하는 것만으로 충분하다. 기후과학에서도 확률을 계산하기 어려울 때 각 앙상블 멤버의 '가장 그럴듯한 스토리 라인'을 구축하는 일이 중요한 현안으로 떠오르고 있다.[13]

어쨌거나 우리는 남은 생을 잘 지낼 수 있도록 최선을 다해야 한다. 대가들이 유레카를 맛보았을 때 그랬던 것처럼, 사람들은 어려운 결정을 앞두고 있을 때 만사를 제쳐두고 돌연 여행을 떠나거나 장기 휴식 모드로 들어가곤 한다. 저전력 모드에서 최선의 결정이 본능적으로 떠오르기를 기대하기 때문이다. 다시 한번 강조하건대, 저전력 모드에서 잡음을 적절하게 활용하면 전력집중 모드에서 볼 수 없었던 새로운 관점에 눈을 뜨게 된다.

가장 중요한 것은 두 모드를 활용하는 순서다. 먼저 저전력 모드로 들어가서 본능적인 예비 결론에 도달한 후 전력집중 모드로 바꾸면 왜곡된 분석에 빠지기 쉽다. 소위 말하는 확증편향confirmation bias(자신의 신념에 부합되는 정보는 쉽게 수용하고 그렇지 않은 정보는 무시하는 경향)이 모습을 드러내는 순간이다. 이럴 때 전력집중 모드는 냉철한 정보 분석을 하지 못하고 편향된 사고를 더욱 확고하게 만들 뿐이다. 이보다는 전력집중 모드를 최대한으로 활용한 **후에** 저전력 모드로 진입하는 것이 바람직하다. 과거에 있었던 대부분의 유레카 순간은 이 순서를 지켰을 때 찾아왔다.

예를 들어 당신이 기후변화는 트리 허거tree hugger* 를 위한 구실일 뿐이며 그 효과가 심하게 과장되었다는 느낌을 가지고 있다면 당신의 견해를 뒷받침하는 극소주의자의 웹사이트나 그와 유사한 정보를 집중적으로 찾을 것이다. 또는 이와 반대로 인류가 탄소를 무분별하게 배출하여 지구를 오염시키는 바람에 피할 수 없는 재앙으로 다가가고 있다고 믿는다면 기후변화에 대해 경각심

* 자신의 몸으로 나무를 에워싸서 벌목을 막는 사람들, 곧 열성적인 환경운동가를 칭한다.

을 일깨우는 웹사이트만 골라서 읽을 가능성이 크다. 그래서 나는 IPCC의 평가보고서가 가장 중립적인 정보를 제공한다고 생각한다.(다만 일반인들이 읽기에 내용이 너무 어렵다는 게 문제다.) IPCC에서 나와 함께 일했던 대부분의 사람들은 정치나 도그마에 얽매이지 않고 자신의 연구 결과를 가능한 한 쉽고 정확하게 전달하려 애쓰는 진정한 과학자들이었다.

중요하든 사소하든 간에, 무언가를 결정할 때는 저전력 모드(확률적 판단)와 전력집중 모드(결정론적 판단)의 상호작용을 활용하면 탁월한 능력을 발휘할 수 있다는 점을 염두에 둬야 한다. 인간이 모든 생명체 중에서 가장 상상력이 풍부하고 창조적인 종이 될 수 있었던 것은 바로 이 두 모드 사이의 긴밀한 협력 덕분이었다.

13장

자유의지, 의식 그리고 신

우리의 뇌는 에너지를 가장 효율적으로 사용하는 기관인 것 같다. 이 부분을 좀 더 자세히 들여다보자. 두뇌가 잡음 외에 에너지를 효율적으로 사용하면 어떤 물리적 현상이 발생할 것인가?

뉴런의 가늘고 긴 축삭돌기를 따라 신호가 이동하는 과정을 다시 한번 생각해보자. 앞서 말한 대로 이 신호가 축삭돌기의 한쪽 끝에서 반대쪽 끝으로 무사히 전달되려면 단백질 트랜지스터에 의해 증폭되어야 하며, 트랜지스터는 축삭돌기의 뉴런 막neuronal membrane을 통해 흐르는 이온으로부터 전력을 공급받는다.

오스트리아 잘츠부르크대학교의 과학자들은 단백질 트랜지스터의 작동 원리를 분석하던 중 이온의 속도가 고전물리학으로 계산된 값보다 훨씬 빠르다는 사실을 발견하고[1] 소량의 에너지로 동일한 작업을 수행할 수 있는 양자적 과정을 제안했다. 기본 아이디어는 이온을 작은 입자가 아닌 양자적 파동함수로 간주하는 것이다. 파동함수의 선단wavefront(파동의 제일 앞부분)이 이온 통로의 전압을 조절하면, 파동의 나머지 몸체는 별다른 방해를 받지 않고 효율적으로 전달될 수 있다. 단, 이 과정에 소요되는 시간은 두뇌 내부에서 양자적 결어긋남이 일어나는 시간과 거의 비슷할 정도로 엄청나게 짧다.

이 가설이 옳다면 우리의 뇌는 전통적인 디지털컴퓨터가 아니라 고전역학과 양자역학이 결합된 '잡음 기반의 하이브리드컴퓨터'인 셈이다. 두 종류의 역학이 섞였다는 게 실질적으로 무슨 의미일까? 양자컴퓨터의 가장 큰 특징은 특정 유형의 계산을 디지털컴퓨터보다 훨씬 빠르게 수행할 수 있다는 점이다. 이것을 양자 우위quantum supremacy라 하는데, 다소 난해하고 쓸모없어 보이는 계산을 통해 이미 실현되었다.[2] 11장에서 나는 양자컴퓨터의 연산 속도가 빠른 이유를 불변 집합 이론으로 간략하게 설명한 바 있다. 양자역학의 법칙이 불변 집합의 기하학을 서술한다면, 이 법칙에 따라 작동하는 양자컴퓨터는 불변 집합의 이웃 궤적에 담긴 정보에 접근할 수 있다. 반면에 고전컴퓨터(디지털컴퓨터)는 고전물리학의 상태 공간에서 단 하나의 궤적에 담긴 정보만 취할 수 있다.

우리 인간의 뇌는 양자컴퓨터만큼 빠르게 연산을 수행할 수 없으므로 당연히 양자컴퓨터가 아니다. 그러나 우리는 불변 집합 근방에 있는 궤적을 미약하게나마 인지할 수 있는 능력을 가지고 있는 것 같다. 사람들은 이것을 흔히 육감sixth sense이라 부르는데, 이 추상적인 개념을 이용하여 인간과 디지털컴퓨터의 차이를 설명할 수 있을지도 모른다. 어디까지나 추측에 불과한 가설이지만 이왕 말이 나온 김에 끝까지 가보자. 육감은 언제, 어떤 경로를 통해 발휘되는 것일까?

인간의 뇌에 양자물리학을 적용한 사람은 내가 처음이 아니다. 펜로즈와 스튜어트 해머로프Stuart Hameroff는 두뇌에서 양자적 인지 작용이 일어나는 곳으로 미세소관microtubules*을 지목했다.[3] 나는 이 분야의 전문가가 아니지만, 아마 맞을 것이다. 앞으로 내가 할 이야기는 펜로즈와 해머로프의 주장과 일치하지 않을 수도 있지만 이들의 아이디어에 기초한 것임을 미리 밝힌다.

* * *

자유의지는 지난 수천 년 동안 철학자들을 무던히도 괴롭혀온 난제 중의 난제다. 12세기 페르시아의 시인 루미 잘랄 아드딘 아르Rūmī Jalāl ad-Dīn ar는 "자유의지 지지자와 숙명론자 사이의 논쟁은 인류가 죽음에서 부활할 때까지 계속될 것"이라고 했다.[4] 숙명론자는 모든 것이 궁극적으로 물리 법칙에 의해 결정된다고 믿는 결정론자로서 나 같은 사람이 여기에 속한다.

자유의지에 관한 논쟁의 핵심은 하나의 질문으로 요약된다. '결정론과 자유의지는 양립할 수 있는가?' 호환론자compatibilist**는 이

* 세포 안에서 세포의 형태를 유지하고 물질을 이동시키는 기관이다.

** 결정론과 자유의지가 호환 가능하다고(양립할 수 있다고) 믿는 사람을 뜻한다.

렇게 생각한다. '당신이 원하는 것을 아무런 방해도, 아무런 제약도 없이 마음대로 할 수 있는 상태를 자유의지라고 정의한다면 자유의지는 결정론과 양립할 수 있다.' 이런 관점에서 보면 자유의지는 논쟁의 대상이 아니다. 몇 가지 사항에 대해(휴가 날짜를 정할 때, 자동차나 집을 고를 때) 나의 의지는 전혀 자유롭지 않다. 나의 재정 상태로 인해 선택의 폭이 크게 줄어들기 때문이다. 또한 나는 물리 법칙을 거스를 자유가 없고, 불편한 상황을 피하기 위해 양팔을 휘저으며 하늘로 날아갈 자유도 없다. 그러나 나는 일요일 아침마다 '나의 자유의지'로 골프를 친다. 무언가가 나를 골프장으로 떠밀어서 어쩔 수 없이 가는 게 아니라는 것을 나는 너무나도 잘 알고 있다.

그러나 비호환론자들은 자유의지를 이런 식으로 설명할 수 없다고 주장한다. 그들에게 자유란 '다른 선택(일)을 할 수 있는 능력'을 의미하기 때문이다. 이런 능력이 있다는 것은 현재 주어진 상태에서 세상이 여러 가지 형태(일요일 아침에 골프를 치는 세상과 망가진 창문을 고치는 세상 등)로 진화할 수 있음을 의미하기 때문에 결정론과 양립할 수 없을 것 같기도 하다.

앞서 말한 대로 복잡한 물리계를 현실적인 수준에서 모형화하려면 잡음을 도입해야 하지만, 불확정성이 자연의 가장 근본적인 단계에 존재한다는 주장에는 별로 믿음이 가지 않는다. 물론 비결정론이 틀렸다는 뜻은 아니다. 과거 한때 나는 비호환론자들의 주장에 영향을 받아 오랫동안 간직해온 결정론적 세계관에 의구심을 품은 적이 있다. 그 주장이란 '결정론은 인간이 도덕적 존재라는 믿음을 약화시킨다'는 것이다. 미국의 철학자 피터 반 인와겐Peter van Inwagen은 이 문제를 다음과 같이 요약했다.[5]

> 결정론이 옳다면 우리가 하는 모든 행동은 머나먼 과거에 적용된 자연의 법칙과 그 결과로 일어난 사건의 결과다. 그러나 나는 내가 태어나기 전에 발생한 사건에 영향을 줄 수 없으며, 과거의 물리 법칙도 '나'라는 존재와 무관하게 적용되었다. 그러므로 모든 일(내가 한 일도 포함된다)의 결과는 내 책임이 아니다.

현실적인 예를 들어보자. 여기 사람을 살해한 범인이 법정에서 판결을 기다리고 있다. 판결문을 낭독하기 전, 판사가 피고에게 마지막 발언을 허용하자 그는 자신에 찬 어조로 말한다. "저에게는 선택의 여지가 없었습니다. 그럴 수밖에 없었다고요. 저의 행위는 빅뱅이 일어나던 순간에 이미 결정되어 있었습니다!" 이 살인범을 풀어줘야 할까?

바로 이 점이 문제다. 우주의 초기 조건에 히틀러의 대량학살이 이미 예약되어 있었으니 그를 용서해야 할까? 호환주의 철학자 대니얼 데닛Danniel Dennett에 따르면[6] 잘못을 저지른 사람이 '지금과 다르게 행동할 수도 있었다'는 이유로 그를 용서할 수는 없으며, 선행을 베푼 사람에게 '그는 악행을 저지를 수도 있었다'는 이유로 칭찬을 아껴서도 안 된다. 데닛은 16세기에 종교개혁을 감행했던 마르틴 루터Martin Luther의 유명한 기도문 "저는 여기에 서 있고, 다른 선택의 여지가 없습니다Here I stand, I can do no other"를 인용하여 자유의지의 뜻이 무엇이든 간에 루터는 자유의지에 따라 행동했기에 그 결과는 온전히 그의 몫이라고 주장했다.

나는 데닛과 같은 호환론자지만 도덕에 기초하여 결정론에 제기된 반론을 마냥 무시할 수도 없다고 생각한다. 도서관에 가면 이 문제에 관한 문헌이 산더미처럼 쌓여 있는데, 그 많은 철학자의 관점을 내가 일일이 평가할 수는 없다. 그래서 혼돈기하학에 기초한 몇 가지 아이디어를 추가하는 것으로 만족하려고 한다.

자유의지를 논할 때 자주 거론되진 않지만 내가 보기에 중요하다고 여겨지는 하나의 질문에서 시작해보자. 사람들은 왜 모든 상황에서 '지금과 다르게 행동할 수도 있었다'고 그토록 강렬하게 느끼는 것일까? 나 역시 매주 일요일 아침 골프를 칠 때마다 이런 생각을 한다. 차를 몰고 집으로 돌아올 때 내 마음은 항상 후회로 가득 차 있다. '내가 왜 그렇게 서둘렀을까? 6번 홀에서 스윙을 좀 더 침착하게 했다면 왼쪽으로 오비를 내지 않았을 텐데….' 그러나 나는 꿋꿋한 결정론자이기에 6번 홀에서 좀 더 침착할 수도 있었다는 상상에 매달리지 않는다. 마치 전력집중 모드로 진입한 나의 두뇌가 "다르게 칠 수도 있었다는 생각은 완전 넌센스다!"라고 외치는 것 같다. 그러나 저전력 모드에서 본능이 발동하면 정반대의 생각이 떠오른다. "맞아, 좀 더 침착했다면 무려 2타나 손해 보지 않았을 거라고!" 대체 내 머릿속에서 무슨 일이 벌어지고 있는 걸까? 내가 아는 한 컴퓨터는 이런 일로 갈팡질팡하지 않는다. 그런데 우리의 사고는 왜 이토록 오락가락하는 것일까?

비결정론으로는 이 문제를 해결할 수 없다. 내가 오비를 낸 것이 물리 법칙의 무작위성 때문이라면 다르게 칠 수도 있었다는 생각이 그토록 강하게 떠오르지 않을 것이다. 아마도 이것은 결정론과 비결정론을 초월한 문제인 것 같다.

좀 더 간단한 설명이 있을지도 모른다. 우리는 이와 비슷한 상황을 과거에 겪었던 기억이 있다. 정말로 그렇다, 언젠가 나는 6번 홀에서 평정심을 유지하여 공을 페어웨이에 안착시킨 적이 있다. 그렇다면 다르게 행동할 수도 있었다는 생각은 단순히 과거의 기억을 떠올린 것에 불과한가? 그럴듯한 설명이지만 이것도 수긍하기 어렵다. 특히 '자신이 하지 않은 선택으로 초래될 가상의 세계'를 굳게 믿는 사람이라면 더욱 납득하기 어려울 것이다. 이런 식으로는 사람들이 자유의지를 철석같이 믿는 이유를 설명할 수 없다.

관점을 조금 바꿔서, 11장에서 말한 대로 '양자적 음양'이 우리의 지각에 영향을 준다고 가정해보자. 특히 불변 집합에서 우리가 '이웃한 반사실적 세상'[7](11장 그림 44-a의 밧줄에서 우리가 속한 현실 가닥과 아주 가까운 다른 가닥의 세상)을 미약하게나마 인식할 수 있다고 가정하자. 이웃한 세상(또는 궤적)은 우리가 지금과 같이 행동하지 않고 다른 식으로 행동했을 때 맞이하는 세상에 해당한다. 이런 세상을 미약하게나마 인식할 수 있다면, 우리의 뇌는 이것을 '지금과 다르게 행동할 수 있었음을 암시한다'고 해석할 것이다. 나는 우리가 이웃한 세상을 미약하게나마 인식하고 있기 때문에(두뇌가 에너지를 효율적으로 관리하려면 양자역학의 법칙을 따라야 한다), **실제로** 다르게 행동할 수 없었음에도 다르게 행동할 수 있었다는 강렬한 믿음을 가지게 된다고 생각한다. 고전적인 디지털컴퓨터에서는 절대로 있을 수 없는 일이다. 나는 양자컴퓨터가 비고전적인 연산을 수행할 때마다 이웃한 세상을 우리보다 훨씬 강렬하게 경험한다고 주장하는 것이다.

물론 이 모든 것에는 필연적인 결과가 따른다. 이웃한 세계를 인식하는 능력이 너무 약하면 불변 집합에 속한 이웃 궤적과 불변 집합에 속하지 않는 가상의 궤적(프랙털 사이의 간격에 존재하는 궤적)을 구별하지 못할 수도 있다. 만일 그렇다면 우리의 뇌는 불변 집합 가설을 만족하든 말든, 모든 가상의 세계에 대하여 다르게 행동할 수도 있었다는 느낌을 가지게 될 것이다. 11장에서 말한 대로, 양자역학의 범주 안에서 펼친 반사실적 논리는 가끔 틀릴 수도 있다. 그러나 우리의 육감은 불변 집합에 속한 이웃 궤적과 그렇지 않은 궤적을 구별할 정도로 예민하지 않다.(장담하긴 어렵지만 아마 그럴 것이다.) 나는 양자역학이 직관에 부합되지 않는 이유가 바로 이것 때문이라고 생각한다. 그러므로 반사실적 인과론[8](반사실적 논리를 자유롭게 구사할 수 있는 세상에 대한 모형)을 다룰 때는 각별한 주의를 기울여야 한다. 이런 이론은 합리적인 **것처럼** 보이지만 사실은 그렇지 않을 수도 있다. 특히 양자물리학에 적용할 때는 더욱 의심스러운 눈으로 바라봐야 한다.

이제 다시 어렵고도 중요한 문제로 되돌아가보자. 결정론적 관점에서 어떻게 해야 도덕 관념을 유지할 수 있을까? 사형 판결을 눈앞에 둔 살인범이 아직도 법정에 서 있다. 그는 조금 전에 본인이 한 행동은 빅뱅 때부터 결정된 것이어서 다른 선택의 여지가 없었다며 선처를 호소했다.

그러자 판사는 잠시 무슨 책을 펼쳐 읽은 후 근엄하게 말했다.

> 빅뱅 때 일어난 사건은 당신이 한 짓과 무관해요. 당신의 모든 행동은 우주적 불변 집합의 기하학에 의해 결정됩니다.

그러나 피고는 포기하지 않는다.

> 좋습니다. 우주의 초기 조건이 내가 사람을 죽이도록 세팅되지 않았다면, 내가 살인을 하도록 부추긴 것은 바로 그 불변 집합이었습니다. 원인이 무엇이든 상관없어요, 결론은 항상 똑같으니까요.

참다못한 판사가 드디어 결정타를 날린다.

> 그건 절대로 같지 않아요! 당신은 불변 집합의 일부이기 때문입니다. 불변 집합의 기하학이 당신의 행동을 결정하듯이 당신의 행동은 불변 집합의 기하학을 결정합니다. 다시 말해서 이 세상이 결정론을 따른다고 하더라도 당신이 한 일에는 도덕적 책임을 져야 한다는 뜻입니다!

피고는 어이가 없다는 듯 멍한 표정을 짓는다. 판사가 한 말은 대체 무슨 뜻일까?

여기에는 반드시 짚고 넘어가야 할 중요한 메시지가 담겨 있다.

1~3장에 걸쳐 논했는데, 고전물리학에서는 계의 변화를 서술하는 역학 법칙(운동방정식)과 초기 조건을 완전히 별개로 취급한다. 빅뱅의 초기 조건은 역학 법칙과 함께 우주의 운명을 결정한 기본 요소다. 그래서 인와겐이 결정론을 논할 때 머나먼 과거의 초기 조건을 언급했던 것이다.

그러나 불변 집합 이론에서 초기 조건과 역학 법칙은 서로 독립적인 관계가 아니라, 프랙털 불변 집합의 기하학적 구조에 영향을 받는다. 그래서 빅뱅의 초기 조건은 불변 집합에 있는 우주의 다른 상태보다 더 근본적이지 않다. 따라서 불변 집합은 시간을 초월하여 존재한다. 특정 시간 우주의 상태에 해당하는 불변 집합의 그 어떤 점도 다른 점보다 근본적이지 않다.

아인슈타인의 일반 상대성 이론을 누구나 이해할 수 있는 언어로 정리한 사람은 미국의 물리학자 존 아치볼드 휠러John Archibald Wheeler였다. 그의 설명에 의하면 "시공간의 기하학적 구조는 물질이 움직이는 방식을 알려주고, 물질은 시공간의 곡률(휘어진 정도)을 알려준다". 불변 집합도 이와 비슷하게 서술할 수 있다. 즉, 불변 집합의 기하학적 구조는 물질이 시간에 따라 변하는 방식을 알려주고, 물질은 불변 집합이 갖춰야 할 형태를 알려준다. 그러나 **우리**는 불변 집합 안에서 시간에 따라 변하는 물질의 일부이며, 우리가 변하는 방식은 부분적으로 우리의 행동을 설명해준다. 그러므로 불변 집합의 기하학은 우리의 행동 방식을 결정하고 우리의 행동은 불변 집합의 기하학적 구조를 결정한다.

이것이 바로 판사가 말했던 이중성의 의미다. "불변 집합이 나를 그렇게 만들었다"는 피고의 주장은 사실이지만 불완전하다. 우리가 불변 집합의 기하학적 구조를 결정한다는 주장도 논쟁의 여지가 있다. 이것은 마치 결정론을 포기하는 선언처럼 들리기도 한다. 그러나 사실 우리가 포기한 것은 결정론이 아니라, 우리의 행동이 근본적으로 컴퓨터와 같다는 관념뿐이다. 2장에서 말한 바와 같이 프랙털 불변 집합은 알고리듬적으로 결정 불가능하기 때문에 계산적인 방법으로 우리의 행동을 모방하려면 확률에 의존하는 수밖에 없다. 이런 의미에서 볼 때 우리는 결코 생각 없는 기계가 아니며 자신의 행동에 도덕적 책임을 져야 한다. 이것은 의식이 있는 마음은 알고리듬이 아니라는 펜로즈의 주장과 일치한다.

그러므로 이 세상이 결정론을 따른다고 하더라도 결정론 자체는 도덕적 면죄부가 될 수 없다.

* * *

인간의 의식도 자유의지 못지않게 난해한 문제다. 의식과 관련된 문헌도 사방에 넘쳐나서 제대로 검토하려면 책 한 권을 새로 써야 한다. 최근에는 통합 정보 이론integrated information theory에 기초하여 의식의 구조를 설명하는 이론까지 등장했다.[9] 이 이론에 의하면 주어진 시스템에 통합된 정보가 많을수록 그 시스템은 더 높은 의식을 가지게 된다. 앞에서 자유의지를 논할 때도 그랬지만 지금 나는 의식 이론에 도전장을 내미는 것이 아니다. 이 분야에 나의 이론을 추가할 여지가 있는지 알아보려는 것이다.

여기서는 의식의 두 가지 측면에 초점을 맞추고자 한다. 하나는 혼돈기하학을 이용하여 의식을 객관적으로 정의하는 방법을 찾는 것이고, 또 하나는 생명이 없는 입자의 집합에서 의식이 출현하는 비결을 원리적으로나마 밝히는 것이다. 이 세상 모든 만물은 입자의 집합일 뿐인데 이런 것들이 모여서 어떻게 모차르트와 셰익스피어, 아인슈타인의 걸작이 만들어지는 것일까? 이것은 많은 사람이 궁금해하는 고난도의 수수께끼다. 플라톤과 데카르트는 우리를 에워싼 세계를 '물리적 세계'와 '정신적 세계'로 나누었다. 그러나 정신적 세계는 과학적으로 연구할 방법이 없기 때문에 물리학자인 나로서는 그들의 이분법을 수용하기 어렵다. 물론 정신적 세계라는 것이 실제로 존재할 수도 있지만, 나는 이 세상 어떤 것도 과학으로 설명할 수 있다고 굳게 믿고 있기에 정신이 존재한다면 어떻게든 과학으로 설명되어야 한다. 입자로부터 창조적 의식이 탄생하는 것이 신기한 현상이라는 점에는 나도 100퍼센트 동감한다. 나의 한 동료 과학자는 이런 질문을 제기한 적이 있다. "내 머릿속에 있는 전자와 양성자는 모차르트가 멘델스존보다(또는 비틀즈가 롤링스톤즈보다) 뛰어난 음악가라는 걸 어떻게 아는 것일까?"

입자에서 의식이 출현하는 과정이 신기하다는 것은 그만큼 믿기 어렵다는 뜻이고, 이런 회의적인 생각에는 과학에 대한 기대보다 방법론적 환원주의('작을수록 근본적인 것'이라는 현대과학의 신조)에 대한 회의적 시각이 반영된 것 같다. 11장에서 말했듯이 방법론적 환원주의는 입자의 본질을 이해하려는 시도에 문제를 제기했다. 즉, 입자를 이해하려면 작은 규모뿐 아니라 가장 규모가 큰 우주의 구조까지 근본적인 요소로 간주해야 한다. 이것이 바로 불변 집합 가설의 핵심이다.

이와 비슷한 유형의 하향식 논리로 의식의 신비를 규명할 수 있을까? 좀 더 구체적으로 생각해보자. '의식이란 무엇인가?'라는 질문보다 '무언가를 의식한다는 것은 무슨 의미인가?'라는 질문이 우리에게 더 유용할 것 같다.

노트북컴퓨터 화면에서 잠시 눈을 떼면 결혼기념일에 우리 아들이 나와 아내에게 선물로 준 선인장이 제일 먼저 시야에 들어온다.(기특한 녀석!) 선인장 화분은 책상 건너편 창틀에 놓여 있고 그 옆에는 작은 시계가 얌전하게 자리 잡고 있다.

다시 컴퓨터 화면으로 눈을 돌려서 다음에 쓸 문장을 생각할 때는 선인장과 시계가 뻔히 눈앞에 있는데도 보이지 않는다. 태양에서 날아온 광자가 선인장에 반사된 후 내 눈에 도달하여 분명히 두뇌까지 전달되었지만, 나는 선인장을 인식하지 못한다. 두뇌에 내장된 '내 세상 모형'의 관점에서 보면, 내가 노트북 화면에 집중하고 있을 때 이 세상은 단순하게 '노트북 화면'과 '서로 구분되지 않는 여러 물체의 총합'으로 재구성된다. 이 모형에서 선인장과 시계는 각기 독립적으로 존재하지 않으며 그 외의 세상도 마찬가지다.

그러나 잠시 타자를 멈추고 영감을 얻기 위해 창밖을 바라보면 그때 비로소 선인장이라는 존재를 의식하게 된다. 이제 내 세상 모형에서 노트북은 말끔하게 사라지고 선인장과 시계, 나머지 세상이 제일 좋은 자리를 차지한다.

내 머릿속에서 대체 무슨 일이 일어나고 있는 것일까? 선인장과 시계, 나머지 세상은 내가 인식할 때만 독립적으로 존재하는 것 같다. 그 의미를 좀 더 분명하게 이해하기 위해 선인장과 시계를 '선인장-시계'라는 상태 공간에 존재하는 두 개의 객체로 간주해 보자. 내가 선인장을 시계와 독립적인 존재로 인식한다는 것은 선인장-시계 상태 공간에서 선인장의 위치를 시계와 무관하게 마음대로 바꿀 수 있다는 뜻이다. 실제로 나는 (아주 가끔이지만) 창틀을 닦을 때 선인장과 시계의 상대적 위치를 바꿀 수도 있다. 선인장이 시계와 독립적으로 존재한다는 느낌은 창틀을 닦을 때 선인장과 시계의 상대적 위치를 바꿨던 기억에서 비롯되었을지도 모른다.

물론 다른 식의 설명도 가능하다. 나에게 자유의지라는 본능적인 느낌을 부여한 육감이 선인장을 독립 개체로 인식하도록 만들었을 수도 있다. 우리가 자유의지를 본능적으로 느끼는 이유는 불변 집합에서 우리의 진화 궤적에 가까운 이웃 궤적을 미약하게나마 인식하기 때문이다. 이웃한 궤적에는 '지금과 다른 행동을 하는' 내가 존재하고 있다. 이와 비슷하게 불변 집합의 이웃한 궤적에서 선인장과 시계의 상대적 위치는 지금 내 눈앞에 보이는 위치와 다를 수도 있다. 이웃한 궤적들 사이에서 상대적 위치의 차이가 아주 작다고 하더라도 선인장과 시계가 서로에 대해, 그리고 외부세계에 대해 독립적인 존재라는 것을 인식하기에는 충분하다. 여기서도 불변 집합의 현실과 반사실적 세계, 즉 음과 양이 핵심적 역할을 한다.

문득 스마트폰의 연속촬영 기능이 생각난다. 정지 사진을 찍을 때 짧은 시간 동안 여러 장의 사진을 연속적으로 찍은 기능이다. 연속촬영 후 화면에 사진을 띄우면 특정 순간의 피사체와 함께 직전과 직후의 모습을 볼 수 있고, 이들을 하나로 이으면 동영상이 된다. 물론 동영상의 길이는 1초가 채 되지 않지만 피사체의 움직임이 생생하게 살아 있다. 한 장의 정지 사진으로는 표현할 수 없는 일종의 증강 현실augmented reality인 셈이다.

사물을 인식한다는 것은 그 사물이 나머지 세상과 독립적으로 존재한다는 것을 지각한다는 뜻이다. 나는 이 지각 행위 자체가 다음 두 가지 주장의 결과라고 생각한다. 첫 번째, 두뇌는 에너지를 효율적으로 관리하기 위해 양자역학의 법칙을 사용한다. 두 번째, 양자역학의 법칙은 가장 근본적인 단계에서 우주적 불변 집합의 기하학적 구조를 설명한다. 그리고 우리는 무언가의 존재를 인식함으로써 단순한 기억으로는 느낄 수 없는 증강된 현실감을 느낀다.

이 점을 염두에 두고 인간과 AI의 다른 점을 생각해보자. 12장에서는 둘 사이의 결정적 차이가 두뇌의 잡음이라고 결론지었다. 이것이 전부인가? 펜로즈의 주장대로 무언가를 이해하려면 의식이 반드시 있어야 하는가? 단언하긴 어렵지만 만일 이것이 사실이라면 전력집중 모드와 저전력 모드의 시너지 효과와 함께 양자컴퓨터와 고전컴퓨터의 전산 처리 시너지 효과까지 고려해야 창의적인 AI를 만들 수 있다.

그렇다면 진정한 지능을 갖춘 기계가 완성될 때까지는 아직도 머나먼 길을 가야 한다. 인공지능 전문가들은 기계가 사람을 능가하는 시점을 특이점singularity이라고 부르는데, 일부 평론가들은 특이점이 몇 년 안에 찾아올 것처럼 호들갑을 떨고 있다. 내가 보기에는 수십 년에서 수백 년은 족히 기다려야 할 것 같다. 창의적인 두뇌가 당장 필요한 곳에는 사람을 투입하면 된다.

* * *

이 책을 마무리하기 전에 과학자들 사이에서 금기시되고 있는 주제에 대해 약간의 의견을 추가하고자 한다. 지금까지 다뤄온 불확실성과 혼돈기하학을 영성spirituality과 종교에 적용해보자는 것이다.

물리 법칙은 마음이라곤 눈곱만큼도 찾아볼 수 없는 수학적 방정식으로 표현되고, 우주는 방대한 무생물체처럼 보인다. 그래서 '인간은 단순한 입자의 집합체를 뛰어넘는 존재'라는 생각을 떨치기 어렵다. 입자가 모여서 인간이 된다면, 인간은 수학으로 표현되는 무생물체와 동격이 되기 때문이다. 누군가가 슈뢰딩거방정식에서 인간이라는 존재를 유도해낸다면(즉 인간이 슈뢰딩거방정식에서 탄생한 결과물임을 입증한다면) 영성은 단지 삶의 도전에 대처하기 위한 버팀목일 뿐이고 슈뢰딩거방정식보다 깊은 근원은 존재하지 않는다는 것을 인정해야 한다. 그러나 과학은 이런 것을 증명할 수 없다. 적어도 당분간은 그럴 것이다.

영성을 확장하면 세상을 창조하고 돌보는 최고의 영적 존재, 즉 '신'이라는 개념에 도달하게 된다. 사람들이 신을 믿고 의지하는 이유는 자신의 삶에서 특별한 목적을 추구하기 때문이다. 인간이라는 존재가 평균 수명 70~80년짜리 열역학적 요동의 산물일 뿐이라면 삶 자체가 무의미해진다. 암흑에너지를 고정된 값으로 간주한 현대우주론에 의하면 인간은 우주 초기에 아주 잠시 존재했다가 금방 사라지는 조연 중의 조연이다. 그 후에는 아무런 일도 일어나지 않는다. 세월이 흐르면 우주는 결국 텅 빈 공간만 남게 된다. 그런 황량한 곳에서 과거 한때 경이로웠던 지구의 자연과 아인슈타인의 이론, 셰익스피어의 위대한 문학 작품, 베토벤과 비틀즈가 남긴 불후의 명곡들은 완전한 무로 사라진다. 누군가가 나에게 "아니, 이게 진정 우주의 미래란 말입니까?"라고 묻는다면, 나는 냉철한 과학자로서 어깨를 으쓱하며 인정할 수밖에 없다. "우주 모형 시뮬레이션에서 그렇게 나왔다면 그게 맞겠지요." 하지만 아무리 좋게 생각하려 해도 지나치게 암울한 시나리오다. 이것이 사실이라면 무언가를 이루려고 애쓸 필요가 어디 있는가? 출산의 고통을 감내하면서 아이를 낳을 이유가 어디 있으며, 소파에 누워 쉬지 않고 굳이 나처럼 글을 쓸 필요가 어디 있겠는가? 그런데도 인류는 삶의 이유와 목적을 찾기 위해 필사적으로 노력해왔다. 무의미한 삶을 액면 그대로 받아들이는 것보다 거짓된 환상이라도 삶에 의미를 부여해야 살아갈 의욕이 생기기 때문이다.

죽은 후에도 신과 함께 영생을 누린다는 아이디어는 다소 위로가 되지만, 완전한 행복 속에서 무한대의 시간을 보낸다고 생각하면 너무 지루하지 않을까 걱정되기도 한다.(무한히 긴 세월 동안 골프를 치면 게임이 지루해지기 전에 플레이어의 총점이 20언더파를 기록하는 날도 많을 것이다.) 그러나 이런 부작용을 제쳐두면 사후세계라는 개념은 나보다 먼저 세상을 떠난 사랑하는 사람들과 재회할 수 있다는 점에서 특별히 매력적이다.

사실 이런 생각은 지나치게 순진하고 의인화되어 있어서(예를 들어 사람들에게 신을 그려보라고 하면 거의 예외 없이 긴 수염을 늘어뜨린 백발노인을 그린다) 과학자들의 조롱을 사기 쉽다. 그러나 과학자들이 떠받드는 물리적 현실 세계에도 난해한 불확실성이 존재하고 있다. 이 책에서 줄곧 다뤄온 내용이다. 과학 이론이 불확실성으로 가득 차 있는데 과학자들은 왜 종교와 영성에 관한 견해를 귀담아듣지 않는 것일까?

과학자는 자신이 믿는 이론을 뒷받침하기 위해 증거를 제시하고 증거가 바뀌면 미련 없이 그 믿음을 수정한다. 반면에 종교에서는 설득력 있는 증거를 제시하지 않은 채 믿음을 요구한다. 이런 점에서 보면 과학과 종교는 양립할 수 없을 것 같지만 현실은 그렇게 간단하지 않다. 과학자든 직장인이든 자영업자든 무직자든 간에 자신의 삶에서 의미를 찾기는 마찬가지다. 우리는 언젠가 죽음을 맞이하게 될 우주의 무작위 요동에 불과한가? 아니면 우리의 삶에 심오한 목적이 존재하는가? 인간이라는 집단은 언젠가 우주의 역사에서 중요한 역할을 하게 될 것인가? 과학으로는 알 수 없는 문제이기에 사람들은 다른 곳에서 답을 찾는다. 그렇다면 혹시 혼돈기하학이 이 문제에 새로운 통찰을 제공할 수도 있지 않을까? 잘하면 과학과 종교(영성) 사이의 균열을 메우는 데 일말의 도움이 될지도 모른다.

우주적 불변 집합 모형에 사후세계가 존재한다고 생각해보자. '이 세계에 사는 우리'와 '한때 우리가 사랑했지만 지금은 사후세계로 옮겨간 사람들'은 다음 세대 우주의 상태 공간에서 재회하여 지금과 비슷한 궤적에 놓일 수도 있다. 물론 완전히 같지는 않을 것이다. 우리는 이번 생에 범했던 실수를 피할 수 있고 이번 생에 거뒀던 커다란 성공을 망칠 수도 있다. 다음 생은 지금보다 나을 수도 있고 더 나쁠 수도 있다. 누가 알겠는가? 갑자기 다음 생애가 흥미롭게 느껴지면서 막연한 기대감이 솟아오른다.(완벽한 행복 속에서 영원히 사는 것보다 흥미롭다. 그렇지 않은가?) 우주적 불변 집합의 궤적 수에는 제한이 없으므로 우주의 각 세대마다 이와 같은 사후세계가 존재할 것이다.

나는 어린 시절부터 성당에 가라는 가족의 권유를 거부해온 사람으로서[10], 형이상학적인 생각에 빠질 때마다 우주적 불변 집합을 종교의 대안으로 떠올리는 경향이 있다. 각 집합에 속한 점들은 과거 한때 존재했던 것과 지금 존재하는 것, 미래에 존재하게 될 것, 과거에 존재할 수도 있었던 것 지금 존재할 수도 있는 것, 미래에 존재하게 될 수도 있는 것 등이 있다. 이 집합은 그야말로 모든 가능한 것들의 집합체이자 전지적 구조체인 것이다. 우리는 알고리듬의 결정 불가능성이라는 제약 때문에 무엇이 현실인지 구별할 수 없지만, 이 점들은 우주의 상태 공간에서 어떤 상태가 물리적 현실이고 어떤 상태가 현실이 아닌지 정확하게 알고 있다. 또한 불변 집합은 시간을 초월한 존재로서 시간의 제한을 받지 않는다.[11] 그렇다면 불변 집합은 우리의 기도를 들을 수 있을까? 우리의 희망과 소원, 이런 것들을 담은 기도는 이 장의 앞부분에서 논했던 자기 참조적 과정, 즉 우리에게 도덕적 책임을 부과하는 과정의 일부이므로 어떤 면에서 보면 답은 '그렇다'이다.

2장 그림 6에 제시된 로렌즈 끌개는 아무리 봐도 나비를 닮았다. 그러나 로렌즈는 끌개를 먼저 분석하다가 나비효과를 발견했으므로 둘이 닮은 것은 순전히 우연이다. 만일 우리가 우주적 불변 집합 전체의 프랙털기하학을 그림으로 표현할 수 있다면 과연 어떤 모습일까?(나는 할 수 없고, 앞으로 그 누구도 할 수 없다. 불변 집합은 알고리듬적으로 결정 불가능하기 때문이다.) 그것은 다차원 객체라서 우리가 관심을 가지는 상태 공간의 차원에 따라 다양한 형태로 나타날 것이다.

혹시 신이 가진 무한히 많은 여러 개의 얼굴 중 하나가 아닐까?

흥미로운 생각이다. 깊이 빠져들고 싶지는 않지만.

감사의 글

이 책의 핵심 개념인 앙상블 기후예측 시스템은 처음에 기상청에서 개발한 후 유럽중기예보센터 과학자들의 헌신적인 노력 덕분에 지금과 같은 성능을 발휘하게 되었다. 제일 먼저 이들의 노고에 깊은 존경과 감사를 표한다.

그리고 데이브 앤더슨Dave Anderson, 잔 바크메이저Jan Barkmeijer, 로베르토 부이자Roberto Buizza, 필립 채플릿Philippe Chapelet, 프란시스코 도블라스 레예스Francisco Doblas-Reyes, 데니스 하트만Dennis Hartmann, 리네이트 하게돈Renate Hagedorn, 마틴 루트베처Martin Leutbecher, 장 프랑수아 마포프Jean-Francois Mahfouf, 더그 맨스필드Doug Mansfield, 마틴 밀러Martin Miller, 프랑코 몰테니Franco Molteni, 로버트 뮐Robert Mureau, 제임스 머피James Murphy, 토머스 페트롤리아지스Thomas Petroliagis, 카말 퓨리Kamal Puri, 데이비드 리처드슨David Richardson, 글렌 셔츠, 팀 스턱데일Tim Stockdale, 스테파노 티발디Stefano Tibaldi, 조 트리비아Joe

Tribbia, 안체 바이스하이머Antje Weisheimer에게 깊이 감사드린다.

대기 예측과 관련하여 물리학에 기반한 모형의 중요성을 깨닫게 해준 조지메이슨대학교의 자가디시 슈클라에게도 감사의 말을 전한다. 나는 그의 연구에 깊은 감명을 받고 앙상블 예측법을 연구하기 시작했다.

또한 개발도상국의 재해 대비에 확률적 앙상블 예측의 응용 가능성을 보여준 조지아공과대학교의 피터 웹스터에게도 깊이 감사드린다. 그는 행동 예측 프로그램의 선구자로서, 그의 연구 덕분에 전 세계 인도주의단체의 구호지침이 크게 개선되었다.

나는 과학에 투신한 후로 훌륭한 과학자들에게 정말 많은 것을 배웠다. 브리스톨대학교의 학부과정에서 나를 지도해준 마이클 베리와 브라이언 폴란드Brian Polland, 루스 윌리엄스Ruth Williams 교수께 감사드리며, 옥스퍼드대학교의 대학원 과정에서 논문을 지도해준 데니스 시아마와 논문 심사를 맡아준 로저 펜로즈에게도 깊은 존경과 함께 감사의 말을 전한다. 시아마는 학생들에게 영감을 불어넣는 탁월한 강의로 정평이 나 있어서 그의 강의가 끝나면 항상 좋은 기분으로 강의실을 나오곤 했다. 2020년에 노벨상 수상자 명단에 이름을 올린 펜로즈는 학생을 지도하는 스타일이 시아마와 사뭇 다르다. 어느 날, 펜로즈의 연구실에서 열린 소규모 토론회에 참석했다가 코페르니쿠스의 원리*가 위배되는 듯한 느낌

* 우주에 대해 많이 알수록 지구가 우주의 중심에서 변방으로 점차 밀려난다는 원리다.

을 받았다. 그날 나는 분명히 우주의 중심에 서 있었기 때문이다. 시아마와 펜로즈는 고정관념에 얽매이지 말고, 기하학적 그림과 단순한 모형을 기반으로 생각하고, 복잡한 수학에 겁먹지 말라고 강조했다. 이들의 조언은 나의 삶 전반에 걸쳐 커다란 도움이 되었다.

박사과정을 마친 후 과감하게 전공을 바꿨을 때, 지구물리학과 유체역학에 대해 많은 가르침을 주었던 레이먼드 하이드도 잊을 수 없다. 이 지면을 빌어 심심한 감사를 표한다.

전공을 바꾼 후, 나는 운 좋게도 기상학 분야의 최고 과학자들과 함께 일할 수 있었다. 워싱턴대학교의 짐 홀튼Jim Holton과 케임브리지대학교의 마이클 매킨타이어, 그리고 매사추세츠공과대학의 에드워드 로렌즈가 바로 그들이다. 로렌즈는 낯을 많이 가리고 말수가 적은 편이었지만 강단에 서기만 하면 최고의 연사로 돌변했다. 그의 스승이 폴 디랙Paul Dirac이었으니 과묵한 스타일도 디랙에게 전염된 것이 아닐까 짐작된다. 로렌즈는 펜로즈처럼 뼛속 깊은 곳까지 기하학자였다. 간단한 그림을 가지고 놀다가 마침내 혼돈기하학을 발견하여 최고의 과학자 반열에 오른 그는, 내가 앙상블 예보 시스템을 개발할 때 주변 사람들의 회의적인 반응에도 불구하고 물심양면으로 나를 도와주었다. 당시에는 까맣게 몰랐지만 로렌즈와 그토록 활발하게 교류할 수 있었던 것은 일생일대의 행운이었다.

나에게 혼돈 이론의 핵심을 전수해준 로버트 메이는 그의 전임자인 시아마와 하이드처럼 무한한 열정의 소유자였고 이 분야의 최고 대가 중 한 사람이었다. 나는 그를 통해 영란은행 총재 머빈 킹Mervyn King 같은 경제계 인사를 만날 수 있었는데, 이 분야에 처음 몸담았을 때만 해도 상상조차 할 수 없는 일이었다. 또한 나는 메이가 영국 왕립학회 회장이었던 2003년에 그곳의 회원으로 선출되었다. 그때 신입 회원을 환영하는 특별 연회에서 메이 부부의 바로 옆자리에 앉은 것은 내 인생 최고의 순간이었다. 그날을 생각하면 지금도 온몸에 소름이 돋는다. 메이가 나에게 베풀어준 모든 친절과 배려에 마음속 깊이 감사하는 마음을 전한다.

왕립학회에는 특별한 감사를 전하고 싶다. 지난 2010년에 왕립학회에서 설립 350주년을 기념하여 수여하는 연구교수상을 받은 덕분에 이 책의 근간이 된 학제 간 연구를 수행할 수 있었다. 나는 이 상이야말로 '돈을 받고 아무 일이나 원하는 대로 해도 되는' 유일한 상이라고 생각한다. 물론 마음만 먹으면 다른 짓도 얼마든지 할 수 있었지만 운 좋게도 나에게는 이 책에서 다룬 다양한 주제를 연구할 기회가 찾아왔다. 이런 기회를 마련해준 왕립학회에 다시 한번 심심한 감사를 전한다. 나는 연구 지원 기금이 '너무 무겁지 않고 개방적인 연구'에 더 많이 집중되기를 바란다. 이것은 억만장자가 재산을 사회에 환원하는 매우 바람직한 방법이자 지원비 대비 수확량, 즉 '가성비'가 엄청나게 좋은 투자이기도 하다.

세계 최고의 물리철학자인 하비 브라운Harvey Brown과 제레미 버터필드Jeremy Butterfield에게도 감사를 전한다. 두 사람은 나를 그들의 일원으로 반갑게 맞이해줬을 뿐 아니라 벨의 부등식과 관련된 정보를 제공해주었다. 또한 옥스퍼드대학교의 물리철학 세미나를 들은 덕분에 나의 본업인 기상학 연구를 계속하면서 집필에 필요한 물리학 관련 지식을 빠르게 익힐 수 있었다.

부정확컴퓨터imprecise computer 분야의 개척자이자 나에게 저에너지 잡음 트랜지스터에 대해 많은 가르침을 베풀어준 라이스대학교의 크리쉬나 팔렘Krishna Palem에게도 감사의 말을 전한다.

이 책은 많은 사람의 조언과 수정을 거쳐 완성되었다. 특히 집필하는 동안 물심양면으로 나를 도와준 하비 브라운, 마사 버클리Martha Buckley, 마크 케인, 피터 코브니Peter Coveney, 클라라 데서Clara Deser, 조시 도링턴Josh Dorrington, 시만트 듀브, 케리 에마뉴엘Kerry Emanuel, 도인 파머, 찰스 고드프레이Charles Godfray, 웨이시 궈, 데니스 하트만, 자비네 호젠펠더, 살레 코헨Saleh Kouhen, 존 크레브스John Krebs, 베아트리즈 몽주산츠Beatriz Monge-Sanz, 제바스티안 폴드나, 후안 사부코, 크리스토퍼 D. 쇼, 자가디시 슈클라, 니컬러스 스턴, 비요른 스티븐스Bjorn Stevens, 닉 트레페덴Nick Trefethen, 조 트리비아, 피터 웹스터에게 감사하다.

또한 포괄적인 논평으로 책의 완성도를 높여준 옥스퍼드대학교출판부의 편집자 라사 메넌Latha Menon, 베이직북스 출판사의 에릭 헤니Eric Henny, 에밀리 앤드루카이티스Emily Andrukaitis, 토머스 켈러허Thomas Kelleher에게도 깊은 감사를 표한다. 이들의 헌신에도 불구하고 이 책에 남은 오류는 전적으로 나의 잘못임을 밝혀둔다.

나의 아들 브렌던은 이 책에 실린 그림 중 상당수를 직접 그려주었다. 나의 제자 조시 도링턴과 밀란 클루어Milan Klouwer는 혼돈, 난기류 등을 나타낸 1~3장의 도표를 제공해주었다. 또 나의 연구 동료 마틴 루트베처와 페르난도 플레이츠Fernando Prates, 시한 사힌Cihan Sahin은 5장의 앙상블 일기예보 데이터를 제공해주었다. 8장의 팬차트는 영란은행의 폴 로위Paul Lowe와 알렉스 라탄Alex Rattan으로부터 제공받았다. 이들 모두에게 깊이 감사의 인사를 전한다.

마지막으로 가족들의 도움을 빼놓을 수 없다. 내가 서재에 몇 시간, 사실은 몇 달 동안 처박혀 있어도 아무런 불평 없이 곁을 지켜준 아내 길과 각자 자신의 영역에서 열심히 일하고 있는 아들 샘, 그레그, 브렌던 그리고 책을 쓰는 동안 무한 격려와 응원을 보내준 나의 형제자매 존과 로잘린에게 뒤늦은 감사의 말을 전한다.

참고문헌

가이 클랙스턴, 안인희 옮김, 《거북이 마음이다》, 황금거북, 2014.
대니얼 카너먼, 이창신 옮김, 《생각에 관한 생각》, 김영사, 2018.
로저 펜로즈, 박승수 옮김, 《황제의 새마음》, 이화여자대학교출판문화원, 2022.
로저 펜로즈, 박병철 옮김, 《실체에 이르는 길》, 승산, 2010.
로저 펜로즈, 이종필 옮김, 《시간의 순환》, 승산, 2015.
로저 펜로즈 · 스티븐 호킹 · 에브너 시모니 · 낸시 카트라이트, 최경희 · 김성원 옮김, 《우주 양자 마음》, 사이언스북스, 2002.
브누아 망델브로 · 리처드 허드슨, 이진원 옮김, 《프랙털 이론과 금융시장》, 열린책들, 2010.
사이먼 싱, 박병철 옮김, 《페르마의 마지막 정리》, 영림카디널, 2022.
자비네 호젠펠더, 배지은 옮김, 《수학의 함정》, 해나무, 2020.
에드워드 로렌즈, 박배식 옮김, 《카오스의 본질》, 파라북스, 2006.
에릭 콘웨이 · 나오미 오레스케스, 유강은 옮김, 《의혹을 팝니다》, 미지북스, 2012.
제임스 글릭, 박래선 옮김, 《카오스》, 동아시아, 2013.
제임스 글릭, 양병찬 · 김민수 옮김, 《파인먼 평전》, 동아시아, 2023.
제임스 러브록, 이한음 옮김, 《가이아의 복수》, 세종, 2008.

Abraham, Ralph H. and Christopher D. Shaw, *Dynamics: The geometry of behavior: Part 2: Chaotic behavior* (Santa Cruz: Aerial Press, 1983).

Aspect, A., P. Grangier and G. Roger, "Experimental tests of realistic local theories via Bell's theorem", *Physical Review Letters*, 47(7) (1981): 460~463.

Barabási, A. L., *Network science*, (Cambridge: Cambridge University Press, 2016).

Barbour, J., *The Janus point: A new theory of time* (New York: Basic Books, 2020).

Barnsley, M. F., *Superfractals* (Cambridge: Cambridge University Press, 2006).

Becker, A., *What is real?* (New York: Basic Books, 2018).

Bell, J. S., "On the Einstein~Rosen paradox", *Physics*, vol.1, no,3 (1964): 195~200.

Bell, J. S., *Speakable and unspeakable in quantum mechanics* (Cambridge: Cambridge University Press, 1987).

Blum, L., F. Cucker, M. Shub and S. Smale, *Complexity and real computation* (Berlin: Springer, 1998).

Bohm, D. and B. J. Hiley, *The undivided universe* (London: Routledge, 1993).

Bookstaber, R., *The end of theory* (Princeton, NJ: Princeton University Press, 2017).

Cane, M., S. E. Zebiak and S. C. Dolan, "Experimental forecasts of El Niño", *Nature*, 321 (1986): 827~832.

Catani, L., M. Leifer, S. Schmid and R. W. Spekkens, "Why interference phenomena do not capture the essence of quantum theory", arXiv, 2111.13727 (2021).

Clauser, J. F. and M. A. Horne, "Experimental consequences of objective local theories", *Physical Review D*, 10(2) (1974): 526~535.

Clauser, J. F., M. A. Horne, A. Shimony and R. A. Holt, "Proposed experiments to test local hidden-variable theories", *Physical Review*

Letters, 23(15) (1969): 880~884.

Cleese, J., *Creativity: A short and cheerful guide* (New York: Crown, 2020).

Colin, J., R. Mohayaee, M. Rameez and S. Sarkar, "Evidence for anisotropy of cosmic acceleration", *Astronomy and Astrophysics*, 631, L13 (2019).

Committee on Climate Change, "The sixth carbon budget methodology report", Climate Change Committee, 2021, www.theccc.org.uk/wp-content/uploads/2020/12/The-Sixth-Carbon-Budget-Methodology-Report.pdf.

Dennett, D., "I could not have done otherwise so what?", in *Free will*, ed. R. Kane (New Jersey: Blackwell, 2002).

Dube. S., "Undecidable problems in fractal geometry", *Complex Systems*, 7 (1993): 423~444.

Edeling, W., H. Arabnejad, R. C. Sinclair, D. Suleimenova, K. Gopalakrishnan, B. Bosak, D. Groen, I. Mahmood, Q. Hashmi, D. Crommelin and P. V. Coveney, "The impact of uncertainty on predictions of the CovidSim epidemiological code", *Nature Computational Science*, 1 (2021): 128~135.

Epstein, E. S., "Stochastic-dynamic prediction", *Tellus*, 21 (1969): 739~759.

Faisal, A., L. P. J. Selen and D. M. Wolpert, "Noise in the nervous system", *Nature Reviews Neuroscience*, 9 (2008): 292~303.

Feynman, R., *The pleasure of finding things out: The best short works of Richard P. Feynman* (New York: Basic Books, 2005).

Gabaix, X., D. Laibson, "The seven properties of good models", in *The foundations of positive and normative economics*, ed. A. Caplin and A. Schotter (Oxford: Oxford University Press, 2008).

Gill, A., M. Lalith, S. Poledna, M. Hori, K. Fujita and T. Ichimura, 2021: "High-performance computing implementations of agent-based economic models for realizing 1:1 scale simulations of large economies", *IEEE Transactions on Parallel and Distributed Systems*,

32(8) (2021): 2101~2114.

Haldane, A. G. and A. E. Turrell, "An interdisciplinary model for macroeconomics", *Oxford Review of Economic Policy*, 34(1~2), (2018): 219~251.

Hance, J. R, T. N. Palmer and J. Rarity, "Experimental tests of invariant set theory", arXiv, 2102.07795 (2021).

Hausfather, Z., H. F. Drake, T. Abbott and G. A. Schmidt, "Evaluating the performance of past climate model projections", *Geophysical Research Letters*, 47(1) (2020): e2019GL085378.

Herrmann, H. A. and J.-M. Schwartz, "Why COVID-19 models should incorporate the network of social interactions", *Physical Biology*, vol.17, no.6 (2020): 065008.

Horel, J. D. and J. M. Wallace, "Planetary scale phenomena associated with the Southern Oscillation", *Monthly Weather Review*, 109(4) (1981): 813~829.

Hossenfelder, S. and T. N. Palmer, "Rethinking superdeterminism", *Frontiers in Physics*, vol.8, no.139 (2020).

Isham, C. J., R. Penrose and D. W. Sciama, *Quantum gravity: An Oxford symposium* (Oxford: Clarendon Press, 1975).

Kane, R., "Introduction", in *Free will*, ed. R. Kane (New Jersey: Blackwell, 2002).

Kay, J. and M. King, *Radical uncertainty: Decision making for an uncertain future* (London: W. W. Norton and Co. Ltd., 2020).

Krebs, J., M. Hassell and C. Godfray, "Lord Robert May of Oxford OM", *Biographical Memoirs of Fellows of the Royal Society*, 71 (2021): 375~398.

Kwasniok, F., "Enhanced regime predictability in atmospheric low-order models due to stochastic forcing", *Philosophical Transactions of the Royal Society A*, 372(2018) (2014).

Liewald, D., R. Miller, N. Logothetis, H.-J. Wagner and A. Schüz, "Distribution of axon diameters in cortical white matter: An electron microscopic study on three human brains and a macaque" *Biological Cybernetics*, 108, (2014): 541~557.

Lorenz, E. N., "Deterministic non-periodic flow", *Journal of Atmospheric Science*, 20(2) (1963): 130~141.

Lorenz, E. N., "The predictability of a flow which possesses many scales of motion", *Tellus*, 21(3) (1969): 290~307.

Lynch, P. and X.-Y. Huang, "Initialization of the HIRLAM model using a digital filter", *Monthly Weather Review*, 120(6) (1992): 1019~1034.

Manabe, S. and R. T. Wetherald, "The Effects of Doubling the CO2 Concentration on the climate of a General Circulation Model", *Journal of Atmospheric Sciences*, 32(1) (1975): 3~15.

May, R. M., "Simplified mathematical models with very complicated dynamics", *Nature*, 261 (1976): 451~467.

Murphy, J. M. and T. N. Palmer, "Experimental monthly long-range forecasts for the United Kingdom: part II, a real-time long-range forecast by an ensemble of numerical integrations", *Meteorological Magazine*, 115(1372) (1986): 337~349.

Palem, K., "Inexactness and a future of computing", *Philosophical Transactions of the Royal Society A*, 372(2018) (2014).

Palmer, T. N., "Covariant conservation equations and their relation to the energy-momentum concept in general relativity theory", *Physical Review D*, 18(12) (1978a): 4399~4407.

Palmer, T. N., "Conservation equations and the gravitational symplectic form", *Journal of Mathematical Physics*, 19(11) (1978b): 2324~2331.

Palmer, T. N., "A local deterministic model of quantum spin measurement", *Proceedings of the Royal Society A*, 451(1943) (1995): 585~608.

Palmer, T. N., "The invariant set postulate: A new geometric framework for the foundations of quantum theory and the role played by gravity", *Proceedings of the Royal Society A*, 465(2110) (2009): 3165~3185.

Palmer, T. N., "Modelling: Build imprecise supercomputers", *Nature*,

526(7571) (2015): 32~33.
Palmer, T. N., "A gravitational theory of the quantum". arXiv, 1709.00329 (2017).
Palmer, T. N., "Stochastic weather and climate models", *Nature Reviews Physics*, 1 (2019): 463~471.
Palmer, T. N., "Resilience in the developing world benefits everyone", *Nature Climate Change*, 10 (2020a): 794~795.
Palmer, T. N., "Discretisation of the Bloch sphere, fractal invariant sets and Bell's theorem", *Proceedings of the Royal Society A*, 476(2236) (2020b).
Palmer, T. N., "Bell's theorem, non~computability and conformal cyclic cosmology: A top-down approach to quantum gravity", *AVS Quantum Science*, 3(4) (2021): 040801.
Palmer, T. N., "Discretised Hilbert space and superdeterminism", arXiv, 2204.05763 (2022).
Palmer, T. N., A. Alessandri, U. Andersen, P. Cantelaube, M. Davey, P. Délécluse, M. Déqué, E. Díez, F. J. Doblas-Reyes, H. Feddersen, R. Graham, S. Gualdi, J.-F. Guérémy, R. Hagedorn, M. Hoshen, N. Keenlyside, M. Latif, A. Lazar, E. Maisonnave, V. Marletto, A. P. Morse, B. Orfila, P. Rogel, J.-M. Terres and M. C. Thomson, "Development of a European multimodel ensemble system for seasonal-to-interannual prediction (DEMETER)", *Bulletin of the American Meteorological Society*, 85(6) (2004): 853~872.
Palmer, T. N., A. Döring and G. Seregin, "The real butterfly effect", *Nonlinearity*, 27(9) (2014): R123.
Palmer, T. N. and M. O'Shea, "Solving difficult problems creatively: A role for energy optimised deterministic/stochastic hybrid computing", *Frontiers in Computational Neuroscience*, 9 (2015): 124.
Palmer, T. N. and B. Stevens, "The scientific challenge of understanding and estimating climate change", *Proceedings of the National Academy of Science*, 116(49) (2019): 24390~24395.

Paltridge, G. W., "The steady-state format of global climate", *Quarterly Journal of the Royal Meteorological Society*, 104(442) (1978): 927~945.

Paxton, E. A., M. Chantry, M. Klöwer, L. Saffin and T. Palmer, "Climate modelling in low precision: Effects of both deterministic and stochastic rounding", *Journal of Climate*, 35(4) (2022): 1215~1229.

Pearl, J., *Causality* (Cambridge: Cambridge University Press, 2009).

Poincaré, H., *The foundations of science: Science and hypothesis, the value of science, science and method* (Lancaster, Pa: The Science Press, 1946).

Poledna, S., M. G. Miess and C. H. Hommes, "Economic forecasting with an agent-based model", SSRN, 2020, https://ssrn.com/abstract=3484768.

Rae, A., *Quantum physics: Illusion or reality?* (Cambridge: Cambridge University Press, 1986).

Rauch, D., J. Handsteiner, A. Hochrainer et al., "Cosmic Bell test using random measurement settings from high-redshift quasars", *Physical Review Letters*, 121(8) (2018): 080403.

Roe, G. H. and M. B. Baker, "Why is climate sensitivity so unpredictable?", *Science*, 318(5850) (2007): 629~632.

Rolls, E. T. and G. Deco, *The noisy brain* (Oxford: Oxford University Press, 2010).

Rössler, O. E., "An equation for continuous chaos", *Physics Letters A*, 57(5) (1976): 397~398.

Shepherd, T. G., E. Boyd, R. A. Calel et al., "Storylines: An alternative approach to representing uncertainty in physical aspects of climate change", *Climatic Change*, 151(3) (2018): 555~571.

Shukla, J., "Dynamical predictability of monthly means", *Journal of the Atmospheric Sciences*, 38(12) (1981): 2547~2572.

Steinhardt, P. J. and N. Turok, *The endless universe* (New York: Doubleday, 2007).

Stern, N., *Why are we waiting?* (Cambridge, MA: The MIT Press, 2015).

Stewart, I., *Does God play dice?* (New York: Penguin Books, 1997).

Stewart, I., "The Lorenz attractor exists", *Nature*, 406 (2000): 948~949.

Summhammer, J., G. Sulyok and G. Bernroider, "Quantum dynamics and non-local effects behind ion transition states during permeation in membrane channel proteins", *Entropy*, 20(8) (2018): 558.

Thurner, S., J. Doyne Farmer and J. Geanakoplos, "Leverage causes fat tails and clustered volatility", *Quantitative Finance*, 12(5) (2012): 695~707.

Turing, A. M., "Lecture to the London Mathematical Society on 20 February 1947", in *A. M. Turing's ACE report of 1946 and other papers*, ed. B. E. Carpenter and R. W. Doran (MIT Press, 1986); also in *Mechanical intelligence: Volume 1*, ed. D. C. Ince (Amsterdam: North Holland, 1992).

Turing, A. M., "Computing Machinery and Intelligence", *Mind*, 59(236) (1950): 433~460.

Vallin, R. W., *The elements of Cantor sets* (New Jersey: Wiley, 2013).

van Inwagen, P., "The incompatibility of free will and determinism", in *Free will*, ed. R. Kane (New Jersey: Blackwell, 2002).

Viscusi, W. K., *Pricing lives: Guideposts for a safer society* (Princeton, NJ: Princeton University Press, 2018).

Webster, P. J., *Dynamics of the tropical atmosphere and oceans* (New Jersey: Wiley-Blackwell, 2020).

Webster, P. J., J. Jian, T. M. Hopson, C. D. Hoyos, P. A. Agudelo, H. R. Chang,

J. A. Curry, R. L. Grossman, T. N. Palmer and A. R. Subbiah, "Extended-range probabilistic forecasts of Ganges and Brahmaputra Floods in Bangladesh", *Bulletin of the American Meteorological Society*, 91(11) (2010): 1493~1514.

Wolfram, S., *A new kind of science* (Illinois: Wolfram Media, 2002).

Woollings, T., *Jet stream: A journey through our changing climate* (Oxford: Oxford University Press, 2020).

주석

서문

1. 나는 대학원에 갓 입학했을 때 시아마의 초창기 제자 중 한 사람인 존 밀러John Miller의 지도를 받았는데, 그는 일반 상대성 이론의 장방정식을 컴퓨터로 푸는 작업에 나를 끌어들이려고 노력했다. 그러나 좀 더 이론적인 주제를 선호했던 나는 별 관심을 보이지 않았고(아이러니하게도 훗날 나는 날씨와 기후를 연구했다), 결국 남은 기간 동안 시아마의 지도를 받게 되었다.
2. 일반 상대성 이론 분야에서 내가 남긴 업적은 일반적인 시공간에서 중력의 에너지-운동량energy-momentum에 대한 준국소적quasi-local 서술 중 일부를 최초로 공식화한 것이다.
3. Isham, C. J., R. Penrose and D. W. Sciama, *Quantum gravity: An Oxford symposium* (Oxford: Clarendon Press, 1975).
4. Paltridge, G. W., "The steady-state format of global climate", *Quarterly Journal of the Royal Meteorological Society*, 104(442) (1978): 927~945.
5. 제임스 글릭, 박래선 옮김, 《카오스》, 동아시아, 2013.
6. Palmer, T. N., "A local deterministic model of quantum spin measurement", *Proceedings of the Royal Society A*, 451(1943) (1995): 585~608.

7 Palem, K., "Inexactness and a future of computing", *Philosophical Transactions of the Royal Society A*, 372(2018) (2014).
8 Palmer, T. N., "Modelling: Build imprecise supercomputers", *Nature*, 526(7571) (2015): 32~33.

들어가며

1 BBC 기상센터에 전화를 걸어 허리케인을 경고했던 그 여인은 누구였을까? 전해지는 이야기에 따르면 프랑스에 사는 그녀의 여동생이 프랑스 기상청의 예보를 듣고 영국에 사는 언니에게 말했다고 한다. 허리케인이 닥치기 몇 주 전에 프랑스 기상청은 영국해협 근처에 이례적인 강풍이 불어닥칠 것이라고 경고했다. 그런데 이상하게도 강풍의 도착 시간이 다가왔을 때는 프랑스 기상청이 경고신호를 날리지 않았다. 왜 그랬을까? 나중에 밝혀진 사실이지만 아무도 예상하지 못했던 '나비효과'가 제대로 작동했기 때문이다. 1980년대의 일기예보는 슈퍼컴퓨터와 기상위성의 도움에도 불구하고 '불확실성'의 개념을 완전히 수용하지 못했다. 당시에는 가장 그럴듯한 대기 상태를 예측할 뿐, 오차의 범위까지 고려할 여력이 없었다.
2 "Crash was economists' 'Michael Fish' moment, says Andy Haldane", BBC News, January 6, 2017, www.bbc.co.uk/news/uk-politics-38525924.
3 Crash was economists' 'Michael Fish' moment, says Andy Haldane
4 www.oxfordlearnersdictionaries.com/definition/english/doubt_2.

1부 불확실성의 과학

1 Stewart, I., *Does God play dice?* (New York: Penguin Books, 1997).

1장 모든 곳에 존재하는 혼돈

1 타원의 수학적 정의는 '임의의 두 점으로부터 거리의 합이 같은 점들의 집

합'이다. 이때 두 점을 '타원의 초점focus'이라 하며, 거리의 합(고정된 값)이 얼마인가에 따라 타원의 형태가 달라진다.

2 https://en.wikipedia.org/wiki/Laplace%27s_demon.

3 예를 들어 타원은 이차원 좌표평면에서 x(t)=acost, y(t)=asint로 표현되는 점 (x, y)의 궤적으로 정의할 수 있다.(t는 x와 y를 연결하는 매개변수다.)

4 https://twitter.com/simon_tardivel/status/1215728659010670594.

5 Tremaine, S., "Is the solar system stable?", Institute for Advanced Study, 2011, www.ias.edu/ideas/2011/tremaine-solar-system.

6 2021년에 미국항공우주국에서는 지구로 접근하는 소행성의 궤도를 바꿀 수 있는지 테스트하기 위해 우주선을 소행성에 충돌시키는 프로젝트에 착수했다.

7 액체와 기체 모두 유체에 속한다.

8 실제로 나비에-스토크스방정식을 단순화하여 날씨모형에 적용하면 주기적으로 반복되는 결과가 얻어진다.(단, 이 과정에서 무작위 잡음이 개입되지 않아야 한다.)

9 Lorenz, E. N., "Deterministic non-periodic flow", *Journal of Atmospheric Science*, 20(2) (1963): 130~141.

10 Angela, "Chaotic waterwheel by Harvard Natural Sciences Demonstration", Go Science Girls, September 2020, https://gosciencegirls.com/chaotic-waterwheel-harvard-natural-sciences-lecture.

11 Lorenz (1963).

12 May, R. M., "Simplified mathematical models with very complicated dynamics", *Nature*, 261 (1976): 451~467.

13 n번째 세대의 규격화된 인구를 xn이라 하자. 즉, 인구가 주어진 자원으로 살아갈 수 있는 최대치에 도달하면 $xn=1$이고, 인류가 멸종하면 $xn=0$이 된다. 그리고 $(n+1)$번째 세대의 인구를 $xn+1$이라 하면, 메이의 방정식은 $xn+1=axn(1-xn)$으로 쓸 수 있다. 여기서 a는 '성인 한 사람이 낳는 자손의 평균 수'인데, a가 3.57보다 크면 인구 변화가 혼돈 국면으로 접어들어 한동안 예측이 어려워진다.

14 양자역학으로부터 고전적 혼돈이 초래되는 과정을 연구하는 분야를 양자혼돈quantum chaos이라 한다.

1 세 물체 중 하나(예를 들어 태양)를 기준으로 삼아 이에 대한 상대적 위치와 상대적 속도로 표현하면 상태 공간의 차원이 12로 줄어든다. 그리고 여기에 뉴턴의 운동 법칙으로부터 부과되는 제한 조건을 적용하면 상태 공간의 차원을 7차원까지 줄일 수 있다.

2 수학적으로 나비에-스토크스방정식의 상태 공간은 무한 차원이지만, 규모가 무한히 작아지면 양자적 효과가 부각되기 때문에 차원의 수가 크게 줄어든다. 그러나 이 방정식을 거시적 규모에만 적용한다 해도 상태 공간 차원의 수는 약 1050으로, 지금의 일기예보 기술로는 도저히 감당할 수 없는 수준이다.

3 여기에는 약간 미묘한 구석이 있다. 실제로 컴퓨터를 이용하여 로렌즈방정식을 풀면 일차원의 닫힌 곡선을 얻을 수 있다. 컴퓨터는 *X*, *Y*, *Z*를 비트bit라는 유한한 이진수로 취급하기 때문이다. 일반적으로 과학 계산에서는 *X*, *Y*, *Z*와 같은 변수를 표현할 때 64비트를 사용하는데, 비트의 길이가 이런 식으로 '유한하면' 로렌즈 끌개는 다소 복잡한 일차원 곡선이 된다. 여기서 비트수를 128로 늘리면 곡선의 길이가 길어질 뿐 여전히 닫힌 곡선을 얻게 되고, 256비트로 늘려도 상황은 마찬가지다. 그렇다면 비트수에 제한이 없는 가상의 컴퓨터를 동원하여 *X*, *Y*, *Z*를 무한히 긴 비트로 표현하면 어떻게 될까? 로렌즈방정식은 미적분학에 기초한 방정식이므로 *X*, *Y*, *Z*의 비트수에 아무런 제한이 없다.

4 Vallin, R. W., *The elements of Cantor sets* (New Jersey: Wiley, 2013).

5 칸토어 집합의 하우스도르프 차원Hausdorff dimension은 ln(2)/ln(3)이다. 여기서 ln은 무리수 *e*(2.71828…)를 밑으로 하는 자연로그다.

6 망델브로는 영국의 해안선이 프랙털에 가깝다는 리처드슨의 주장에 영감을 얻어 분수 차원의 개념을 떠올렸다. 9장을 참고하라.

7 Rössler, O. E., "An equation for continuous chaos", *Physics Letters A*, 57(5) (1976): 397~398.

8 제2차 세계대전 중에 케임브리지대학교의 수학자 메리 카트라이트Mary Cartwright와 정수론학자 존 이든저 리틀우드John Edensor Littlewood는 반 데르 폴 진동자 방정식Van der Pol oscillator equation에서 혼돈계의 징후를 발견

했다. 그 후 1960년에 매사추세츠공과대학교의 수학자 노먼 레빈슨Norman Levinson은 당대의 저명한 위상수학자 스티븐 스메일Stephen Smale에게 보낸 편지에서 카트라이트와 리틀우드가 발견한 혼돈계가 역학계의 거동에 관한 당신의 추측에 위배되는 것처럼 보인다고 썼고, 스메일은 이 문제를 파고든 끝에 그림 9의 종이접기와 같은 역학계가 존재할 수 있음을 깨달았다.(훗날 이것은 스메일의 편자Smale's horseshoe로 불리게 된다.) 그러나 스메일은 미적분학의 범주 안에서 그와 같은 기하학적 구조를 생성하는 방정식을 찾지 못했다.

9 Stewart, I., *Does God play dice?* (New York: Penguin Books, 1997).

10 Stewart, I., "The Lorenz attractor exists", *Nature*, 406 (2000): 948~949.

11 비선형역학계의 방정식을 $dX/dt = F[X]$라 하면(즉 F가 X의 이차함수 이상이면) 선형화된 역학계의 자코비안Jacobian $d\delta x/dt = (dF/dt)\delta X$는 X에 비례한다. 이런 식으로 작은 섭동의 증가 여부는 초기 조건에 따라 달라진다.

12 시간 역행 해밀터니언계time-reversal Hamiltonian system의 리우빌방정식은= $\partial\rho/\partial t = -[\rho, H]$로 쓸 수 있다. 여기서 [... , ...]는 푸아송 괄호Poisson bracket이고 H는 해밀터니언인데, 정의에 따라 풀어쓰면 양자역학의 슈뢰딩거방정식과 매우 비슷하다.

13 Epstein, E. S., "Stochastic-dynamic prediction", *Tellus*, 21 (1969): 739~759.

14 로렌즈방정식의 우변에 상수 C를 추가한 결과는 다음과 같다.

$$dX/dt = \sigma(Y-X) + C,$$
$$dY/dt = X(\rho - Z) - Y + C,$$
$$dZ/dt = XY - \beta Z$$

15 순수수학에서 p는 소수(1보다 크면서 자기 자신 외에는 약수가 없는 자연수)다.

16 정확하게는 2-adic 정수다.

17 정확하게는 5-adic 정수다.

18 페르마의 마지막 정리는 다음과 같다. "n이 3 이상의 정수일 때 $Xn+Yn=Zn$을 만족하는 정수인 해 X, Y, Z는 존재하지 않는다."

19 Klarreich, E., "The oracle of arithmetic", Quanta Magazine, June 28,

2016, www.quantamagazine.org/peter-scholze-and-the-future-of-arithmatic-geometry-2016 0628.

20 로저 펜로즈, 박승수 옮김, 《황제의 새마음》, 이화여자대학교출판문화원, 2022.

21 로저 펜로즈, 《황제의 새마음》. 일부 학자들은 계산 불가능성non-computability이 무한 집합의 속성과 관련되어 있으므로 물리학에 도입해도 별 도움이 되지 않는다고 주장한다. 하지만 내 생각은 다르다. 계산 불가능성은 축약 계산이 불가능한computationally irreducible 유한계의 극단적 사례로 간주할 수 있다. '축약 계산 불가능성'은 2002년에 스티븐 울프럼Stephen Wolfram이 제안한 개념으로, 그 핵심은 '축약 계산이 불가능한 계의 거동을 더 단순한 모형으로 완전히 서술하는 것은 불가능하다'는 말로 요약된다. 즉, 계를 단순한 계산적 모형으로 표현하면 불완전한 표현이 될 수밖에 없다. 계산 불가능성은 알고리듬으로 단순화할 수 있지만 대부분의 경우 매우 복잡하며, 계의 불완전성을 서술하는 것으로 간주할 수 있다.

22 로저 펜로즈, 《황제의 새마음》.

23 Dube. S., "Undecidable problems in fractal geometry", *Complex Systems*, 7 (1993): 423~444.

24 Barnsley, M. F., *Superfractals* (Cambridge: Cambridge University Press, 2006).

25 Blum, L., F. Cucker, M. Shub and S. Smale, *Complexity and real computation* (Berlin: Springer, 1998). 그러나 블럼은 상태 공간에서 선택된 점이 로렌즈 끌개 같은 프랙털 끌개 위에 있을 때, '무한히 반복되지 않고 언젠가 끝나는 알고리듬'을 찾는 문제가 해결 불가능하다는 것을 증명했다.

3장 잡음, 백만 불짜리 나비들

1 대기에서 일어나는 대규모의 난기류를 설명하려면 콜모고로프의 이론은 지구의 자전을 고려하는 쪽으로 수정되어야 한다.

2 동시대에 정치 풍자로 유명했던 조너선 스위프트Jonathan Swift의 시를 패러디한 것이다.

3 Woollings, T., *Jet stream: A journey through our changing climate* (Oxford: Oxford University Press, 2020).

4 나비에-스토크스방정식은 종종 '방정식들equations'이라는 복수형으로 표기되는데, 개개의 방정식은 공간에 나 있는 세 개의 방향에 대응되기 때문에 본질적으로 동일한 방정식이다. 이 책에서는 편의를 위해 단수로 표기하기로 한다.

5 Lorenz, E. N., "The predictability of a flow which possesses many scales of motion", *Tellus*, 21(3) (1969): 290~307.

6 Palmer, T. N., A. Döring and G. Seregin, "The real butterfly effect", *Nonlinearity*, 27(9) (2014): R123.

7 그리드박스의 밑면적이 100제곱킬로미터라는 뜻이다. 세로는 이보다 훨씬 작아서 1제곱킬로미터쯤 된다.

8 날씨를 예측하려면 나비에-스토크스방정식 외에 다른 방정식도 필요하다. 그러나 대부분의 경우 나비에-스토크스방정식이 핵심적 역할을 한다.

9 관측 자료를 이용하여 날씨모형의 초기 상태를 재구성하는 작업을 자료동화data assimilation라 하는데, 수학적으로 매우 복잡한 과정을 거쳐야 한다.

10 해상도를 2배로 늘리면 컴퓨터의 계산량은 거의 16배로 많아진다. 일단 길이가 2배면 부피는 8배이므로 계산량이 8배로 늘어나고, 모형이 계산적으로 불안정해지는 것을 막기 위해 계산 단계를 줄이는 알고리듬도 추가되어야 하기 때문이다.

11 www.claymath.org/millennium-problems.

12 그 유명한 리만가설은 힐베르트의 목록과 클레이수학연구소의 목록에 모두 포함되어 있다.

13 Palmer, T. N., "Stochastic weather and climate models", *Nature Reviews Physics*, 1 (2019): 463~471.

14 Palmer, T. N., "Modelling: Build imprecise supercomputers", *Nature*, 526(7571) (2015): 32~33.

15 Paxton, E. A., M. Chantry, M. Klöwer, L. Saffin and T. Palmer, "Climate modelling in low precision: Effects of both deterministic and stochastic rounding", *Journal of Climate*, 35(4) (2022): 1215~1229.

16 현재 그래프코어Graphcore라는 회사가 바로 이런 기능을 갖춘 컴퓨터 프로

세서를 개발하고 있다.

17 이 효과를 최초로 명시한 것은 다음의 논문이다. Kwasniok, F., "Enhanced regime predictability in atmospheric low-order models due to stochastic forcing", *Philosophical Transactions of the Royal Society A*, 372(2018) (2014).

4장 양자적 불확정성: 잃어버린 진실?

1 파인먼은 이것을 두고 '유일한 양자 미스터리'라고 했으나 여기에 동의하지 않는 물리학자도 있다. Catani, L., M. Leifer, S. Schmid and R. W. Spekkens, "Why interference phenomena do not capture the essence of quantum theory", arXiv, 2111.13727 (2021).

2 엄밀하게 말해서 파동함수에 곱해진 가중치는 확률 자체가 아니라 확률의 제곱근이다.

3 중력파는 레이저 간섭계 중력파 관측소Laser Interferometer Gravitational-Wave Observatory, LIGO에서 실제로 관측되었다.

4 많은 물리학자가 아인슈타인이 말했던 유령 같은 원거리 작용이 양자적 얽힘을 의미하는 것으로 착각하고 있으나, 본문의 사례는 그렇지 않다는 것을 명백하게 보여주고 있다.

5 Becker, A., *What is real?* (New York: Basic Books, 2018).

6 원래 이 실험에는 최외곽 궤도에 전자 한 개가 있는 은(Ag) 원자가 사용되었다. 자유 전자free electron을 사용하면 실험이 더욱 정교해지지만 실행하기가 쉽지 않다. 이 책에서는 편의를 위해 실험에 사용된 전자를 자유 전자로 간주할 것이다.

7 예를 들면 'SGx 장치의 내부에서 입자의 숨은 변수가 스핀을 무작위 값으로 바꾼다'고 가정하는 식이다.

8 세른은 프랑스어 'Conseil Européen pour la Recherche Nucléaire'의 약자로서, 바로 이곳에서 대형 강입자 충돌기가 운용되고 있다.

9 Bell, J. S., *Speakable and unspeakable in quantum mechanics* (Cambridge: Cambridge University Press, 1987).

10 Bell, J. S., "On the Einstein-Rosen paradox", *Physics*, vol.1, no,3

(1964): 195~200.

11 벨의 부등식 증명 과정은 다음과 같다. Rae, A., *Quantum physics: Illusion or reality?* (Cambridge: Cambridge University Press, 1986).

본문의 표 2에서 첫 번째 칸이 +고 두 번째 칸이 −인 세로줄의 수를 $n(+, -, \ .\ )$이라 하자.(세 번째 칸이 무엇이건 상관없다). 이와 비슷하게 $n(-, \ .\ , +)$은 첫 번째 칸이 −, 세 번째 칸이 +인 세로줄의 수다. 그러면 본문에서 정의한 A, B, C는 다음과 같이 쓸 수 있다.

$$A = n(+, +, \ .\ ) = n(+, +, +) + n(+, +, -)$$
$$B = n(\ .\ , -, +) = n(+, -, +) + n(-, -, +)$$
$$C = n(+, \ .\ , +) = n(+, +, +) + n(+, -, +)$$

여기서 처음 두 식을 더하면 다음과 같다.

$$A + B = n(+, +, +) + n(+, +, -) + n(+, -, +) + n(-, -, +)$$

이 방정식의 첫 번째 항과 세 번째 항을 더하면 C와 같으므로

$$A + B = C + n(+, +, -) + n(-, -, +)$$

그런데 우변의 마지막 두 항은 절대 음수가 될 수 없으므로

$$A + B \geq C\text{다.}$$

12 실제 실험에서는 전자 대신 광자를 사용하는데, 이 경우 광자 편광기photon polarizer가 SG 장치의 역할을 한다.

13 예를 들어 소스에서 한쪽 방향으로 빨강색 공이 방출되고, 반대쪽으로 파란색 공이 방출된 경우, 빨간색 공이 나를 향해 다가온다면 파란색 공이 반대 방향으로 날아가고 있다는 것을 보지 않아도 알 수 있다.

14 Clauser, J. F., M. A. Horne, A. Shimony and R. A. Holt, "Proposed

experiments to test local hidden-variable theories", *Physical Review Letters*, 23(15) (1969): 880~884.

15 그 후 존 클라우저John Clauser와 마이클 혼Michael Horne, 그리고 알랭 아스페Alain Aspect 등이 비슷한 실험을 수행하여 벨의 부등식이 성립하지 않는다는 것을 재차 확인했다. Clauser, J. F. and M. A. Horne, "Experimental consequences of objective local theories", *Physical Review D*, 10(2) (1974): 526~535; Aspect, A., P. Grangier and G. Roger, "Experimental tests of realistic local theories via Bell's theorem", *Physical Review Letters*, 47(7) (1981): 460~463.

2부 혼돈계 예측하기

1 Pyarelal, *Mahatma Gandhi: The Last Phase*, (Navajivan Publishing House, 1958).

2 Krebs, J., M. Hassell and C. Godfray, "Lord Robert May of Oxford OM", *Biographical Memoirs of Fellows of the Royal Society*, 71 (2021): 375~398.

5장 몬테카를로에 닿는 두 가지 길

1 해수면의 온도가 지표면보다 낮은 또 하나의 이유는 해수면 아래에서 일어난 바다 소용돌이가 태양열을 넓은 영역에 걸쳐 골고루 퍼뜨리기 때문이다.

2 이와 비슷한 시기에 오스트리아의 기상학자 펠릭스 엑스너Felix Exner도 물리학에 기초한 예측 시스템을 개발했다.

3 언젠가 린치는 나에게 기상학의 역사를 정리한 한 편의 시를 이메일로 보냈다. 그는 나에게 시를 한 편 지어보라고 권했다. 나는 오랜만에 솜씨를 발휘하여 '루이스 프라이 리처드슨'에 대한 시를 써서 린치에게 보냈는데 내용은 다음과 같다.

LFR은 꽤 똑똑했지만Although LFR was quite brightt

사람들은 그의 예보를 완전 쓰레기 취급했지.Some said that his forecasts were sh*te.

훗날 린치가 나타나Til Lynch went and built a

똑똑한 디지털 필터로 걸러낸 후에야Smart digital filter

LFR의 예측이 옳았음을 알았다네!Which made the predictions right!

나는 이 작품이 그의 시집에 수록되기를 은근히 기대했으나 아쉽게도 탈락하고 말았다. 하지만 두 번째 행의 마지막 단어 때문은 아니라고 생각한다(sh*te=shite=shit). 여기에 나의 자작시를 공개한 것은 출판되지 못한 한을 풀려는 것이 아니라, 린치의 업적을 칭송하는 나만의 방법이라는 점을 알아주기 바란다. Lynch, P. and X.-Y. Huang, "Initialization of the HIRLAM model using a digital filter", *Monthly Weather Review*, 120(6)(1992): 1019~1034.

4 최강의 슈퍼컴퓨터가 핵무기를 만드는 데 사용된다는 것은 정말 슬픈 현실이 아닐 수 없다. 이런 첨단 기계는 날씨와 기후를 예측할 때만 사용되어야 한다. 나의 입장은 책의 말미에서 다시 한번 분명하게 밝힐 것이다.

5 여러 해 전에 개최된 학회 현장에서 '최근 들어 엘리뇨 현상이 약해지고 있다'는 연구 결과가 알려지자, 학자들 사이에 엘니뇨의 반대 현상이니 반엘니뇨Anti-El Niño라고 하자는 의견이 대두되었다. 그런데 일각에서, 엘니뇨는 원래 '아기 예수'라는 뜻이니 반-엘니뇨를 잘못 해석하면 적그리스도Anti-Christ로 오해할 수도 있다는 반론이 제기되었다. 한동안 갑론을박을 벌인 끝에 결국 반엘니뇨 대신 '라니냐La Niña'(여자아이를 뜻하는 스페인어)로 부르기로 합의했다.

6 Horel, J. D. and J. M. Wallace, "Planetary scale phenomena associated with the Southern Oscillation", *Monthly Weather Review*, 109(4)(1981): 813~829.

7 유럽은 열대 태평양지역에서 멀리 떨어져 있기 때문에, 대기 원격 연결에 많은 잡음이 개입된다. 이것은 인파로 북적대는 대형 파티장에서 멀리 떨어진 사람의 목소리를 들을 때 잡음이 섞이는 것과 비슷한 현상이다.

8 이 기간 동안 내가 남긴 가장 큰 업적은 케임브리지대학교의 매킨타이어와

함께 대기에서 가장 강력한 쇄파를 발견한 것이다. 이 현상은 주로 북반구 성층권에서 발견되며(대부분의 산악 지형이 북반구에 집중되어 있기 때문이다), 이로부터 오존층에 난 구멍이 북반구가 아닌 남반구에 존재하는 이유를 설명할 수 있다.

9 Shukla, J., "Dynamical predictability of monthly means", *Journal of the Atmospheric Sciences*, 38(12) (1981): 2547~2572.

10 Murphy, J. M. and T. N. Palmer, "Experimental monthly long-range forecasts for the United Kingdom: part II, a real-time long-range forecast by an ensemble of numerical integrations", *Meteorological Magazine*, 115(1372) (1986): 337~349.

11 〈마이 페어 레이디〉는 1964년에 개봉했다. 원작은 1956년에 조지 버나드 쇼George Bernard Shaw가 발표한 희곡 〈피그말리온〉이다.

12 두 사람 외에 많은 연구원이 이 작업에 참여했다. 자세한 명단은 책에 수록된 〈감사의 글〉을 참고하기 바란다.

13 동전을 연달아 10번 던졌을 때 10번 모두 앞면만 나올 수도 있다.(물론 이럴 확률은 매우 낮다.) 그러나 이런 일이 자주 발생하면 동전이 찌그러졌거나 무언가 조작되었다는 의구심을 가지게 된다.

14 Cane, M., S. E. Zebiak and S. C. Dolan, "Experimental forecasts of El Niño", *Nature*, 321 (1986): 827~832.

15 Palmer, T. N., A. Alessandri, U. Andersen, P. Cantelaube, M. Davey, P. Délécluse, M. Déqué, E. Díez, F. J. Doblas-Reyes, H. Feddersen, R. Graham, S. Gualdi, J.-F. Guérémy, R. Hagedorn, M. Hoshen, N. Keenlyside, M. Latif, A. Lazar, E. Maisonnave, V. Marletto, A. P. Morse, B. Orfila, P. Rogel, J.-M. Terres and M. C. Thomson, "Development of a European multimodel ensemble system for seasonal-to-interannual prediction (DEMETER)", *Bulletin of the American Meteorological Society*, 85(6) (2004): 853~872.

6장 기후변화: 재앙인가, 그저 작은 변화일 뿐인가

1 극대주의자와 극소주의자라는 용어를 추천해준 웹스터에게 이 자리를 빌

어 감사의 말을 전한다.

2 에릭 콘웨이·나오미 오레스케스, 유강은 옮김,《의혹을 팝니다》, 미지북스, 2012.

3 사실 온실 내부의 공기가 따뜻하게 유지되는 원리는 이것과 다르다. 온실의 경우, 태양광이 유리를 통해 들어와 지면을 데우면 이로 인해 공기가 뜨거워지고, 온실 전체를 덮은 유리가 물리적 차단막 역할을 하여 뜨거운 온도가 그대로 유지된다. 대기 중 이산화탄소는 유리 같은 차단막이 아니지만 '온실가스'라는 이름이 은연중에 이미 정착되었으므로 이제 와서 굳이 따지고들 필요는 없다.

4 적외선 고글은 전자기파 스펙트럼에서 적외선infrared에 해당하는 광자를 감지하는 장치다.

5 뇌우를 통한 대기순환은 온실가스 효과에 대항하여 지표면의 온도를 낮추는 데 도움이 된다.

6 일반적으로 공기 기둥 속에는 2.5밀리미터의 수증기가 포함되어 있으며, 구름의 구성 성분인 물방울과 얼음은 0.1밀리미터밖에 안 된다.

7 이와 같은 구름의 음성 피드백 효과는 지면을 냉각시키지만 중간 대기층을 덥히기 때문에 물 순환hydrological cycle(전 세계의 강우량)에 부정적인 영향을 줄 수도 있다.

8 van der Dussen, J. J., S. R. de Roode and A. P. Siebesma, "How large-scale subsidence affects stratocumulus transitions", *Atmospheric Chemistry and Physics* 16(2) (2016): 691~701.

9 워커 순환의 강도는 열대 태평양의 해수면 온도에 따라 달라지기도 한다. 따라서 해양 층적운이 온실가스에 반응하는 방식을 알려면 열대 태평양이 온실가스에 반응하는 패턴을 알아야 한다. 기후는 지역 간 상호작용에 따라 매우 예민하게 달라진다.

10 마나베는 2021년에 동료 기후학자 클라우스 하셀만Klaus Hasselmann과 함께 노벨물리학상을 받았다. 이로써 기후학도 주류 물리학의 한 분야로 인정받았으니 나 같은 사람에게는 더없이 좋은 소식이었다.

11 Manabe, S. and R. T. Wetherald, "The Effects of Doubling the CO2 Concentration on the climate of a General Circulation Model", *Journal of Atmospheric Sciences*, 32(1) (1975): 3~15.

12 본문에서 제시한 온난화 수치는 기후 시스템이 '이산화탄소 증가량'과 새로운 균형을 이루었을 때 모형에서 얻어지는 값이다.

13 Zelinka, M., "Effective climate sensitivity", Github, April 2, 2021, https://github.com/mzelinka/cmip56_forcing_feedback_ecs/blob/master/ECS6_histogram_gavin1.pdf.

14 Roe, G. H. and M. B. Baker, "Why is climate sensitivity so unpredictable?", *Science*, 318(5850) (2007): 629~632.

15 '꼬리가 굵다'는 것은 가우스 확률 분포Gaussian probability distribution(또는 종형곡선)와 비교할 때 굵다는 뜻이다.

16 내가 그린 곡선은 온도 상승폭이 섭씨 6도 이상인 경우에도 꽤 높은 확률을 갖고 있지만, 원시 기후 데이터와 일치하지 않기 때문에 틀렸을 가능성이 크다.

17 브누아 망델브로·리처드 허드슨, 이진원 옮김, 《프랙털 이론과 금융시장》, 열린책들, 2010.

18 이 책에서 언급하지 않은 피드백 효과도 여러 개 있지만 가장 중요한 것은 앞에서 언급한 구름 피드백이다. Roe, G. H. and M. B. Baker, "Why is climate sensitivity so unpredictable?", *Science*, 318(5850) (2007): 629~632.

19 에어로졸에 의한 효과도 불확실하다.

20 시나리오는 매우 다양하여 토지 이용이나 에어로졸 배출량까지 고려한 시나리오도 있다.

21 Hausfather, Z., H. F. Drake, T. Abbott and G. A. Schmidt, "Evaluating the performance of past climate model projections", *Geophysical Research Letters*, 47(1) (2020): e2019GL085378.

22 중동 지역은 금세기 안에 기온이 너무 높아져서 거주가 불가능해질 수도 있다. Dockrill, P., "Middle East May Be Uninhabitable This Century Due to Deadly Heat, Study Finds", Science Alert, November 5, 2015, www.sciencealert.com/middle-east-may-be-uninhabitable-this-century-due-to-deadly-heat-study-finds.

22 Hausfather et al. (2020).

23 현재 통용되는 기후모형에 의하면 제트기류가 점차 극지방으로 이동하고

있으나 이것이 전반적인 추세인지는 확실치 않다. 좀 더 확실한 결과를 얻으려면 고해상도의 모형을 개발해야 하는데 자세한 내용은 이 장의 뒷부분에서 논할 것이다.

24 이산화탄소와 폭염의 상관관계는 아직 분명하게 밝혀지지 않았다. 이산화탄소의 농도가 높아지면 온도가 올라가는 건 분명하지만, 폭염으로 이어지는 순환 패턴은 이전보다 드물게 발생할 수도 있다. 이런 문제를 해결하려면 물리기반모형을 꾸준히 개선해야 한다.

25 Allen, M., "Liability for climate change", *Nature*, 421 (2003): 891-892.

26 현재 우리는 기후변화 시뮬레이션보다 핵무기 시뮬레이션에 더 많은 컴퓨터 자원을 쓰고 있다.

27 이 현상을 레일리-베나르 대류Rayleigh-Bénard convection라 한다.

28 Palmer, T. N. and B. Stevens, "The scientific challenge of understanding and estimating climate change", *Proceedings of the National Academy of Science*, 116(49) (2019): 24390~24395.

29 Turing, A. M., "Computing Machinery and Intelligence", *Mind*, 59(236) (1950): 433~460.

30 단, 테스트를 하기 전에 실제 관측 데이터를 기후모형과 동일한 그리드박스 단위로 규격화해야 한다.

31 National Academies of Sciences, Engineering, and Medicine, *Reflecting sunlight: Recommendations for solar geoengineering research and research governance* (Washington, D.C.: The National Academies Press, 2021)

32 Hossenfelder, S. and T. Palmer, "An International Institute Will Help Us Manage Climate Change", *Scientific American*, December 9, 2021, www.scientificamerican.com/article/an-international-institute-will-help-us-manage-climate-change.

33 Deser, C., "Certain uncertainty: The role of internal climate variability in projections of regional climate change and risk management", *Earth's Future*, 8(12) (2020).

1 Barabási, A. L., *Network science*, (Cambridge: Cambridge University Press, 2016).

2 브누아 망델브로·리처드 허드슨, 이진원 옮김, 《프랙털 이론과 금융시장》, 열린책들, 2010.

3 Herrmann, H. A. and J.-M. Schwartz, "Why COVID-19 models should incorporate the network of social interactions", *Physical Biology*, vol.17, no.6 (2020): 065008.

4 임페리얼칼리지런던에 위치한 MRC Centre for Global Infectious Disease Analysis에서 개발했다. https://github.com/mrc-ide/covid-sim.

5 Edeling, W., H. Arabnejad, R. C. Sinclair, D. Suleimenova, K. Gopalakrishnan, B. Bosak, D. Groen, I. Mahmood, Q. Hashmi, D. Crommelin and P. V. Coveney, "The impact of uncertainty on predictions of the CovidSim epidemiological code", *Nature Computational Science*, 1 (2021): 128~135.

6 이 책의 앞부분을 한창 써 내려가던 어느 날, 나는 한 모임에 참석했다가 어떤 지인으로부터 '의심'과 '무지'가 같은 뜻으로 통용되는 경향이 있다는 이야기를 들었다. 내가 알기로 무지는 지식이 부족하거나 없는 상태를 뜻하는 포괄적 단어다. 그러나 인식론 철학에서는 무지라는 단어가 다른 의미로 통용되고 있다. 럼즈펠드의 인용문은 '인지된 무지'(알려진 미지)와 '완전한 무지'(알려지지 않은 미지)를 구별하는 방법 중 하나다.

7 Edeling et al. (2021).

8 이 다중모형은 런던위생열대의학대학원과 워릭대학교에서 공동으로 개발한 것이다.

9 Cramer, E. Y., E. L. Ray, V. K. Lopez, J. Bracher, A. Brennen et al., 2021: "Evaluation of individual and ensemble probabilistic forecasts of COVID-19 mortality in the United States", *PNAS*, 119(15) (2021): e2113561119.

10 Vallance, P., "It's not true Covid modellers look only at worst

outcomes", *The Times*, December 23, 2021, www.thetimes.co.uk/article/its-not-true-covid-modellers-look-only-at-worst-outcomes-5c9pcpdwr.

11 Maher, M. C., et al., "Predicting the mutational drivers of future SARS-CoV-2 variants of concern", *Science Translational Medicine*, 14(633) (2022).

8장 금융붕괴: 기상학자가 경제를 예측한다면?

1 "Crash was economists' 'Michael Fish' moment, says Andy Haldane", BBC News, January 6, 2017, www.bbc.co.uk/news/uk-politics-38525924.

2 Kay, J. and M. King, *Radical uncertainty: Decision making for an uncertain future* (W. W. Norton & Company, 2020).

3 "monetary policy report", Bank of England, November 2021, www.bankofengland.co.uk/-/media/boe/files/monetary-policy-report/2021/november/monetary-policy-report-november-2021.pdf.

4 Gabaix, X., D. Laibson, "The seven properties of good models", in *The foundations of positive and normative economics*, ed. A. Caplin and A. Schotter (Oxford: Oxford University Press, 2008).

5 제임스 글릭, 박래선 옮김, 《카오스》, 동아시아, 2013.

6 자비네 호젠펠더, 배지은 옮김, 《수학의 함정》, 해나무, 2020.

7 Bookstaber, R., *The end of theory* (Princeton, NJ: Princeton University Press, 2017).

8 Thurner, S., J. Doyne Farmer and J. Geanakoplos, "Leverage causes fat tails and clustered volatility", *Quantitative Finance*, 12(5) (2012): 695~707.

9 사부코의 행위자기반모형은 내부 요인에 의한 경제의 변동을 서술하는 굿윈 계급투쟁 모형Goodwin class struggle model과 비슷하다.

10 Poledna, S., M. G. Miess and C. H. Hommes, "Economic forecasting

with an agent-based model", SSRN, 2020, https://ssrn.com/abstract=3484768.

11 Gill, A., M. Lalith, S. Poledna, M. Hori, K. Fujita and T. Ichimura, 2021: "High-performance computing implementations of agent-based economic models for realizing 1:1 scale simulations of large economies", *IEEE Transactions on Parallel and Distributed Systems*, 32(8) (2021): 2101~2114.

12 상황이 변하는 것 같기도 하다. 2018년에 홀데인은 행위자기반모형의 가치를 긍정적으로 평가하는 논문을 발표했다. Haldane, A. G. and A. E. Turrell, "An interdisciplinary model for macroeconomics", *Oxford Review of Economic Policy*, 34(1~2), (2018): 219~251. 그는 이 논문에서 행위자기반모형이 기존의 접근 방식을 보완하며, 복잡성 및 이형성 네트워크와 경험heuristics이 중요한 역할을 하는 거시경제적 질문에 답을 줄 수 있다고 결론지었다.

9장 치명적 충돌: 전쟁, 갈등 그리고 생존의 물리학

1 www.pcr.uu.se/research/views

2 Ferguson, S., "Apollo 13: The first digital twin", Siemens Blog, April 14, 2020, https://blogs.sw.siemens.com/simcenter/apollo-13-the-first-digital-twin.

3 Dasgupta, S. P., "Final Report - The Economics of Biodiversity: The Dasgupta Review", HM Treasury, February 2, 2021, www.gov.uk/government/publications/final-report-the-economics-of-biodiversity-the-dasgupta-review.

4 European Commission, last updated February 1, 2022: Destination earth. https://digital-strategy.ec.europa.eu/en/policies/destination-earth.

5 영국은 유럽연합을 탈퇴한 후 데스티네이션 어스에 자금을 지원하는 프로그램인 디지털 유럽Digital Europe에도 기부금을 내지 않기로 결정했다.

1 모든 비용-손실 비율에 대하여 가치의 평균을 취한 값은 일기예보를 평가하는 점수와 같다. 이것을 브라이어 스킬 점수Brier skill score라 하는데, 학교에서 매기는 전 과목 평균 점수와 비슷한 개념이다.

2 그 주범은 1970년에 방글라데시와 인도의 서벵골주를 강타한 볼라 사이클론이었다.

3 웹스터의 저서는 이 분야의 최고 명저로 꼽힌다. Webster, P. J., *Dynamics of the tropical atmosphere and oceans* (New Jersey: Wiley-Blackwell, 2020).

4 미국국제개발처는 국제 개발 및 인도주의적 원조를 촉진하기 위해 존 F. 케네디John F. Kennedy 대통령이 설립한 기관이다.

5 Webster, P. J., J. Jian, T. M. Hopson, C. D. Hoyos, P. A. Agudelo, H. R. Chang, J. A. Curry, R. L. Grossman, T. N. Palmer and A. R. Subbiah, "Extended-range probabilistic forecasts of Ganges and Brahmaputra Floods in Bangladesh", *Bulletin of the American Meteorological Society*, 91(11) (2010): 1493~1514.

6 제임스 러브록, 이한음 옮김, 《가이아의 복수》, 세종, 2008.

7 Stern, N., *Why are we waiting?* (Cambridge, MA: The MIT Press, 2015).

8 Viscusi, W. K., *Pricing lives: Guideposts for a safer society* (Princeton, NJ: Princeton University Press, 2018).

9 이 값을 미국의 VSL로 환산하면 1천만 달러에 한참 모자란다.

10 "The Sixth Carbon Budget report", Climate Change Committee, 2020, https://www.theccc.org.uk/publication/sixth-carbon-budget/.

11 태양열발전과 풍력발전의 비용이 하락하는 추세임은 분명하지만, 에너지 생산량은 날씨에 따라 달라질 수 있다. 특히 영국은 몇 주, 몇 달 동안 고전압을 공급할 수 있는 인정적인 전력생산 시스템이 필요한데, 지금 이 글을 쓰는 시점에서 북해의 풍력 터빈은 지속적인 대기압으로 인한 '바람 가뭄' 현상 때문에 몇 달 동안 전력 생산량이 기준을 밑돌았다. 그 여파로 천연가스 가격이 크게 상승했다. 바람이 귀해진 것은 일시적인 현상이지만, 기후변화와 바람 가뭄이 무관하다고 장담할 수는 없다.(이른바 지구 정지global

stilling로 알려진 현상의 일부이다.) 이런 불확실성이 존재하는 이유는 6장에서 말한 것처럼 지역 규모의 기후모형이 아직 완전하지 않기 때문이다. 그러므로 풍력에너지에 과도하게 의존하는 것은 위험 부담이 크다. 과학자들은 이 위험 부담을 줄이기 위해 다량의 에너지를 저장하는 방법을 개발하고 있는데, 그중 하나가 지하 동굴에 수소를 저장하는 것이다. 다만 운송수단과 가정 난방, 산업 분야(시멘트 제조 등)에서 탄소 배출량을 현격하게 줄이려면 다량의 수소가 필요하기 때문에, 수소 저장 장치만으로는 용량이 부족할 수도 있다. 그래서 나는 개인적으로 (아직은 풍력이나 태양에너지보다 비싸지만) 원자력에너지를 선호하는 편이다. 원자로에서 발생한 열은 전기에너지와 함께 수소를 생산하는 데 사용될 수 있다. 중국은 토륨 사이클thorium cycle에 기초한 새로운 유형의 원자로를 가동할 예정이라고 한다. 토륨 기반 원자로는 우라늄(U-235) 원자로의 단점을 거의 가지고 있지 않다. 이 모든 사실을 종합해볼 때, 탄소연료를 쓰지 않는 대가가 GDP의 1퍼센트에 불과하다는 주장은 과소평가되었다고 할 수 있다. 그러나 이 점을 인정하더라도 탈탄소화가 시도할 가치가 있다는 사실(VSL에 기초한 비용-손실 분석의 결과)은 변하지 않는다.

12 Palmer, T. N., "Resilience in the developing world benefits everyone", *Nature Climate Change*, 10 (2020a): 794~795.

3부 혼돈의 우주에서 우리는 무엇이며, 어디에 서 있는가?

1 로저 펜로즈·스티븐 호킹·에브너 시모니·낸시 카트라이트, 최경희·김성원 옮김, 《우주 양자 마음》, 사이언스북스, 2002.

2 Turing, A. M., "Lecture to the London Mathematical Society on 20 February 1947", in *A. M. Turing's ACE report of 1946 and other papers*, ed. B. E. Carpenter and R. W. Doran (Cambridge, MA: The MIT Press, 1986); also in *Mechanical intelligence: Volume 1*, ed. D. C. Ince (Amsterdam: North Holland, 1992).

1 아인슈타인의 일반 상대성 이론에 약간의 수정이 필요하다는 의견도 제기되었다.

2 https://en.wikipedia.org/wiki/Cosmological_constant.

3 일반 상대성 이론의 장방정식에 등장하는 우주 상수cosmological constant를 이용하여 문제의 양자 가속도를 (완전하게는 아니지만) 거의 상쇄시킬 수도 있다. 수학적으로는 별문제가 없지만, 이런 식으로 해결하고 나면 왠지 바닥의 먼지를 카펫 밑으로 쓸어 넣은 듯 뒷맛이 영 개운치 않다.

4 존 벨John Bell은 자유 변수와 국소적 인과율Free Variables and Local Casuality이라는 논문의 끝부분에 다음과 같이 적어놓았다. "물론 물리 법칙을 무작위화ramdomizer하는 것이 논리적으로 타당하긴 하지만, 잘못된 아이디어일 수도 있다. 앞으로 이런 음모론이 필연적으로 대두되면서 다른 이론의 비국소성보다 이해하기 쉬운 이론이 등장할지도 모른다. 이런 이론이 나오면 나는 기꺼이 귀를 기울일 준비가 되어 있다." 나는 벨이 예견했던 바로 그 이론을 2020년에 발표했지만, 안타깝게도 그는 내 논문을 읽을 수 없었다.(그는 1990년에 세상을 떠났다). 이 문제를 놓고 그와 의견을 나눴다면 얼마나 좋았을까! Palmer, T. N., "Discretisation of the Bloch sphere, fractal invariant sets and Bell's theorem", *Proceedings of the Royal Society A*, 476(2236) (2020b).

5 Pearl, J., *Causality* (Cambridge: Cambridge University Press, 2009).

6 Hossenfelder, S. and T. N. Palmer, "Rethinking superdeterminism", *Frontiers in Physics*, vol.8, no.139 (2020).

7 치렐슨은 Knowino에 "Entanglement (physics)"라는 제목의 글 가운데 '반사실적 명확성counterfactual definiteness'이라는 부제하에 벨의 부등식을 자세히 서술했다. https://www.tau.ac.il/~tsirel/dump/Static/knowino.org/wiki/Entanglement_(physics).html#Counterfactual_definiteness.

8 Bohm, D. and B. J. Hiley, *The undivided universe* (London: Routledge, 1993).

9 로렌즈 끌개와 마찬가지로, 우주적 끌개도 상태 공간의 제한된 영역 안에

존재하는 것으로 가정한다.

10 불변 집합이란 '현재 상태가 끌개 위에 있으면 미래의 상태도 항상 끌개 위에 있고, 과거의 상태도 끌개 위에 있었다는 것'을 뜻하는 수학 용어다. 이와 반대로 현재 상태가 끌개 위에 놓여 있지 않으면 과거와 미래의 상태도 끌개 위에 놓여 있지 않다. 이런 의미에서 끌개 위의 점들은 시간에 따른 계의 변화를 결정하는 역학 법칙에 대하여 불변이라 할 수 있다.

11 내가 개발한 모형이 '미세 조정'되지 않은 것은 바로 이런 이유 때문이다. 그래서 간간이 반대 의견에 부딪히곤 한다.

12 Palmer, T. N., "Modelling: Build imprecise supercomputers", *Nature*, 526(7571) (2015): 32~33; Palmer, T. N., "The invariant set postulate: A new geometric framework for the foundations of quantum theory and the role played by gravity", *Proceedings of the Royal Society A*, 465(2110) (2009): 3165~3185; Palmer, T. N., "Discretisation of the Bloch sphere, fractal invariant sets and Bell's theorem", *Proceedings of the Royal Society A*, 476(2236) (2020b); Palmer, T. N., "Bell's theorem, non~computability and conformal cyclic cosmology: A top-down approach to quantum gravity", *AVS Quantum Science*, 3(4) (2021): 040801; Palmer, T. N., "Discretised Hilbert space and superdeterminism", arXiv, 2204.05763 (2022).

13 신기하게도 반물질 효과를 고려하면 이중나선이 된다.

14 이 주석에서 몇 가지 핵심 아이디어를 소개하고자 한다. 벨의 실험이든 SG 장치를 이용한 순차적 SG 실험이든 간에, 우리는 1, 2, 3이라는 세 가지 방향으로 이루어진 표를 다루고 있다. 이 세 개의 방향은 천구天球(고대인들이 별의 위치를 표현할 때 사용했던 반구형 하늘)에 박힌 세 개의 점으로 나타낼 수 있다. 이 세 개의 점으로 이루어진 삼각형을 상상해보자. 불변 집합 이론에서 이 삼각형의 두 호arc* 사이의 각도는 $(n/p)\times360$도라는 유리수이며 하나의 호를 이웃한 호에 투영한 길이, 즉 호의 코사인cosine도 m/p라는 유리수로 표현된다. 여기서 m, n, p는 모두 정수이며 코사인은

* 삼각형이 구면 위에 놓여 있으므로, 두 점을 잇는 가장 짧은 선은 직선이 아니라 측지선geodesic이다.

고등학교에서 가르치는 삼각함수다. 구면삼각형(구면 위에 그린 삼각형)에 코사인 법칙과 정수론의 니벤의 정리Niven's theorem를 적용하면, p가 11보다 큰 소수일 때 위에 열거한 조건을 만족하지 않음을 증명할 수 있다. 이 상황은 펜로즈가 말했던 불가능한 삼각형 '트라이바tribar'와 비슷하다. 즉, 구면삼각형 임의의 두 변에는 불변 집합 이론의 제한 조건을 구현할 수 있지만, 세 변 모두에 대해 구현하는 것은 불가능하다.

이것은 벨의 실험에서 다음과 같은 의미를 가진다. 앨리스가 1방향으로 스핀을 관측하고, 밥은 2방향으로 관측했다고 가정해보자. 그러면 구면삼각형의 꼭짓점 1과 2 사잇각의 코사인은 유리수이며(이건 당연하다), 앨리스는 '만일 내가 2방향으로 측정했다면 스핀값은 밥이 얻은 값과 반대였을 것'이라고 추측할 수 있다. 여기까지는 별문제가 없다. 또한 밥은 2방향으로 스핀을 측정했지만, 3방향을 선택할 수도 있었다고 주장할 수도 있다. 이 주장이 타당하려면 꼭짓점 2와 3 사잇각의 코사인은 유리수여야 한다. 물론 이것도 문제없다. 그러나 이런 상황에서 니벤의 정리를 적용하면 꼭짓점 1과 3 사잇각의 코사인은 유리수가 아니다. 따라서 앨리스는 입자의 스핀을 3방향으로 측정했다면, 밥과 반대 결과를 얻었을 것이라고 장담할 수 없다. 니벤의 정리를 구체적으로 소개하지 않아서 독자들의 정신적 스트레스가 꽤 높아졌겠지만, 아무튼 앨리스와 밥은 이 실험에서 자신만의 완전한 표를 작성할 수 없다. 그리고 완전한 표가 없으면 불변 집합 이론이 (결정론적이고 국소적 인과율을 만족한다 해도) 벨의 부등식을 만족한다고 주장할 수도 없다.

순차적 SG 실험의 경우, '불가능한 삼각형' 규칙에 의하면 마지막 두 SG 장치의 순서를 바꾸는 반사실적 가상의 실험(입자는 하나로 고정되어 있음)은 불변 집합에 속하지 않는다. 이것은 양자역학에서 말하는 '스핀의 비가환성'을 보여주는 사례로서, 하나의 SG 장치가 독립적인 장치로 간주될 수 없음을 의미한다.

더 자세한 내용은 다음을 참고하기 바란다. Palmer, T. N., "Discretised Hilbert space and superdeterminism", arXiv, 2204.05763 (2022).

15 그 옛날 갈릴레오도 이렇게 말했다. "자연의 언어는 삼각형의 기하학으로 쓰여 있다."

16 삼각함수의 정수론적 특성을 이용하면 된다(니벤의 정리 참고).

17 고대 중국철학에 의하면 명백하게 반대인 한 쌍의 힘이 서로 긴밀하게 연결되어 상대방을 단점을 보완하고 만물의 생성을 돕고 있다. 이렇게 서로 대립 관계에 있으면서 상호 협조적인 한 쌍의 개념을 음과 양이라 한다. https://en.wikipedia.org/wiki/Yin_and_yang.

18 적어도 그림 44c에서 궤적이 분리될 때까지는 그렇다.

19 Hance, J. R, T. N. Palmer and J. Rarity, "Experimental tests of invariant set theory", arXiv, 2102.07795 (2021).

20 여기서 중요한 질문은 'p는 실제로 무엇을 의미하는가?'다. 일단은 p가 양자비트(큐비트)의 에너지 E에 따라 달라진다고 가정하자. 여기에는 그럴 만한 이유가 있다. 예를 들어 개개의 큐비트가 어떤 에너지 E와 관련되어 있다면, 플랑크-아인슈타인의 관계식 $E=h\nu$를 통해 시간 척도 h/E를 큐비트와 자연스럽게 연결 지을 수 있다.(h는 플랑크 상수Planck's constant다.) 여기서 나의 주장은 단위가 없는 수 p(큐비트의 p, 따라서 상태 공간의 부분집합에 있는 나선의 p)가 h/E와 $\sqrt{hG/c^5}$(이 값은 플랑크 시간Planck's time으로 알려져 있다)의 비율과 같다는 것이다.(G는 중력 상수, c는 빛의 속도다). 이로부터 두 가지 결과를 얻을 수 있다. 첫 번째는 E가 클수록 p가 작아진다는 것이다. 즉, 에너지가 클수록 결어긋남 상태로 분리되기 전에 서로 얽힐 수 있는 큐비트의 수가 줄어든다. 두 번째는 G가 클수록 p가 작아진다는 것이다. 즉, 중력이 강할수록 결어긋남 상태로 분리되기 전에 서로 얽힐 수 있는 큐비트의 수가 줄어든다. 따라서 결어긋남에 대한 나의 제안(얽힌 큐비트의 수가 를 초과할 때)은 중력으로 인한 결어긋남에 대하여 펜로즈와 디오시가 제안한 기준과 대체로 일치한다. 중력이 불변 집합 기하학의 비균질성heterogenity 때문에 나타나는 현상이라면, 나의 주장은 나름대로 의미를 가질 수 있다. 예를 들어 비균질적인 뭉침cluster 현상이 매우 약한 경우 불연속 집단의 존재를 확인하려면 매우 많은 궤적(큰 p)이 필요하고, 이와 반대로 뭉침 현상이 강하면 작은 수의 궤적(작은 p)으로도 확인할 수 있다.

21 Steinhardt, P. J. and N. Turok, *The endless universe* (New York: Doubleday, 2007).

22 로저 펜로즈, 이종필 옮김, 《시간의 순환》, 승산, 2015.

23 Wood, C., "Cosmologists parry attacks on the vaunted cosmological

principle", Quanta Magazine, December 13, 2021, www.quantamagazine.org/giant-arc-of-galaxies-puts-basic-cosmology-under-scrutiny-20211213.

24 Colin, J., R. Mohayaee, M. Rameez and S. Sarkar, "Evidence for anisotropy of cosmic acceleration", *Astronomy and Astrophysics*, 631, L13 (2019).

25 영국의 물리학자 줄리안 바버Julian Barbour는 이 경계면을 야누스 포인트Janus point라고 불렀다. Barbour, J., *The Janus point: A new theory of time* (New York, Basic Books, 2020).

26 로저 펜로즈, 박병철 옮김, 《실체에 이르는 길》, 승산, 2010.

27 Palmer, T. N., "A gravitational theory of the quantum". arXiv, 1709.00329 (2017).

12장 잡음으로 가득 찬 우리의 뇌

1 명제 '$\sqrt{2}$는 무리수다'의 증명은 다음과 같다. 일단 $\sqrt{2}$를 유리수라 가정하자. 그러면 $\sqrt{2}=a/b$로 쓸 수 있다(a와 b는 공약수가 없다). 양변을 제곱하면 $2b^2=a^2$이 되어 a^2은 짝수임이 분명하고, a^2이 짝수면 a도 짝수이므로 $a=2c$로 쓸 수 있다. 이제 양변을 또다시 제곱하면 $a^2=4c^2$이 되는데, 여기에 $2b^2=a^2$을 대입하면 $b^2=2c^2$이 되어 b도 짝수라는 결과가 얻어진다. 그러나 증명의 첫 단계에서 a와 b는 공약수가 없다고 가정했으므로(즉 $\sqrt{2}$가 유리수라고 가정했으므로), 이것은 명백한 모순이다. 따라서 $\sqrt{2}$는 유리수가 아닌 무리수다.

2 Poincaré, H., *The foundations of science: Science and hypothesis, the value of science, science and method* (Lancaster, Pa: The Science Press, 1946).

3 "Roger Penrose Interview", The Nobel Prize, March 4, 2021, www.nobelprize.org/prizes/physics/2020/penrose/interview.

4 사이먼 싱, 박병철 옮김, 《페르마의 마지막 정리》, 영림카디널, 2022.

5 Cleese, J., *Creativity: A short and cheerful guide* (New York: Crown, 2020).

6 대니얼 카너먼, 이창신 옮김, 《생각에 관한 생각》, 김영사, 2018.
7 가이 클랙스턴, 안인희 옮김, 《거북이 마음이다》, 황금거북, 2014.
8 Faisal, A., L. P. J. Selen and D. M. Wolpert, "Noise in the nervous system", *Nature Reviews Neuroscience*, 9 (2008): 292~303; Rolls, E. T. and G. Deco, *The noisy brain* (Oxford: Oxford University Press, 2010); Palmer, T. N. and M. O'Shea, "Solving difficult problems creatively: A role for energy optimised deterministic/stochastic hybrid computing", *Frontiers in Computational Neuroscience*, 9 (2015): 124.
9 Liewald, D., R. Miller, N. Logothetis, H.-J. Wagner and A. Schüz, "Distribution of axon diameters in cortical white matter: An electron microscopic study on three human brains and a macaque" *Biological Cybernetics*, 108, (2014): 541~557.
10 귀추법적 논리abductive reasoning도 여기에 한몫할 것이다. https://en.wikipedia.org/wiki/Abductive_reasoning.
11 로저 펜로즈, 박승수 옮김, 《황제의 새마음》, 이화여자대학교출판문화원, 2022.
12 Turing, A. M., "Computing Machinery and Intelligence", *Mind*, 59(236) (1950): 433~460.
13 Shepherd, T. G., E. Boyd, R. A. Calel et al., "Storylines: An alternative approach to representing uncertainty in physical aspects of climate change", *Climatic Change*, 151(3) (2018): 555~571.

13장 자유의지, 의식 그리고 신

1 Summhammer, J., G. Sulyok and G. Bernroider, "Quantum dynamics and non-local effects behind ion transition states during permeation in membrane channel proteins", *Entropy*, 20(8) (2018): 558.
2 https://en.wikipedia.org/wiki/Quantum_supremacy.
3 https://en.wikipedia.org/wiki/Orchestrated_objective_reduction.
4 Kane, R., "Introduction", in *Free will*, ed. R. Kane (New Jersey:

Blackwell, 2002).

5 van Inwagen, P., "The incompatibility of free will and determinism", in *Free will*, ed. R. Kane (New Jersey: Blackwell, 2002).

6 Dennett, D., "I could not have done otherwise so what?", in *Free will*, ed. R. Kane (New Jersey: Blackwell, 2002).

7 아마도 OO쪽 그림 44의 p-adic 이웃 세계일 것이다.

8 Pearl, J., *Causality* (Cambridge: Cambridge University Press, 2009).

9 https://en.wikipedia.org/wiki/Integrated_information_theory.

10 나는 어린 시절에 예수회Jesuits[*] 의 교육을 받았는데, 신의 존재를 증명했던 한 신부의 일화가 지금도 기억에 생생하다.

신부: 호주에 가보신 분 손 들어보세요.

청중: (…)

신부: 그러면 호주라는 나라가 말로만 존재한다고 생각하는 사람은 손을 들어보세요.

청중: (…)

신부: 그래요, 바로 그게 신이 존재한다는 증거입니다! 무언가를 믿기 위해 반드시 몸으로 경험할 필요는 없다고요.

만일 예수회 신도 중 누군가가 이 책을 읽는다면 신에 대한 내 의견에 동의하지 않더라도 책에 제시된 논리가 왠지 낯설지 않다고 느낄 것이다. 이런 점에서 볼 때, 예수회의 교육은 나에게 깊은 영향을 미쳤다고 볼 수 있다.

11 양자우주론에서는 이것을 휠러-디윗방정식Wheeler-DeWitt equation이라 한다.

[*] 가톨릭의 남자 수도회다.

찾아보기

인물

단행본

학문, 이론, 가설

법칙, 원리, 정리

개념, 용어, 단체, 기타

옮긴이 박병철

연세대학교 물리학과를 졸업하고 카이스트에서 이론물리학 박사학위를 받았다. 대학에서 30년 가까이 학생들을 가르쳤으며 현재는 집필과 번역에 전념하고 있다. 2006년 제46회 한국출판문화상, 2016년 제34회 한국과학기술도서상 번역상을 받았다. 《페르마의 마지막 정리》《엘러건트 유니버스》《평행우주》《파인만의 물리학 강의》《프린키피아》《마음의 미래》《미래에서 온 남자 폰 노이만》《엔드 오브 타임》 등 120여 권의 책을 우리말로 옮겼다. 더불어 '나의 첫 과학책' 시리즈를 비롯해서 어린이를 위한 과학 동화 집필에 힘쓰고 있다.

카오스, 카오스 에브리웨어

1판 1쇄 찍음 2024년 10월 14일
1판 1쇄 펴냄 2024년 10월 21일

지은이 팀 파머
옮긴이 박병철
펴낸이 김정호

주간 김진형
편집 이형준, 이지은
디자인 형태와내용사이, 박애영

펴낸곳 디플롯
출판등록 2021년 2월 19일(제2021-000020호)
주소 10881 경기도 파주시 회동길 445-3 2층
전화 031-955-9504(편집) · 031-955-9514(주문)
팩스 031-955-9519
이메일 dplot@acanet.co.kr
페이스북 facebook.com/dplotpress
인스타그램 instagram.com/dplotpress

ISBN 979-11-93591-23-9 (03400)

디플롯은 아카넷의 교양·에세이 브랜드입니다.

지은이

팀 파머 Tim Palmer

옥스퍼드대학교 물리학과 교수. 영국 왕립학회와 미국 국립과학원 회원이며 대영제국 최고 훈장CBE 수여자이기도 하다.
스티븐 호킹의 스승이기도 한 데니스 시아마, 노벨물리학상 수상자인 로저 펜로즈의 지도하에 아인슈타인의 일반 상대성 이론을 연구하여 옥스퍼드대학교에서 박사학위를 취득했다. 이후 날씨로 분야를 바꿔 단기 및 장기 기후를 예측하는 '앙상블 예측 시스템(초기 조건, 물리 과정 등이 다른 여러 개의 모형을 실행하여 확률적으로 미래를 예측하는 시스템)'을 개발하며 기상학자로서 입지를 굳힌다.
기후변화에 관한 정부 간 협의체IPCC에서 정기적으로 출간하는 평가보고서의 저자 중 한 사람으로 활동 중이며, IPCC의 노벨평화상 수상(2007)에 기여한 공로를 공식적으로 인정받기도 했다. 국제기상기구 최고상(2024), 영국 왕립천문학회 지구물리학 분야 금메달(2023), 유럽지구과학협회 루이스 프라이 리처드슨 메달(2018), 폴 디랙 금메달(2014), 미국기상학회 칼-구스타프 로스비 연구상(2010), 세계기상기구 노버트 거비어-멈 인터내셔널 어워드(2006) 등 화려한 수상 경력을 가진 자타공인 최고의 기후과학자이자 이론물리학자다.
"불확실성의 과학이 매우 예측 불가능한 세계에 대한 우리의 인식에 어떤 힘이 될 수 있을까?"라는 질문에 과학적이고 합리적인 견해를 켜켜이 쌓아온 그의 헌신으로 우리는 어제보다 나은 오늘, 오늘보다 더 나은 내일을 기대할 수 있게 되었다.